职业院校工学结合特色教材

电机与变压器

主编　刘自强

参编　谢　刚　曹辉剑

　　　黄长江　干　伟

主审　吴　仝

西南交通大学出版社

·成　都·

图书在版编目（CIP）数据

电机与变压器 / 刘自强主编. —成都：西南交通大学出版社，2021.8
ISBN 978-7-5643-8166-0

Ⅰ. ①电… Ⅱ. ①刘… Ⅲ. ①电机 – 中等专业学校 – 教材②变压器 – 中等专业学校 – 教材 Ⅳ. ①TM

中国版本图书馆 CIP 数据核字（2021）第 150697 号

Dianji yu Bianyaqi
电机与变压器
主编 刘自强

责任编辑 张华敏
特邀编辑 唐建明 杨开春 陈正余
封面设计 原谋书装

出版发行 西南交通大学出版社
（四川省成都市金牛区二环路北一段 111 号
西南交通大学创新大厦 21 楼）
邮政编码 610031
发行部电话 028-87600564 028-87600533
官网 http://www.xnjdcbs.com
印刷 四川煤田地质制图印刷厂

成品尺寸 185 mm×260 mm
印张 14.5
字数 362 千
版次 2021 年 8 月第 1 版
印次 2021 年 8 月第 1 次
定价 46.00 元
书号 ISBN 978-7-5643-8166-0

课件咨询电话：028-81435775
图书如有印装质量问题 本社负责退换

前　言

本书是根据国家最新颁布的“维修电工”及相关工种国家职业标准及职业技能鉴定规范编写的。作者紧密结合了我国职业教育电气类专业培养的目标和培养规格要求，充分体现了理论与实际相结合的原则，注重专业基本技能和职业综合能力的培养。

全书共六章内容，系统地阐述了变压器的基本结构、工作原理及应用场合，三相异步电动机和单相异步电动机、直流电机的基本结构、工作原理以及运行特性；另外还介绍了同步电机、步进电机等其他用途的电动机的运行原理及工作特性；书中还包括 9 个与课程相关的变压器及电机实验。书中每章末尾均附有小结和习题,便于学生课后学习。

本书注重理论联系实际，力求通俗易懂、深入浅出，结合职业院校教学的基本要求，以理论知识够用为度，紧密结合生产实践，注重学生实践能力的培养，力求基本概念明确，让学生易于理解和掌握，具有实用性。通过本教材的学习，力求使学生达到：懂结构和原理，会选择和使用，能维护和修理。

本书可作为职业院校电机电器、供用电技术、城市轨道交通、机电一体化、机械电子、电气运行与控制、铁道供电、电气自动化等电类专业的教材，同时对于从事电机及电力拖动技术工作的工程技术人员也有一定的参考价值。

本书由四川铁道职业学院的刘自强主编，参与编写还有四川铁道职业学院的谢刚、曹辉剑、黄长江、干伟。具体编写分工如下：谢刚编写第一章；刘自强编写第二章和第六章；黄长江编写第三章；曹辉剑编写第四章；干伟编写第五章。全书由刘自强统稿，四川铁道职业学院的吴仝担任主审。

在本书的编写过程中，编者参考了部分同行的相关著作和文献资料，在此向所有原作者表示衷心的感谢。

由于编者水平所限，书中难免存在不足和错漏之处，恳请广大读者批评指正。

编　者

2021 年 6 月

目　录

绪　论 …… 1

第一章　变压器 …… 5

第一节　变压器的结构、铭牌及分类 …… 6
第二节　变压器的工作原理 …… 12
第三节　变压器的运行特性 …… 13
第四节　变压器的参数测定 …… 19
第五节　三相变压器 …… 22
第六节　自耦变压器 …… 29
第七节　互感器 …… 32
第八节　变压器的检查、维护、检修及常见故障处理 …… 42
习　题 …… 48

第二章　三相异步电动机 …… 54

第一节　三相异步电动机的结构和铭牌 …… 54
第二节　三相异步电动机的工作原理 …… 61
第三节　三相异步电动机的运行原理 …… 65
第四节　三相异步电动机的特性分析 …… 71
第五节　三相异步电动机的启动 …… 76
第六节　三相异步电动机的调速 …… 85
第七节　三相异步电动机的制动 …… 90
第八节　三相异步电动机的运行与维护 …… 93
习　题 …… 97

第三章　单相异步电动机 …… 101

第一节　单相异步电动机的结构和铭牌 …… 101
第二节　单相异步电动机的工作原理 …… 104
第三节　单相异步电动机的基本形式 …… 107
第四节　单相异步电动机的调速及反转 …… 111
习　题 …… 115

第四章　直流电机 …… 117

第一节　直流电机的结构 …… 117
第二节　直流电机的工作原理 …… 120

第三节　直流电动机的铭牌、分类和用途 …… 123
第四节　直流电动机的基本性能分析 …… 127
第五节　直流电动机的运行 …… 130
第六节　直流电动机的维护保养与故障排查 …… 136
习　题 …… 141

第五章　其他用途的电动机 …… 143

第一节　同步电动机 …… 143
第二节　微特电机 …… 154
习　题 …… 163

第六章　实　验 …… 165

第一节　DDSZ-1 型电机系统教学实验台简介 …… 166
第二节　变压器实验 …… 173
实验一　测试单相变压器的参数和运行特性 …… 173
实验二　测试三相变压器的参数和运行特性 …… 179
第三节　异步电动机实验 …… 185
实验一　三相鼠笼式异步电动机的工作特性 …… 185
实验二　三相异步电动机的启动与调速 …… 193
实验三　测试单相异步电动机的技术指标和参数 …… 198
实验四　三相异步电动机在各种运行状态下的机械特性 …… 206
第四节　直流电机实验 …… 211
实验一　测试直流发电机的各种运行特性 …… 211
实验二　测试直流电动机的各种特性及调速方法 …… 216
实验三　他励直流电动机在各种运转状态下的机械特性 …… 222

参考文献 …… 226

绪 论

一、电机工业的兴起与发展

自19世纪奥斯特发现电流周围存在磁场、法拉第发现电磁感应现象并创造出世界上第一台感应发电机之后，一个伟大的电力时代开启了。

20世纪以来，随着人们对电机内部电磁、发热等过程的理论研究逐步深入，电机新原理、新材料、新工艺、新技术不断涌现，电机在性能、种类、标准化、可靠性等方面均得到了较大发展。电机的发展和完善主要体现在两个方面：一是发电机、变压器单机容量不断增大；二是冷却技术的改进和完善。

随着中小型电动机的应用范围不断扩大以及总装机容量的增大，相应的能量损耗也在增加，导致电机与变压器的冷却问题变得非常突出。目前汽轮发电机的冷却介质已由空气冷却发展到氢气冷却、水冷却。对于氢冷、水冷电机来说，冷却方式也由外冷方式发展到内冷方式。随着单机容量的增大与冷却技术的发展，以及绝缘、硅钢片、转子钢材等材料性能的提高，电机制造业得到了较快的发展。20世纪80年代，超导技术有所突破后，超导电机随之问世，并已投入使用。而磁流体发电机的投入使用必将对电机工业的发展发挥突破性的作用。

二、我国电机制造工业的发展概况

我国古代在电学和磁学方面对人类都有过贡献。但漫长的封建社会禁锢自然科学的发展，使我国一度失去了领先地位。1949之前，我国电机制造工业落后，配套体系残缺不全，主要以修配为主。

1949年之后，我国电机制造工业得到了迅速发展。仅用了十年时间，就能制造出50 000 kW的汽轮发电机和725 000 kW的水轮发电机、120 000 kV·A的变压器、2 000 kW的异步电动机。1961年后，J2、JO2系列异步电动机正式投入生产。1982年，Y系列异步电动机正式定型生产。Y系列异步电动机具有体积小、质量轻、启动转矩大、噪声和振动小、效率高等优点，符合国际（IP44）标准。

此外，我国在直流电机和微特电机方面也有较大的发展，特别是控制电机制造工业在20世纪60年代前后开始起步，历经产品仿制、自行设计和研制阶段，逐步形成了我国自己的生产体系，品种规格接近千种，有些控制电机的单项性能指标已达到国际先进水平。

在大型电机方面，1958年我国研制出第一台12 000 kW双水内冷汽轮发电机，1964年制成了125 000 kW的双水内冷汽轮发电机，1972年又制成了30 0000 kW的定子水冷、转子氢冷汽轮发电机和700 MW的水轮发电机（长江三峡电站的发电机转子直径近20 m）。2018年，金沙江白鹤滩水电站安装了16台机组，单机容量均为100万千瓦，全部国产化，突破了世界最大单机容量80万千瓦的安装记录，开启了中国水电百万千瓦级别机组安装的新纪元。相应的变压器配套容量为 360 MV·A、840 MV·A，质量达到数千吨。

在变压器方面，我国自行设计制造了单台容量可达 550 000 kV·A、工作电压可达 500 kV 的变压器。在直流电机方面，单机容量达到了 7 000 kW，电压达到 1 000 V，接近国际先进水平。

目前我国已经能够生产晶闸管整流供电的直流电动机，并能制造出 10 000 kW 的同步电动机和 8 000 kW 的异步电动机。在超导电机方面我国也有研究，并于 1976 年研制成功一台 400 kW 的超导同步发电机。经过多年的发展，我国已形成了一套完整的现代化电机制造工业体系。

现在，我国超高压输电线路以 330 kV、500 kV 交流输电及 500 kV、800 kV 直流输电为骨干网架。特高压输电线路是指以 800 kV 以上的直流电和 1 000 kV 以上的交流电压等级输送电能，目的是提高输电能力，实现大功率、中远程输电和远程电力系统互联。

三、电机在国民经济中的作用

电能是现代能源中应用最广的二次能源。电能的产生、输送、应用已成为现代文明社会的主要标志之一。电能的产生和转换比较经济，传输和分配比较容易，使用和控制较为方便，而电能的产生、转换、传输、分配、使用和控制等都离不开电机。因此电机在国民经济中占有重要的地位。

在电力工业中，发电机和变压器是电站（厂）和变电所的主要电气设备。比如，将水能、热能、风能、太阳能、潮汐能、核能转换成电能，都要使用发电机。为了经济地传输和分配电能，必须用变压器变压后，再分配到各个用电单位。

在机械、采矿、冶金、化工及其他工业企业中，广泛采用电动机拖动各种生产机械设备，比如，各种机床、吊车、鼓风机、压缩机、搅拌机、纺织机等，一般都采用电动机拖动。

在交通运输业中，随着城乡交通运输和电气化铁路的发展，需要用到大量的牵引电动机。普通汽车要用到十几台微特电机，高级轿车则要用到几十台微特电机。目前电动车是各国竞相开发的项目，而它的核心部件正是电动机。

在国防工业中，军舰、潜艇、飞机等都应用着大量的发电机、电动机和微特电机。

在现代化的农、牧、渔业生产中，排灌、脱粒、米面加工、榨油、饲料加工、剪毛、鱼类加工等作业机械中也大量采用电动机拖动。

在航天技术、雷达、无线电通信、计算机控制中，需要大量的微特电机作为自动控制系统的检测、放大、解算和执行元件。

在医疗、文化教育、办公自动化行业中，电机的应用也很普遍。例如打印机、复印机、传真机、录放音机、录放像机、摄录放相机、照相机等几乎都使用了各种类型的电机。

在人们的日常生活中，电机的应用也随处可见。电风扇、电冰箱、洗衣机、洗碗机、空调、按摩椅以及儿童电动玩具等都使用了各种类型的小功率电机。

由此可见，人类生活的各个领域都离不开电机，电机在国民经济中的作用巨大。电机的广泛应用可以加速扩大生产规模，实现生产的自动化控制，提高生产效率，改善人们的生活质量。

四、电机的主要类型

电机的品种繁多，其分类方法也很多。

按其功能可以分为：

（1）发电机：把机械能转换为电能。

（2）电动机：把电能转换为机械能。

（3）变压器交流机，变频机移相器，分别用来改变电压、电流、频率和相位。

（4）微特电机，多用于自动控制系统中，作为系统中控制与驱动的元件，完成相应的功能。

在电力机械系统中，根据它们的运行情况大致可分为变压器、旋转电机和微特电机三大类。旋转电机又可以分为交流电机和直流电机两类。交流电机又可分为同步电机和异步电机。这种分类方法可以归纳如下：

- 电机与变压器
  - 变压器
    - 电力变压器
      - 升压变压器
      - 降压变压器
      - 配电变压器
    - 仪用变压器
      - 电流互感器
      - 电压互感器
    - 特种变压器
      - 弧焊变压器
      - 电炉变压器
      - 整流交压器
    - 控制变压器
      - 电源变压器
      - 输入变压器
      - 输出变压器
      - 脉冲变压器
    - 其他变压器
      - 试验用变压器
      - 可调压变压器
      - 自耦变压器
  - 旋转电机
    - 直流电机
      - 他励、并动、串励直流电机
      - 复励
        - 积复励直流串机
        - 差复励直流电机
    - 交流电机
      - 同步电机
        - 凸极式同步电机
        - 隐极式同步电机
      - 异步电机
        - 鼠笼式异步电机
        - 绕线型异步电机

五、本课程的任务和学习方法

“电机与变压器”是一门理论性很强的专业基础课。在本课程中将学习变压器、异步电动机、同步电机、直流电机、微特电机的结构、基本原理、基本运行特性等。通过学习，要求达到：

（1）掌握常用变压器、三相异步电动机、单相异步电动机、直流电动机的基本结构、基本原理（电磁关系和能量转换关系。）以及常用计算公式。

（2）掌握同步发电机、同步电动机以及常用微特电机的结构特点、工作原理、运行特性和用途。

（3）了解交、直流电动机正反转控制的基本原理和方法。

（4）掌握“电机与变压器”的基本实验方法和操作技能，具有选择、使用和维护相关仪器仪表的能力。

（5）了解电机与变压器的发展方向。

本课程是维修电工专业的基础理论课，也是广大电机爱好者和自学者向上攀登的阶梯。要想学好本课程，必须以电磁感应定律为依据，深入理解和掌握电和磁的基本概念、基本理论，理论联系实际，手脑并用，学会分析问题、解决问题的方法，增强实践动手能力，培养独立工作能力，为将来的学习、工作打好知识基础。

第一章　变压器

变压器是一种常见的静止的电气设备。它通过电磁感应把交流电能或信号从一个电路传递到另一个电路。在电力系统中，它将一定等级电压的交流电，利用绕制在同一铁心上的一次绕组和二次绕组的匝数不同，把一次绕组的电压从某种数量等级转变为二次绕组中频率相同的另外一种等级。在电力系统中，变压器是一个重要的设备，它对电能的经济传输、灵活分配和安全使用具有重要意义。我们知道，要将大功率的电能 $P=\sqrt{3}UI\cos\varphi$ 从发电厂输送到需要用电的地方去，通常要用很长的输电线。在输送功率 P 和 $\cos\varphi$ 为定值的情况下，采用较低的电压即相应的大电流来传输是不可能的。这是因为：一方面，大电流将在输电线上产生较大的功率损耗；另一方面，大电流还将在输电线路上引起较大的电压降，致使电能根本送不出去。为此，需要变压器来将发电机的端电压升高，使它的输出电流减小。一般来说，当输电距离越远，输出功率越大时，要求的输出电压也越高。例如，当采用 110 kV 的电压时，可以将 5×10^4 kW 的功率输送到 150 km 远的地方；而当采用 500 ~ 750 kV 的高压时，就可以将约 200×10^4 kW 的功率输送到 1 000 km 远的地方。因此，随着输电距离、输送容量的增加，对变压器的要求也越来越高。

发电厂发出来的交流电，经过电力系统输送和分配到用户（即负载）。图 1-1 所示为一个简单的电力系统示意图，它采用交流高压输电，是一个三相系统。为了减少输电时线路上的电能损耗，必须采用高压输电，例如 110 kV、220 kV、330 kV、500 kV 等。发电机发出的电压，假设为 10 kV，先经过变压器升高电压后，再经过输电系统送到用电地区；到了用电地区后，还需要先把高压降到 35 kV 以下，再按用户需要的具体电压分别配电。

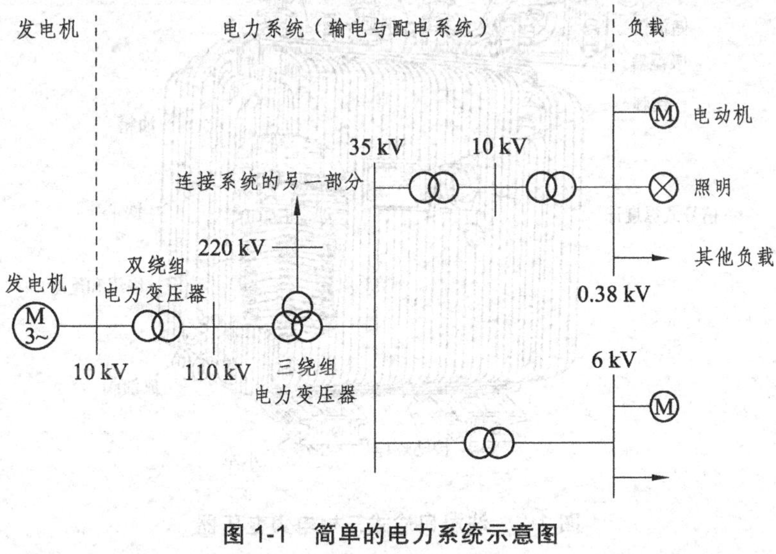

图 1-1　简单的电力系统示意图

用户需要的电压一般为 6 kV、3 kV、1 kV、380/220 V 等。远距离输电也可以采用直流高压，即便这样，发电机发出来的三相交流电还是要先经过变压器升压，然后把交流整流为直流输送；到了用电地区，再把直流逆变为交流后，用变压器降压，然后再送给用户。在输配电线路中，升压和降压多次进行，因此，变压器的安装容量往往是发电机容量的 5～8 倍。

在电信及通信系统中，变压器除了用作电源变压器外，还可以传递信息及阻抗变换等。变压器还广泛应用于一些工业、交通运输部门，如整流设备、电焊设备、矿山设备、电力机车等设备中，采用专门的变压器。

第一节 变压器的结构、铭牌及分类

【学习目标】

1. 掌握变压器的结构及各部分的作用。
2. 掌握变压器型号、额定值的意义。
3. 了解变压器的分类。

一、变压器的结构

变压器的结构随着科学技术的不断发展而不断演变，图 1-2 所示是目前使用最普遍的电力变压器结构图。它的本体是铁心及套在铁心上的绕组（或称线圈），一般称这个本体为器身，器身放在盛满变压器油的油箱内。变压器的主要结构是铁心、绕组、油箱及其他零部件。

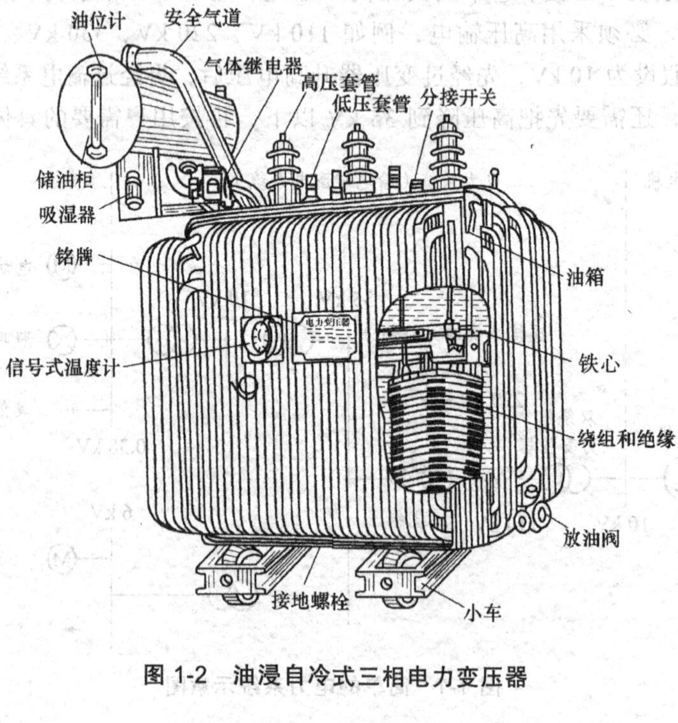

图 1-2 油浸自冷式三相电力变压器

(一) 铁心

铁心是变压器的磁路部分，又是绕组的支撑骨架。铁心分为铁心柱和铁轭两部分，铁心柱用来套绕组，铁轭则是连接两个铁心柱的部分，以形成闭合的磁路。为了提高铁心的导磁性能，减少磁滞损耗和涡流损耗，铁心多采用含硅量为 5%、厚度为 0.35 mm 或 0.5 mm、表面涂有绝缘漆的热轧或冷轧硅钢片叠装而成。其型号一般有 D31-0.35、D42-0.35、D320-0.35 等，其中字母 D 表示电工钢，D 后面的第一位数字表示含硅量，数字越大，表示含硅量越高；第二位数字表示比耗的高低，数字越大，比耗越低；第三位数字表示冷扎硅钢片（如果没有第三位数字，表示热扎硅钢片）。它们具有较好的导磁性能和较低的比耗。对于有特殊要求的变压器，铁心可采用坡莫合金（如 1J79）、铁氧体等。

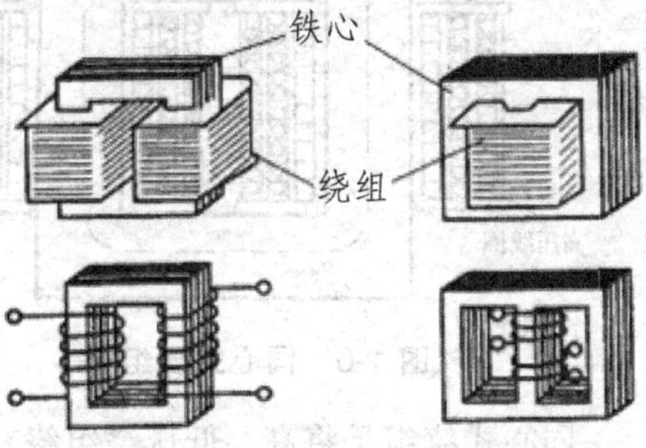

（a）心式　（b）壳式

图 1-3　心式变压器和壳式变压器

根据变压器铁心和绕组的配置情况，变压器有心式和壳式两种形式，如图 1-3 所示。

心式变压器的结构特点是绕组包围铁心，这种结构形式比较简单，绕组的装配及绝缘也比较容易，适用于容量大而电压高的变压器，国产电力变压器均采用心式结构。壳式变压器的特点是铁心包围绕组，这种结构形式机械强度好，铁心容易散热，但外层绕组的铜线用量较多，制造工艺又复杂，一般多用于小型干式变压器中。

大、中型变压器的铁心，一般先将硅钢片裁成条形，然后采用交错叠片的方式叠装而成，如图 1-4 所示。交错叠片的目的是使各层磁路的接缝互相错开，以免接缝处的间隙集中，从而减小磁路的磁阻和励磁电流。

小型变压器的铁心常采用各种不同形状的表面有绝缘层、厚度为 0.35 ~ 0.5 mm 的硅钢片叠装而成。常用的有山字形（E 形）、日字形、F 形以及卷片式铁心（C 形铁心），如图 1-5 所示。卷片式铁心不但加工方便，而且有较好的工作特性。

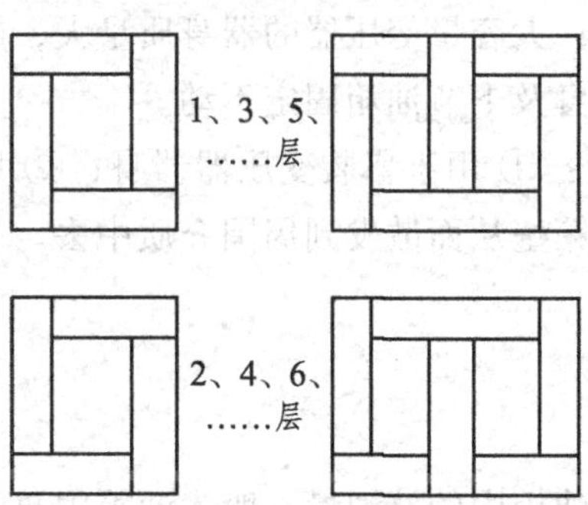

（a）单相　（b）三相

图 1-4　叠片式铁心交错叠装的方法

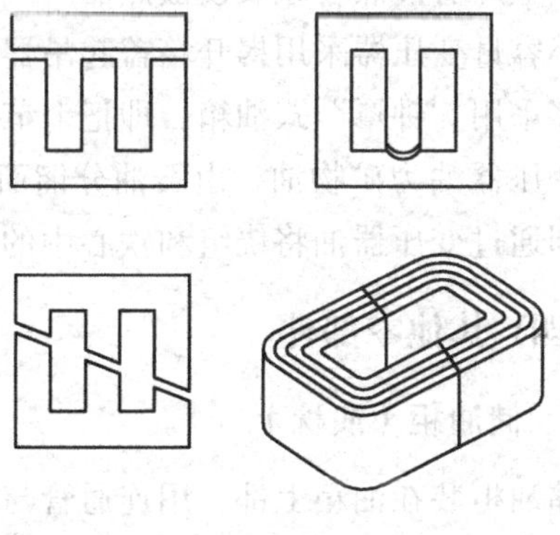

图 1-5　小型变压器的铁心结构

(二) 绕组

绕组是变压器的电路部分，常用绝缘铜线或铝线绕制而成，近来还有用铝箔绕制而成的。

为了使绕组便于制造，并且在电磁力作用下受力均匀以及机械性能良好，一般电力变压器都把绕组绕制成圆形。通常高压绕组的匝数多、导线细，低压绕组的匝数少、导线粗。

按高、低压绕组在铁心柱上的排列方式，绕组式可分为同心式和交叠式两种，如图 1-6 和图 1-7 所示。

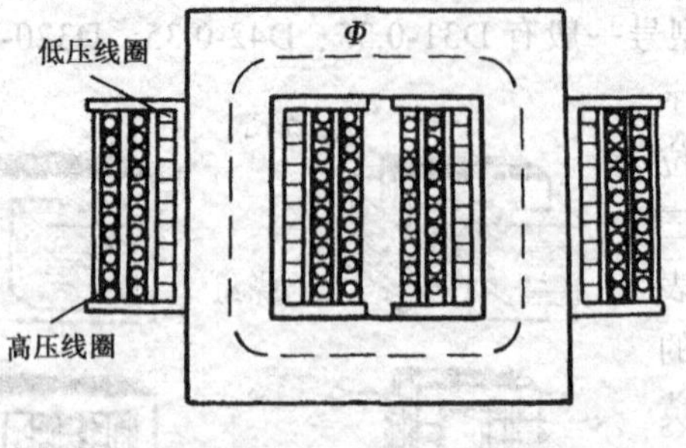

图 1-6 同心式绕组

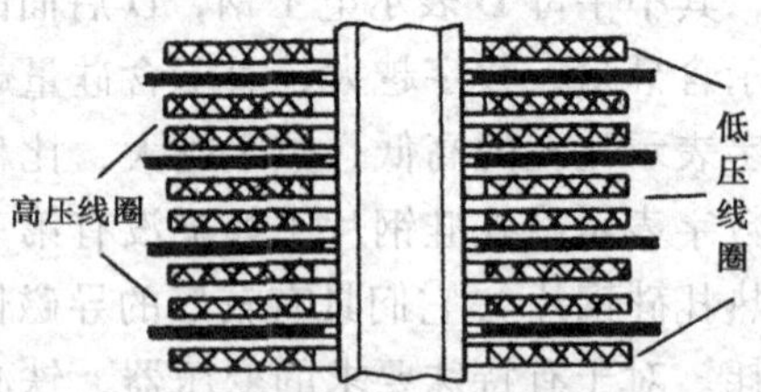

图 1-7 交叠式绕组

同心式绕组是将高、低压绕组绕在同一铁心柱上，为了便于绕组与铁心之间的绝缘，通常低压绕组在内，高压绕组在外，在高、低压绕组之间及绕组和铁心之间都加有绝缘。同心式绕组具有结构简单、制造方便的特点，国产变压器多采用这种结构。

交叠式绕组又称饼式绕组，它是将高、低压绕组分成若干个线饼，沿着铁心柱的高度方向交替排列。为了便于绝缘，一般靠近铁轭的最上层和最下层放置低压绕组，高压绕组放在中间。交叠式绕组的主要优点是：漏抗小，机械强度好，引线方便，但绝缘比较复杂。这种绕组只适用于壳式大型变压器中，如大型电炉变压器就采用这种结构。

为了适应不同容量与电压等级的要求，变压器绕组还有多种形式，如圆筒式、螺旋式、连续式、纠结式等。

(三) 油箱及变压器油

油浸式变压器的器身放在充满变压器油的油箱中。油箱用钢板焊成，为了增强冷却效果，油箱壁上焊有散热管或装设散热器。

小容量变压器采用揭开箱盖起吊器身的普通油箱；大容量变压器的器身质量大，起吊困难，多采用“钟罩”式油箱，即把上节油箱吊起，器身及下节油箱固定不动。

变压器油为矿物油，由石油分馏而得。其作用为：① 用于盛装变压器器身；② 用于散热，即通过变压器油将绕组和铁心中的热量传递到油箱壁从而散发到周围介质中去。

(四) 其他零部件

1. 储油柜（油枕）

储油柜装在油箱上部，用连通管与油箱接通，储油柜中的储油量一般为油箱中总油量的 8%～10%。

储油柜能容纳油箱中因温度升高而膨胀的变压器油，并限制变压器油与空气的接触面积，减少油受潮和氧化的程度。此外，通过储油柜注入变压器油，还可以防止气泡进入变压器内。

储油柜内呼吸器中装有吸湿器，使储油柜上部的空气通过吸湿器与外界空气相通。吸湿器中装有硅胶等吸附剂，用以吸附储油柜内空气中的杂质和水分。

储油柜外装设指示油位变化的管式油位计。油位计玻璃管内放有浮于油位面上的红色浮球，以便于观察不同温度下的油面高度。

2. 安全气道（防爆管）

安全气道是一根钢质圆管，顶端出口装有一块玻璃气道薄膜片，下部与油箱连通。密封式安全气道为油箱内部过压力保护部件，并与隔膜式储油柜配合使用，增强密封效果。

发生内部故障致使油箱内产生较高压力时，橡皮气道膜凸起，被刀片划破，变压器油冲破玻璃气道膜沿气道导喷出至指定范围，释压保护了油箱以免破裂。平时，气道膜将里侧的绝缘油与大气隔绝；通过呼吸孔平衡内外气压，避免油位变化。

3. 气体继电器

气体继电器又称瓦斯继电器（见图 1-8），是一种非电量保护装置，安装在油箱顶部与储油柜相接的连管上，其容器内充满变压器油。气体继电器是保护变压器内部故障的灵敏装置。

图 1-8　瓦斯继电器

当变压器内部有轻微故障时，仅有少量气体上升，气体继电器内的上触点随气体上升，在油流冲动下闭合，接通信号回路，给出轻瓦斯信号；其下触点则在内部出现严重故障、大量气体上升时闭合，通过断路器跳闸保护变压器，即重瓦斯动作。

4. 绝缘套管

绝缘套管由瓷质的绝缘套筒和导电杆组成。穿过油箱盖后，其导电杆下端与绕组引线相连接，上端与线路连接。线圈引线通过套管固定，保持对地绝缘并引到上节油箱外，通过套管顶部的接线端子与外线连接。

5. 调压装置

为调节变压器的输出电压，可以改变高压绕组匝数在小范围内进行调压。一般在高压绕组某个部位（如中性点、中部或端部）引出若干个抽头，并把这些抽头连接在可切换的分接开关上。在停电状态下方可切换的分接开关称为无励磁调压开关，在不断开负载的情况下可切换的分接开关称为有载调压开关。

二、变压器的铭牌

每台变压器在醒目位置上都装有一个铭牌，上面标明了变压器的型号和额定值。所谓额定值，是指制造厂家按照国家标准，对变压器正常使用时的有关参数所做的限额规定。在额定值下运行，可保证变压器长期可靠地工作，并具有优良的性能。图 1-9 所示为某三相电力变压器的铭牌。

<table>
<tr><td colspan="7">铝 线 电 力 变 压 器</td></tr>
<tr><td colspan="4">产品标准</td><td>型　号</td><td colspan="2">SJL-560/10</td></tr>
<tr><td>额定容量</td><td>560 kV·A</td><td>相　数</td><td>3</td><td>额定频率</td><td colspan="2">50 Hz</td></tr>
<tr><td rowspan="2">额定电压</td><td>高压</td><td>10 000 V</td><td rowspan="2">额定电流</td><td>高压</td><td colspan="2">32.3 A</td></tr>
<tr><td>低压</td><td>400～230 V</td><td>低压</td><td colspan="2">808 A</td></tr>
<tr><td>使用条件</td><td colspan="2">户外式</td><td colspan="2">绕组温升 65°C</td><td colspan="2">油面温升 55°C</td></tr>
<tr><td colspan="3">阻抗电压　4.94%</td><td colspan="2">冷却方式</td><td colspan="2">油浸自冷式</td></tr>
<tr><td colspan="2">油重 370 kg</td><td colspan="3">器身重 1 040 kg</td><td colspan="2">总重 1 900 kg</td></tr>
<tr><td colspan="2">绕组连接图</td><td colspan="2">相量图</td><td rowspan="2">联结组</td><td rowspan="2">开关位置</td><td rowspan="2">分接电压</td></tr>
<tr><td>高压</td><td>低压</td><td>高压</td><td>低压</td></tr>
<tr><td rowspan="3">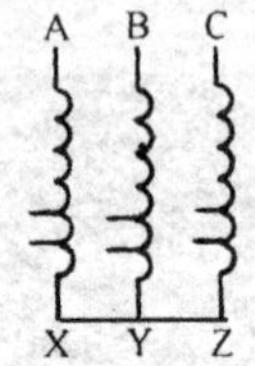</td><td rowspan="3">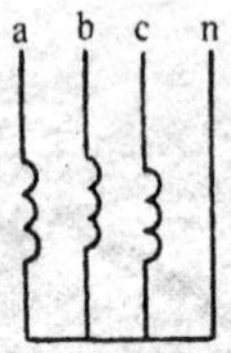</td><td rowspan="3">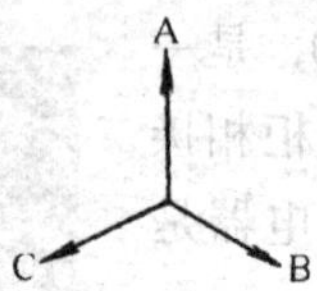</td><td rowspan="3">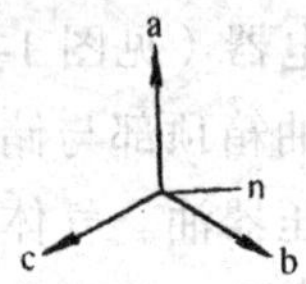</td><td rowspan="3">Y,yn0</td><td>Ⅰ</td><td>10 500 V</td></tr>
<tr><td>Ⅱ</td><td>10 000 V</td></tr>
<tr><td>Ⅲ</td><td>9 500 V</td></tr>
<tr><td colspan="2">出厂序号</td><td colspan="3">××××厂</td><td colspan="2">年　月　出品</td></tr>
</table>

图 1-9　三相电力变压器铭牌

(一) 型号

变压器型号由字母和数字两部分组成，字母代表变压器的基本结构特点，数字分别代表额定容量和高压侧的额定电压。例如，S9-80/10 代表的意义是：

S——三相变压器（D 表示单相，S 表示三相）。

9——设计序号。

80——额定容量（kV·A）。

10——高压绕组额定电压（kV）。

(二) 额定值

1. 额定容量 S_N

额定容量是指变压器额定运行状态下输出的视在功率，单位为 V·A（伏安）、kV·A（千伏安）、MV·A（兆伏安）。视在功率采用伏安作单位以便与有功功率以瓦作单位相区别。对于双绕组变压器，一次、二次绕组的容量相等，即为变压器的额定容量。

2. 额定电压 U_{1N}、U_{2N}

额定电压 U_{1N} 是指变压器在额定运行情况下，根据变压器绝缘等级和允许温升等条件规定的一次绕组上的线电压。额定电压 U_{2N} 是指在一次绕组上加额定电压后，二次绕组空载时的线电压，通常高于线路额定电压的 5%，如线路电压为 380 V，变压器 U_{2N} = 0.4 kV（400 V）。一般变压器设置三个分接开关位置，三挡分接电压，如果二次绕组输出电压高于规定值时，可将分接开关位置接高压位 10 500 V；如二次绕组电压低于规定值时，可将分接开关位置接高压位 9 500 V；正常时，开关位置在 10 000 V，以调整输出电压。

3. 额定电流 I_{1N}、I_{2N}

额定电流是指变压器在额定运行条件下，一、二次绕组长时间工作允许的线电流。I_{1N} 和 I_{2N} 分别是根据额定容量、额定电压计算出来的一次侧、二次侧电流，单位为 A。

一次侧、二次侧电流可用下式计算：

单相变压器：
$$I_{1N}=\frac{S_N}{U_{1N}}, \quad I_{2N}=\frac{S_N}{U_{2N}} \tag{1-1}$$

三相变压器：
$$I_{1N}=\frac{S_N}{\sqrt{3}U_{1N}}, \quad I_{2N}=\frac{S_N}{\sqrt{3}U_{2N}} \tag{1-2}$$

4. 额定频率 f_N

我国规定电力系统的额定频率为 50 Hz。世界上有些国家规定为 60 Hz。

5. 连接组标号

连接组标号是指三相变压器一、二次绕组的连接方式。Y 指高压绕组作星形连接，y 指低压绕组作星形连接；D 指高压绕组作三角形连接，d 指低压绕组作三角形连接；N 指高压绕组作星形连接时的中性线，n 指低压绕组作星形连接时的中性线。

6. 短路电压 U_K

短路电压表示二次绕组在额定负载和功率因数条件下所出现的漏阻抗电压降。国家对此有规定，标在铭牌中。

7. 温升

温升指变压器内绕组或上层油温与变压器周围大气温度之差的允许值。变压器温升分为绕组温升和油面温升。其意义是：根据国家标准，当环境温度规定为 40 °C 时，绕组和油面可以升高的最高温度。例如，绕组的额定温升为 65 °C，油面温升为 55 °C；变压器 A 级绝缘即绕组表面温度不超过 105 °C，油面温度不超过 95 °C。温升取决于变压器的绝缘等级和散热条件。

例 1-1 一台 SJL_1-180/10 型电力变压器，$U_{1N}/U_{2N}=10$ kV/0.4 kV。求一、二次侧额定电流。

解 根据题意，$S_N=180$ kV·A，则

$$I_{1N}=S_N/\sqrt{3}U_{1N}=180\times10^3/(\sqrt{3}\times10\times10^3)=10.4\ (\text{A})$$

$$I_{2N}=S_N/\sqrt{3}U_{2N}=180\times10^3/(\sqrt{3}\times0.4\times10^3)=259.8\ (\text{A})$$

三、变压器的分类

为了适应各行业对变压器的不同使用目的和工作要求，推出了多种类型的变压器，各种类型变压器在结构和性能上差异也很大。变压器一般按照用途进行分类，也有按照结构特点、相数、冷却方式等进行分类。

(一) 按照用途分类

按用途不同，变压器分为电力变压器、特种变压器、仪用互感器等。

电力变压器，又分为降压变压器、升压变压器和配电变压器等，它是电力系统的重要组成设备。如果变压器每相有两个绕组，称之为双绕组变压器，它有两个电压等级，是目前应用最广的一种类型；如果每相有三个或多个绕组，称之为三绕组或多绕组电力变压器，它有三个或多个电压等级，用来连接三个或多个电压等级的电网。

特种变压器包括电炉变压器、整流变压器、电焊变压器等，它们是专供特殊电源用的。此外，还有测量用变压器——仪用互感器（电压互感器和电流互感器）、试验用高压变压器、自动控制系统中的控制变压器、用来传递信号或阻抗匹配的电子仪器用变压器等。

(二) 其他分类方式

按变压器的冷却方式和冷却介质不同，可分为油浸式变压器（又分为油浸自冷式、油浸风冷式和油浸水冷式等）、干式变压器（又分为干式空气自冷式、干式浇注绝缘式）、充气式变压器等。

按变压器的相数不同，有单相、三相、多相变压器；按变压器绕组与铁心间的相对位置不同，有壳式、心式和卷铁心变压器；按变压器的容量大小不同，有小型变压器、中型变压器、大型变压器及特大型变压器。

小 结

1. 变压器的主要结构是铁心、绕组、油箱及其他零部件。铁心是变压器磁路的本体，是磁路部分；绕组是变压器传递交流电能的电路部分。

2. 变压器按用途不同分为电力变压器、特种变压器、仪用互感器等。按变压器的冷却方式和冷却介质不同，分为油浸式变压器、干式变压器、充气式变压器等。

3. 变压器的额定值，包括额定功率、额定电压、额定电流及额定频率等。其电流、电压均指的是线值。应尽量保证变压器在额定状态下运行。

第二节 变压器的工作原理

【学习目标】

掌握变压器的工作原理。

从变压器的结构可知，它的主体是铁心及套在铁心上的绕组。如果把接交流电源的绕组称为一次绕组（或原边绕组），用字母 N_1 表示其匝数，则把接负载（如灯泡）的绕组称为二次绕组（或副边绕组），用字母 N_2 表示其匝数（见图 1-10）。当一次绕组接通交流电源时，接二次绕组的灯泡便发光，是什么原因呢？二次绕组并没有直接接在电源上，灯泡发光所消耗的电能从哪里来的呢？这要用电磁感应的原理来解释：处在变化磁场中的导体，产生感应

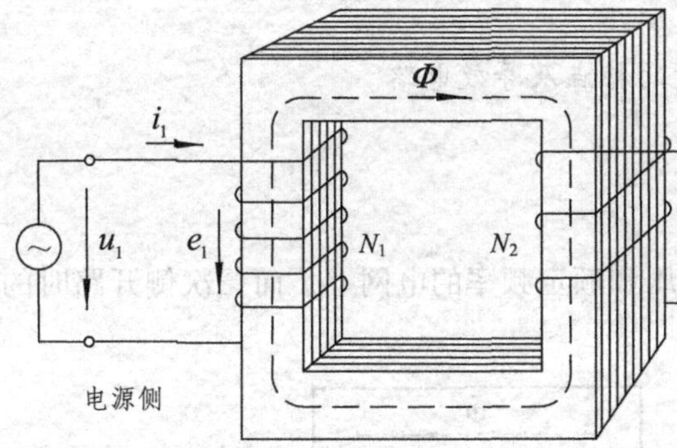

图 1-10　变压器原理示意图

电动势，当外电路通过负载（灯泡）闭合时，便有电流通过，使灯泡发光。具体来说，就是当一次绕组接上交流电源时，在一次绕组中就有交流电流通过，该电流将在铁心中产生交变磁通 Φ，由于一、二次绕组套在同一铁心上（实际上两绕组套在同一铁心柱上，以增大耦合作用，为简明起见，常把两绕组分别画在铁心两边），铁心中的磁通同时交链一、二次绕组。于是，在这两绕组中都产生感应电动势（e_1、e_2）。对负载来说，二次绕组的电动势相当于电势源，在与二次绕组连接的回路中，便有电流通过灯泡发光。

由此可见，当变压器一次绕组通以交流电时，在其铁心中产生交变磁通，根据电磁感应原理，一次绕组将从交流电源处吸收电能，传递到二次绕组，供给负载，这就是变压器的基本工作原理。

显然，铁心中的磁通是传递能量的桥梁，也就是说，变压器只传递交流电能，而不能产生电能，它只能改变交流电压或电流的大小，不改变频率；而在传递过程中几乎不改变电流与电压大小的乘积。

为了分析方便，把变压器一次绕组称为一次侧，把接负载的二次绕组称为二次侧。它们的物理量及其参数分别附有下标“1”和“2”以示区别。

小　结

变压器的工作原理是基于电磁感应定律，交变磁场是工作的媒介。变压器只传递交流电能，而不能产生电能，它只能改变交流电压或电流的大小，不改变频率；为了增加一、二次侧电磁耦合，将一、二次绕组套在同一铁心柱上。

第三节　变压器的运行特性

【学习目标】

1. 掌握变压器变比的计算。
2. 掌握变压器空载、负载时的功率关系。
3. 掌握变压器电压变化率、效率的意义。

4. 掌握变压器外特性的意义。

5. 了解变压器空载、负载时的特点及等效电路。

一、变压器的空载运行

变压器一次绕组接在额定电压和额定频率的电网上，而二次侧开路时的运行状态，称为空载运行，如图 1-11 所示。

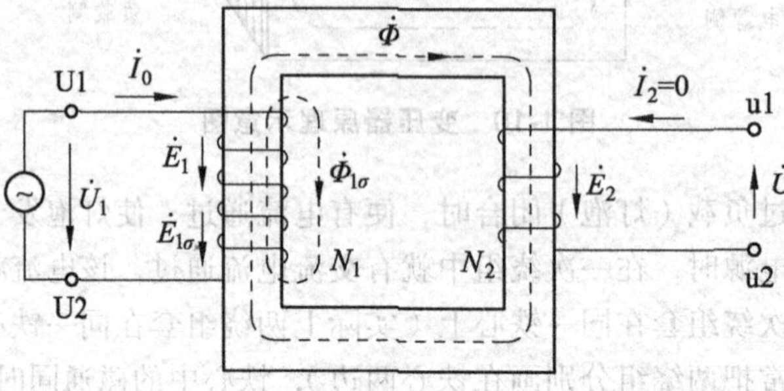

图 1-11 单相变压器空载运行原理示意图

(一) 空载运行时的磁场

单相变压器在空载运行时，在一次绕组中通过的电流称为空载电流，用 I_0 表示。空载电流在一次绕组中建立空载磁通势 $F_0 = N_1 \times I_0$ 及相应的磁通。其方向按右手螺旋定则确定。由于绝大部分磁通 Φ 沿铁心闭合，同时与一、二次绕组交链，称为主磁通；另一小部分磁通 $\Phi_{1\sigma}$ 主要沿非铁磁性材料（变压器油或空气等）闭合，而且仅与一次绕组交链，称为一次绕组漏磁通。变压器空载时主磁通占总磁通的绝大部分，而漏磁通约为 0.2%。主磁通起传递能量的媒介作用，漏磁通仅在一次绕组内产生感应电动势，只起电压降的作用，不能传递能量。

(二) 空载运行时的电动势和变比

1. 电动势

根据电磁感应定律，可推出变压器一、二次侧的感应电动势为

$$\dot{E}_1 = -\mathrm{j}4.44 f N_1 \dot{\Phi}_{\mathrm{m}}, \quad E_1 = 4.44 f N_1 \Phi_{\mathrm{m}} \tag{1-3}$$

$$\dot{E}_2 = -\mathrm{j}4.44 f N_2 \dot{\Phi}_{\mathrm{m}}, \quad E_2 = 4.44 f N_2 \Phi_{\mathrm{m}} \tag{1-4}$$

$$\dot{E}_{1\sigma} = -\mathrm{j}4.44 f N_1 \dot{\Phi}_{1\sigma}, \quad E_{1\sigma} = 4.44 f N_1 \Phi_{1\sigma} \tag{1-5}$$

一、二次绕组感应电动势有效值 E_1 和 E_2 正比于主磁通最大值 Φ_{m}、电网频率 f 及匝数 N_1（或 N_2），其相位滞后于 $\dot{\Phi}_{\mathrm{m}}$ 90°。

如果不计漏电动势的影响，从图 1-11 可知，$\dot{U}_1 \approx -\dot{E}_1$，也就是说，$E_1$ 与 U_1 几乎大小相等而方向相反，故把 E_1 称为反电势。

2. 变比

一、二次绕组感应电动势之比值，称为变压器的变比（用字母 K 表示），它等于两绕组匝数之比，即

$$K=\frac{E_1}{E_2}=\frac{N_1}{N_2} \tag{1-6}$$

当变压器空载运行时，由于一次侧 $\dot{U}_1 \approx -\dot{E}_1$，二次侧 $\dot{U}_2 \approx \dot{E}_{20}$，故可近似地认为 $K=U_1/U_2$。

(三) 电动势平衡方程式及等效电路

根据图 1-11 中各量所规定的方向，按基尔霍夫回路定律，可列出单相变压器空载时的电动势平衡方程式：

$$\dot{U}_1=-\dot{E}_1-\dot{E}_{1\sigma}+\dot{I}_0 r_1,\quad \dot{U}_2=\dot{E}_2 \tag{1-7}$$

经过换算得

$$\dot{U}_1=-\dot{E}_1+\dot{I}_0 Z_1=\dot{I}_0 Z_{\rm m}+\dot{I}_0 Z_1 \tag{1-8}$$

$$\dot{U}_2=\dot{E}_2 \tag{1-9}$$

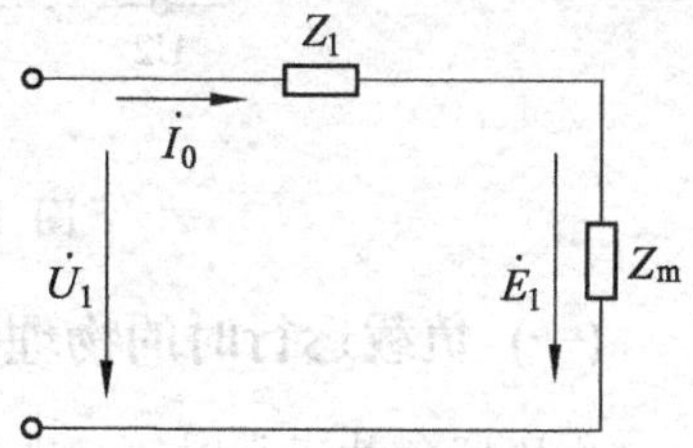

图 1-12　单相变压器空载运行等效电路图

式中　$Z_1=r_1+{\rm j}x_1$ —— 一次绕组漏阻抗；

r_1 —— 一次绕组自身电阻；

X_1 —— 一次绕组漏电抗，是一个常数，表征漏磁通对电路的电磁效应；

$Z_{\rm m}=r_{\rm m}+{\rm j}X_{\rm m}$ ——励磁阻抗，不是常数，受主磁路饱和变化的影响；

$r_{\rm m}$ ——励磁电阻，对应于铁耗电阻；

$X_{\rm m}$ ——励磁电抗，表征铁心磁化性能的一个重要参数。

根据空载电动势平衡方程式，便可画出对应的等效电路（见图 1-12）。

(四) 空载时的功率

单相变压器空载时，从电源输入的功率仅与变压器的内部损耗相平衡。空载时输入变压器的功率用 P_0 表示，绕组电阻 r_1 上的铜耗用 $P_{\rm Cu10}$ 表示，铁耗用 $P_{\rm Fe}$ 表示，则

$$P_0=P_{\rm Cu10}+P_{\rm Fe}=I_0^2 r_1+I_0^2 r_{\rm m} \tag{1-10}$$

而

$$P_0=U_1 I_0 \cos\varphi \tag{1-11}$$

其中，φ 为 U_1 与 I_0 的夹角，称为空载时的功率因数角。变压器空载时 φ 几乎为 90°，因而功率因数很低。

例 1-2　一台 $S_{\rm N}=600$ kV·A 的单相变压器，接在 $U_1=10$ kV 的电源上，空载时二次侧电压 $U_2=400$ V。已知 $N_2=32$ 匝，若不计漏阻抗影响，则该变压器电压比 K 及 N_1 各为多少？

解　如不计漏阻抗影响，则 $U_1=E_1$，$U_2=E_2$，可得

$$K=\frac{E_1}{E_2}=\frac{U_1}{U_2}=\frac{10\,000}{400}=25$$

则一次绕组匝数 N_1 为

$$N_1=KN_2=25\times32=800\text{（匝）}$$

二、变压器的负载运行

变压器一次绕组接在额定电压和额定频率的电网上，而二次侧接上负载时的运行状态称为负载运行，如图 1-13 所示。

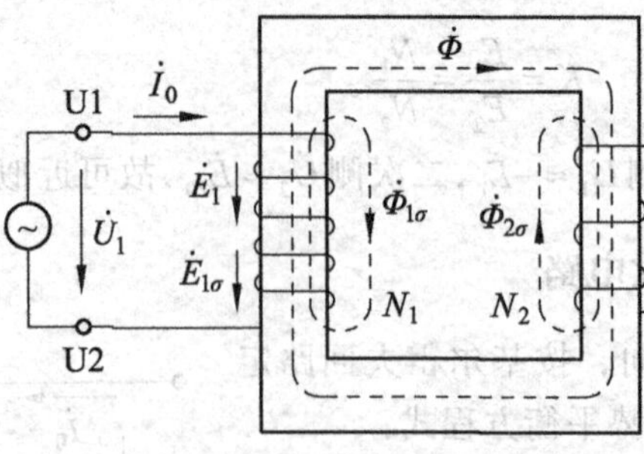

图 1-13 单相变压器负载运行原理示意图

(一) 负载运行时的物理情况

变压器负载运行时，一次侧电流从空载时的 I_0 改变为负载时的 I_1，但一次侧漏阻抗的电压降 $\dot{I}_1Z_1$ 与 $\dot{E}_1$ 比较仍然很小，仍有 $\dot{U}_1 \approx -\dot{E}_1$ 的关系，故从空载到额定负载时，E_1 变化很小，与之相对应的主磁通和产生主磁通的合成磁通势变化也很小，故负载时的磁化电流与空载电流 I_0 相差很小，仍近似认为相等，所对应主磁通仍用 Φ_m 表示。二次侧有电流 I_2 流过，由于变压器是一种静止的电气设备，在传递电功率的过程中损耗很小。在理想情况下可认为一次侧功率等于二次侧功率，即

$$U_1I_1 = U_2I_2 \tag{1-12}$$

故有

$$\frac{I_1}{I_2} = \frac{U_2}{U_1} = \frac{N_2}{N_1} = \frac{1}{K} \tag{1-13}$$

(二) 负载时的等效电路

变压器负载时的等效电路如图 1-14 所示。

由 T 形等效电路可得变压器负载运行时的基本方程式

$$\left.\begin{aligned} \dot{U}_1 &= -\dot{E}_1 + \dot{I}_1Z_1 \\ \dot{E}_2' &= \dot{U}_2' + \dot{I}_2'Z_2' \\ \dot{U}_2' &= \dot{I}_2'Z_L' \\ \dot{E}_1 &= \dot{E}_2' \\ \dot{E}_1 &= -\dot{I}_0Z_m \\ \dot{I}_1 + \dot{I}_2' &= \dot{I}_0 \end{aligned}\right\} \tag{1-14}$$

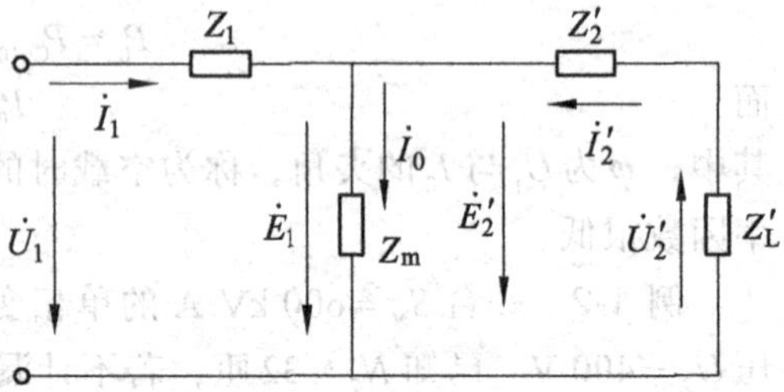

图 1-14 变压器 T 形等效电路

T 形等效电路虽然能正确反映变压器内部的电磁关系，但进行计算还是比较复杂的，由于 $I_0 \ll I_{1N}$，可把 I_0 忽略不计，于是得到变压器负载时的等效电路，如图 1-15 所示。

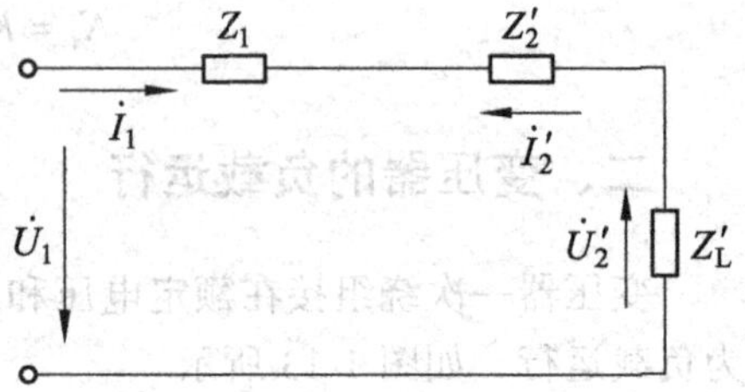

图 1-15 变压器简化等效电路

当 $Z_L = 0$（即负载短路时），则变压器的等效输入阻抗为 $Z_1 + Z_2'$，称之为短路阻抗，用字母 Z_k 表示，即

$$Z_k = Z_1 + Z_2' = r_k + jX_k$$

式中　$r_k = r_1 + r_2'$——短路电阻；

$X_k = X_1 + X_2'$——短路电抗；

r_2'——二次绕组自身电阻等效到一次侧的值；

X_2'——二次绕组漏电抗等效到一次侧的值，是一个常数，表征漏磁通对电路的电磁效应。

(三) 变压器负载运行时的功率关系

变压器是将一种电压等级的电能转变为另一种电压等级的电能的电气设备，负载需要什么性质的功率，需要多少功率，变压器就输出相应的功率。当然，在能量的传输过程中，变压器本身也要消耗一小部分功率，使输出功率小于输入功率，因此输入功率与输出功率的关系式为：

$$P_1 = P_2 + P_{Cu1} + P_{Fe} + P_{Cu2} = P_2 + \sum P \tag{1-15}$$

式中　P_1——变压器的输入功率；

P_{Cu1}——一次绕组电阻上的铜耗；

P_{Cu2}——二次绕组电阻上的铜耗；

P_{Fe}——铁心损耗；

P_2——变压器的输出功率；

$\sum P$——总损耗，它由两部分组成：一部分是可变损耗（$P_{Cu1} + P_{Cu2}$）；另一部分为不变损耗 P_{Fe}，它与负载大小无关。

例 1-3　有一台单相变压器，$U_{1N}/U_{2N} = 3\,000\ \text{V}/220\ \text{V}$，供给一台 $P_L = 25\ \text{kW}$ 的电阻炉。求该变压器一、二次侧的电流。

解　变压器二次侧电流即为这台电阻炉的电流，所以

$$I_2 = P_L / U_{2N} = (25\times10^3)/220 = 114\ (\text{A})$$

一次侧电流为

$$I_1 \approx \frac{I_2}{K} = \frac{U_2}{U_1} I_2 = \frac{220}{3\,000}\times114 = 8.33\ (\text{A})$$

三、变压器的外特性

在一次绕组电压为额定电压、负载功率因数 $\cos\varphi_2$ 为一常数时，变压器副绕组端电压 U_2 随负载电流 I_2 变化的规律 $U_2 = f(I_2)$ 称为变压器的外特性，如图 1-16 所示。由图可见，空载时 $I_2 = 0$，则 $U_2 = U_{2N}$。

（1）当负载为电阻性或电感性负载时，随着 I_2 的增大，U_2 逐渐降低，即变压器具有下降的外特性。在负载大小相同时，其电压下降的程度取决于负载的功率因数，负载功率因数越低，U_2 下降越大。

（2）当负载为电容性负载时，随着 I_2 的增大，U_2 有可能上升，即变压器具有有可能上升的外特性。

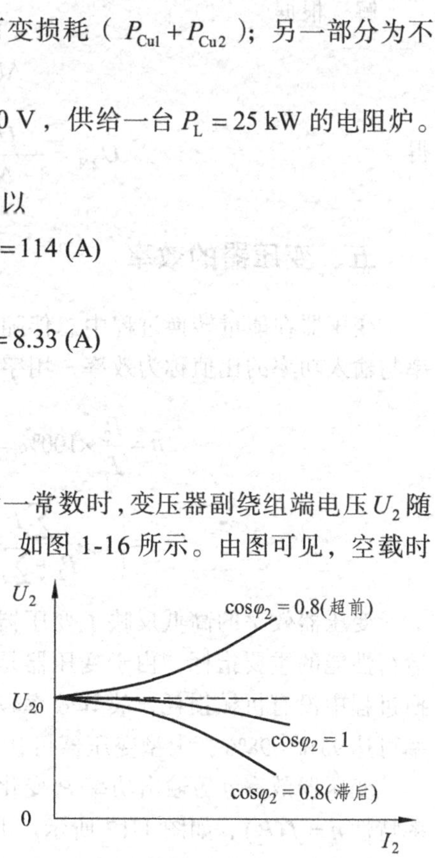

图 1-16　变压器的外特性

四、变压器的电压变化率

变压器的负载并不是固定不变的，负载的变化会影响到变压器二次绕组端电压的变化。

随着负载的变化，电源电压变化越小，则说明供电电压的质量越高。一般用电压变化率来反映供电电压的稳定性，它是变压器运行的主要性能指标之一。

变压器一次绕组接在额定频率、额定电压的电网上，二次侧空载电压U_{20}与给定负载功率因数下二次侧有电流时的二次电压U_2的算术差$(U_{20}-U_2)$，与二次侧额定电压之比，即为电压变化率，用$\Delta U\%$来表示，即

$$\Delta U\%=\frac{U_{20}-U_2}{U_{20}}\times 100\%=\frac{U_{2\text{N}}-U_2}{U_{2\text{N}}}\times 100\% \tag{1-16}$$

电压变化率表征电网电压的稳定性，是变压器的主要性能指标之一，在一定程度上反映了供电的质量，它与变压器参数及负载性质有关。对于电力变压器，由于其一次、二次绕组的电阻和漏抗都很小，额定负载时，电压变化率约为4%～6%。但当负载功率因数$\cos\varphi_2$下降时，电压变化率会明显增大。因此，提高企业供电的功率因数，也有减小电压波动的作用。

我国电力技术政策规定，35 kV以上的电压，允许偏差±5%；10 kV以下高压供电和动力供电允许偏差为±7%；低压照明设备允许偏差为+5%～−10%。

例 1-4 有一台变压器接通负载后，二次绕组的输出电压为5 700 V，它的电压变化率为5.0%，求二次绕组的额定电压$U_{2\text{N}}$是多少。

解 根据

$$\Delta U\%=\frac{U_{2\text{N}}-U_2}{U_{2\text{N}}}\times 100\%$$

得

$$U_{2\text{N}}=\frac{U_2}{1-\Delta U\%}=\frac{5\ 700}{1-5.0\%}=\frac{5\ 700}{95\%}=6\ 000\ (\text{V})$$

五、变压器的效率

变压器在能量转换过程中总伴随着铜耗和铁耗，致使输出功率小于输入功率。将输出功率与输入功率的比值称为效率，用字母η表示。即

$$\begin{aligned}\eta&=\frac{P_2}{P_1}\times 100\%=\frac{P_1-\sum P}{P_1}\times 100\%\\&=\left(1-\frac{\sum P}{P_2+\sum P}\right)\times 100\%=\left(1-\frac{P_{\text{Cu1}}+P_{\text{Cu2}}+P_{\text{Fe}}}{P_2+P_{\text{Cu1}}+P_{\text{Cu2}}+P_{\text{Fe}}}\right)\times 100\%\end{aligned} \tag{1-17}$$

变压器效率的高低反映了变压器运行的经济性，是变压器运行性能的重要指标。由于变压器是静止电气设备，在能量转换过程中没有机械损耗，故其效率较高，一般中小型变压器效率可达95%～98%，大型变压器可达99%以上。

变压器效率η随输出功率P_2变化的规律，称为变压器的效率特性$\eta=f(P_2)$，如图1-17所示。由图可见，变压器的效率有一个最大值。当变压器的不变损耗（铁损耗）等于可变损耗（铜损耗）时，变压器的效率达到最大。要提高变压器的效率，不应使变压器在较小负载下运行；也不宜使变压器在很大负载下

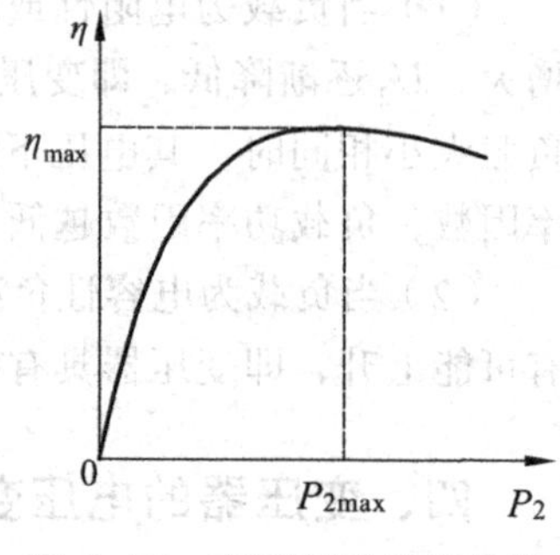

图 1-17 变压器的效率特性

运行，如果负载过大，铜耗会急剧增大，不仅使效率下降，而且温升增高，会使变压器因过热而受到损害，严重时将烧毁变压器。

小　结

1. 从变压器的空载运行特性可知，根据变压器内部磁通的实际分布情况和所起的作用不同，把磁通分为主磁通和漏磁通两部分，主磁通沿铁心闭合，在一、二次绕组中产生感应电动势，起传递电磁功率的媒介作用；漏磁通是经过非磁性物质闭合，只起电抗压降作用而不直接参与能量传递。

2. 电压变化率 $\Delta U\%$ 和效率 η 是变压器的重要性能指标，$\Delta U\%$ 的大小表明变压器运行时二次侧电压的稳定性，η 表明变压器运行时的经济性。

第四节　变压器的参数测定

【学习目标】

1. 掌握变压器空载、负载试验的目的及注意事项。
2. 了解短路电压标幺值、短路阻抗标幺值的意义。

一台变压器在出厂之前或在检修之后，一般都要做两项基本试验，这就是变压器的空载试验和短路实验。变压器试验的目的是检验变压器的性能是否符合有关标准和技术条件的规定，是否存在影响变压器正常运行的各种缺陷，以及测出变压器的有关数据。变压器等值电路中的各阻抗参数直接影响变压器的运行性能，对已经制造出来的变压器，可用空载试验和负载（短路）试验测定这些参数。

一、空载试验

空载试验可测定励磁阻抗 Z_m、铁心损耗 P_0、空载电流 I_0 及变比 K。图 1-18 所示为单相变压器空载实验原理接线图。

为了试验安全和仪表选择方便，一般在低压侧施加电压而高压侧空载。由于励磁阻抗的数值与铁心的饱和程度有关，即与外施电压有关，因此试验电压应为额定电压（即 $U_0=U_{2N}$），这样测定的励磁阻抗值才有意义。

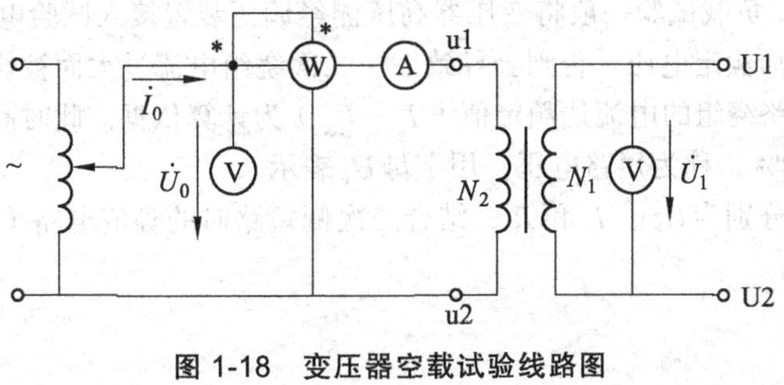

图 1-18　变压器空载试验线路图

仪表中的读数分别为U_0、U_1、I_0、P_0，结合空载等值电路，并忽略很小的r_1、X_1，可计算出励磁阻抗和变比 K，得

$$\left.\begin{aligned} Z_m &= \frac{U_{2N}}{I_0} \\ r_m &= \frac{P_0}{I_0^2} \\ X_m &= \sqrt{Z_m^2 - r_m^2} \\ K &= \frac{U_{1N}}{U_{2N}} \end{aligned}\right\} \tag{1-18}$$

由于空载试验是在低压侧施加电源电压，所以测得的励磁参数是折算到低压侧的数值，如果需要得到高压侧的数值，还必须乘以 K^2。这里的 K 是高压侧对低压侧的变比。

当电压变化时，铁心饱和程度变化，因正常电力变压器空载电流很小，空载损耗即为铁损耗，因此功率因数为

$$\cos\varphi_0 = \frac{P_0}{U_{2N} I_0} \tag{1-19}$$

由上式可知，P_0越小，$\cos\varphi_0$越低，说明铁心和绕组质量越好，因此可通过空载试验的功率因数测量，检查铁心质量和匝数是否恰当或有无短路。

二、负载（短路）试验

通过负载试验可测定短路阻抗Z_k及铜耗P_k。图 1-19 所示为单相变压器负载试验原理图。

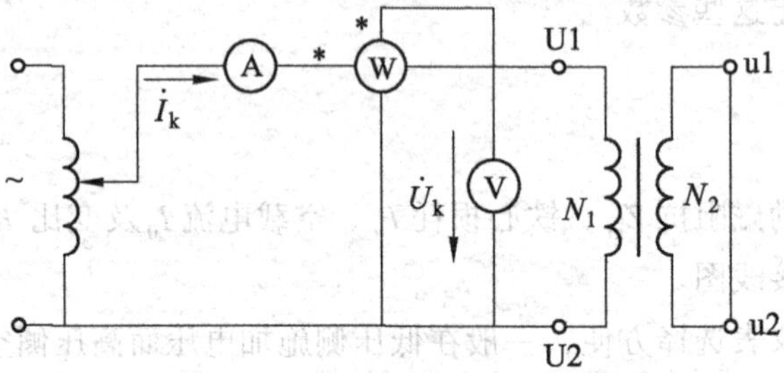

图 1-19 变压器负载试验线路图

为了便于测量，负载试验一般将变压器高压侧经调压装置接入试验电源，而低压侧短路。高压侧绝对不允许加额定电压，否则会导致一、二次绕组电流过大而被烧毁。所以，做短路试验时，通常取短路绕组的电流达额定值（$I_k = I_{1N}$）为计算依据。此时高压侧所加电压约为额定电压的 5%～10%，称为短路电压，用字母U_k表示。

仪表中的读数分别为U_k、I_k和P_k，结合二次侧短路时的等值电路（其中$Z_L' = 0$），可计算出短路阻抗为

$$\left.\begin{aligned}Z_k&=\frac{U_k}{I_k}\\ r_k&=\frac{P_k}{I_k^2}\\ X_k&=\sqrt{Z_k^2-r_k^2}\end{aligned}\right\}\tag{1-20}$$

在 T 形等值电路中，可以认为 $r_1=r_2'=\frac{r_k}{2}$，$X_1=X_2'=\frac{X_k}{2}$。由于电阻与温度有关，按国家标准，应将试验温度下测定的 r_k 和 Z_k 折算到 75 °C 时的值。

对于铜线变压器按下式换算：

$$\left.\begin{aligned}r_{k(75°C)}&=\frac{235+75}{235+\theta}r_k\\ Z_{k(75°C)}&=\sqrt{r_{k(75°C)}^2+X_k^2}\end{aligned}\right\}\tag{1-21}$$

式中　θ——试验时的环境温度。对于铝线变压器，式中的常数 235 应改为 225。

短路试验时，当 $I_k=I_{1N}$ 时电源所加电压为短路电压 $U_k=I_kZ_k$，如果用 $I_{1N}Z_{k(75°C)}$ 表示，则称为额定短路电压，用字母 U_{kN} 表示。它与高压侧额定电压 U_{1N} 的比值称为短路电压标幺值（或相对值），用字母 u_k 表示（习惯上有时也叫 u_k 为短路电压），即

$$u_k=\frac{U_{kN}}{U_{1N}}=\frac{I_{1N}Z_{k(75°C)}}{U_{1N}}=\frac{Z_{k(75°C)}}{U_{1N}/I_{1N}}=\frac{Z_{k(75°C)}}{Z_{1N}}=z_k^*\tag{1-22}$$

式中　$Z_{1N}=U_{1N}/I_{1N}$——一次侧阻抗基值，是一次侧额定电压与额定电流的比值；

z_k^*——短路阻抗标幺值，用“*”号加以区别。

可见，短路电压标幺值 u_k 与短路阻抗标幺值 z_k^* 相等。所以，u_k 是变压器的一个重要参数，应标在铭牌上。u_k 的大小反映了变压器在额定负载下运行时，漏阻抗压降的大小，从运行角度看，希望阻抗压降小，使变压器输出电压随负载变化波动小一些，但 u_k 或 z_k^* 太小时，变压器短路电流太大，可能损坏变压器，因而在一般情况下，中小型电力变压器的 u_k 为 4%～10.5%；大型电力变压器的 u_k 为 12.5%～17.5%。

对于三相变压器，试验测定的电压、电流及功率是指线电压、线电流和总功率。应根据不同的接线方式，先将线电压、线电流换算成相值，将总功率换算为一相的功率，然后按上述公式进行计算，求得变比和每相参数等。

小　结

1. 空载试验可测定励磁阻抗 Z_m、铁心损耗 P_0、空载电流 I_0 及变比 K。一般在低压侧施加电压而高压侧空载，试验电压应为额定电压。若要得到高压侧的参数值，还应乘以 K^2。

2. 负载试验可测定短路阻抗 Z_k 及铜耗 P_k。一般将变压器高压侧经调压装置接入试验电源，而低压侧短路。高压侧绝对不允许加额定电压，否则会导致一、二次绕组电流过大而被烧毁，所加电压约为额定电压的 5%～10%。

第五节 三相变压器

【学习目标】

1. 了解组式、心式变压器的特点。
2. 掌握变压器端头标记及联结组的判定。
3. 掌握变压器并联运行的条件。

目前电力系统均采用三相制，因而三相变压器得到了广泛的应用。

三相变压器在对称负载下运行时，各相电压、相电流大小相等，相位彼此差 120°，各相参数也相等，故对它的研究归化为分析一相的方法，先求取一相的电压、电流，然后根据对称关系获得其他两相的电压和电流。因此，单相变压器的基本方程式、等效电路、运行特性等均适用于三相变压器。

一、三相变压器的磁路系统

三相变压器按铁心结构形式的不同分为两种：一种是组式变压器，另一种是心式变压器。

组式变压器由三台单相变压器组合而成，其特点是三相磁路各自独立，互不关联，如图 1-20 所示。当一次绕组加上三相对称交流正弦电压时，三相绕组的磁通 Φ_U、Φ_V、Φ_W 是对称的，三相空载电流也是对称的。在需要特大容量变压器的场所以及运输条件受到限制的地方，为了方便运输或减少备用容量，往往采用三相变压器组来解决以上问题。

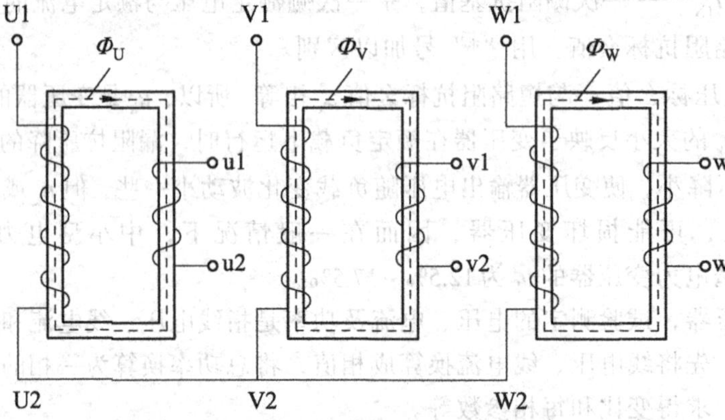

图 1-20 三相组式变压器磁路

三相心式变压器磁路如图 1-21 所示。其特点是各相磁路彼此关联，每相磁通都要通过另外两相磁路闭合。

两边两相磁路的磁阻比中间一相磁阻大一些。当外加三相电压对称时，各相磁通相等，但三相空载电流不等，中间那相空载电流小一些。在小容量变压器中表现明显，一般 $I_{0U} = I_{0W} = (1.2\sim1.5)I_{0V}$；在大型变压器中，其不平衡性较小，在计算空载电流时，可取三者算数平均值。因为空载电流较小，对变压器负载影响不大，与组式变压器比较起来，心式变压器还是非常经济的。

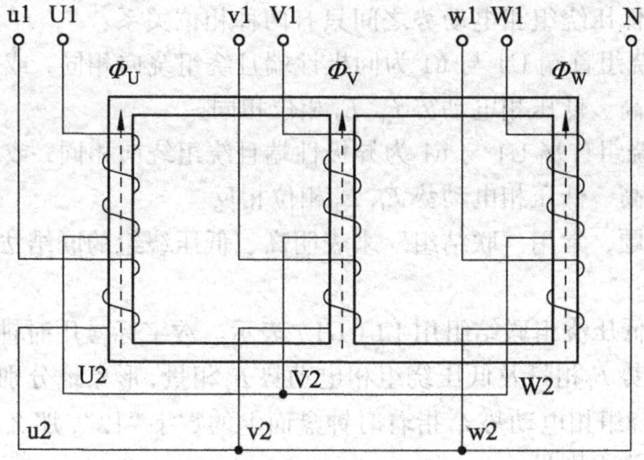

图 1-21　三相心式变压器磁路

目前用得较多的是三相心式变压器，因它具有材料省（特别是硅钢片、油箱及变压器油）、结构简单、维护方便、占地面积小等优点。

二、三相变压器的电路系统——联结组

变压器不仅能改变电压（电动势）的数值，还可以使高、低压侧的电压（电动势）具有不同的相位关系。所谓变压器的联结组，就是讨论高、低压侧绕组的联结法以及高、低压侧电压（电动势）之间的相位关系。

(一) 单相变压器的联结组

单相高、低压绕组在感应电动势的瞬间，总有一对端头同时为正电位，另一对端头同时为负电位，把电位极性相同的端头用“*”或“•”标记，称为同极性端或同名端。

单相变压器高、低压侧绕组感应相电动势之间的相位关系如图 1-22 所示。首先，用字母符号标记高、低压绕组出线端：高压绕组首端记为 U1，尾端记为 U2；低压绕组首端记为 u1，尾端记为 u2。其次，规定高、低压相电动势正方向：各绕组相电动势正方向从首端指向尾端，即高压绕组相电动势正方向为 $\dot{E}_{U1U2}$，为简化便用 $\dot{E}_1$ 表示；低压绕组相电动势正方向为 $\dot{E}_{u1u2}$，用 $\dot{E}_2$ 表示。

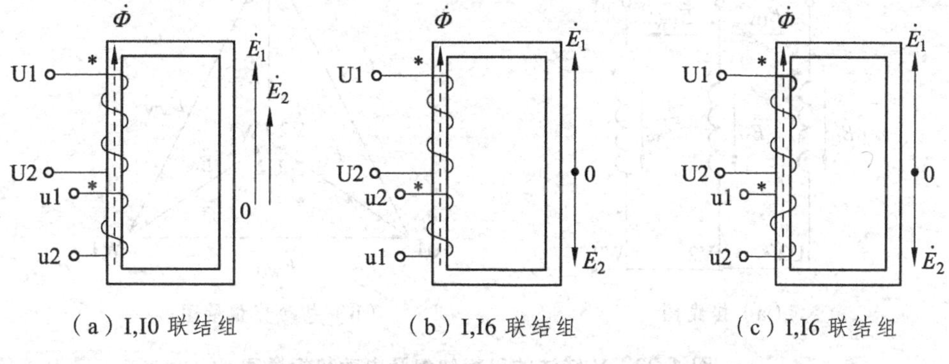

（a）I,I0 联结组　（b）I,I6 联结组　（c）I,I6 联结组

图 1-22　单相变压器高、低压相电动势的相位关系

综上所述，高、低压绕组相电动势之间只有两种相位关系：

（1）若高、低压绕组首端 U1 与 u1 为同极性端且绕组绕向相同，或 U1 与 u1 为异极性端且绕组绕向相反，则高、低压相电动势 $\dot{E}_1$、$\dot{E}_2$ 相位相同。

（2）若高、低压绕组首端 U1 与 u1 为异极性端且绕组绕向相同，或 U1 与 u1 为同极性端且绕组绕向相反，则高、低压相电动势 $\dot{E}_1$、$\dot{E}_2$ 相位相反。

对上述的相位问题，常用“联结组”来表明高、低压绕组的联结法及其电动势的相位关系，其表示方法如下：

单相变压器高、低压绕组联结组用 I,I（I/I）表示。数字标号用时钟的钟点表示，其含义是把高压绕组相电动势 $\dot{E}_1$ 相量及低压绕组相电动势 $\dot{E}_2$ 相量，形象地分别看成是时针上的长针和短针，并且令高压绕组相电动势 $\dot{E}_1$ 指着时钟盘面上的数字“12”，那么低压绕组相电动势 $\dot{E}_2$ 指向时钟的数字，即为组别号。

无论是单相还是三相变压器，其高、低压绕组线电动势相量间的相位移不仅取决于绕组的联结方式，而且还与绕组的绕向及绕组出线端的标志——同名端有关。

如图 1-22（a）所示的单相变压器，其联结组为 I,I0（I/I-12），图 1-22（b）、（c）所示的单相变压器，其联结组为 I,I6（I/I-6）。

(二) 三相变压器的联结组

三相绕组主要有星形和三角形两种联结法。三相绕组的联结法及端头标记见表 1-1。

表 1-1　三相变压器的绕组联结法及端头标记

绕组名称	端头标记		联结法		星形联结有中性线引出时
	首端	尾端	星形	三角形	
高压绕组	U1、V1、W1	U2、V2、W2	Y	D	YN
低压绕组	u1、v1、w1	u2、v2、w2	y	d	yn

1. 星形联结

以高压绕组星形联结（Y 联结）为例，其接线及电动势相量图如图 1-23 所示，在图（a）所规定的正方向下，有 $\dot{E}_{UV}=\dot{E}_U-\dot{E}_V$，$\dot{E}_{VW}=\dot{E}_V-\dot{E}_W$，$\dot{E}_{WU}=\dot{E}_W-\dot{E}_U$。

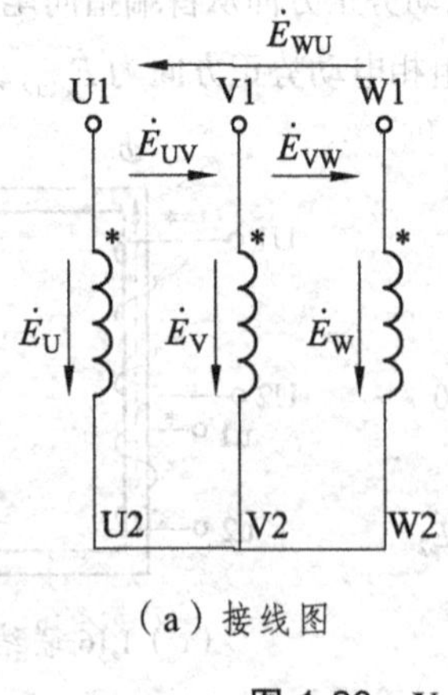

（a）接线图

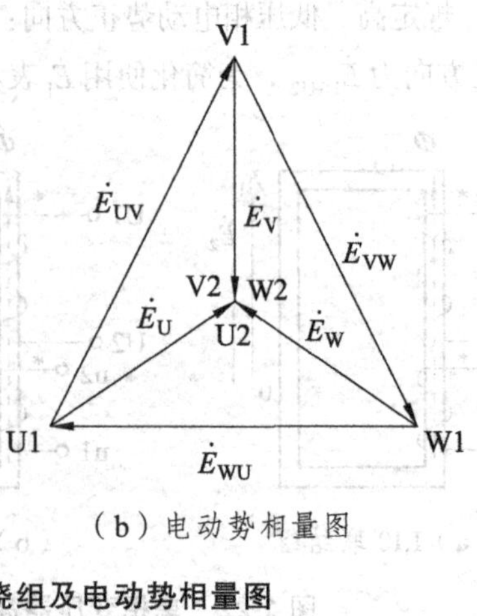

（b）电动势相量图

图 1-23　Y 结法的三相绕组及电动势相量图

2. 三角形联结

三角形联结方法有两种：一种是右向三角形联结；另一种是左向三角形联结。

以低压绕组右向三角形联结（d 联结）为例，其接线及电动势相量图如图 1-24 所示，在图（a）所规定的正方向下，有 $\dot{E}_{uv}=-\dot{E}_{v}$，$\dot{E}_{vw}=-\dot{E}_{w}$，$\dot{E}_{wu}=-\dot{E}_{u}$。

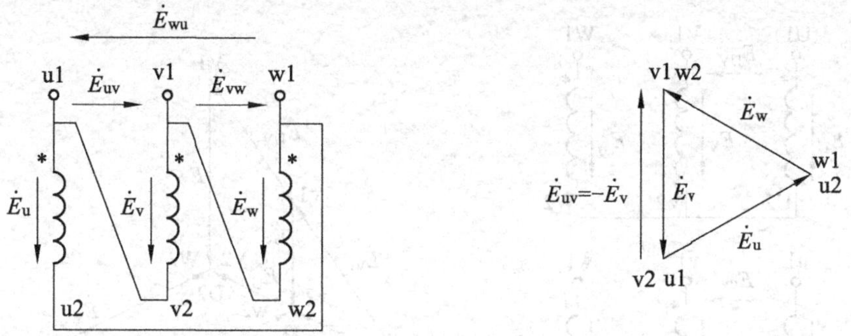

（a）接线图　　（b）电动势相量图

图 1-24　右向 d 结法的三相绕组及电动势相量图

以低压绕组左向三角形联结（d 联结）为例，其接线及电动势相量图如图 1-25 所示。在图（a）所规定的正方向下，有 $\dot{E}_{uv}=\dot{E}_{u}$，$\dot{E}_{vw}=\dot{E}_{v}$，$\dot{E}_{wu}=\dot{E}_{w}$。

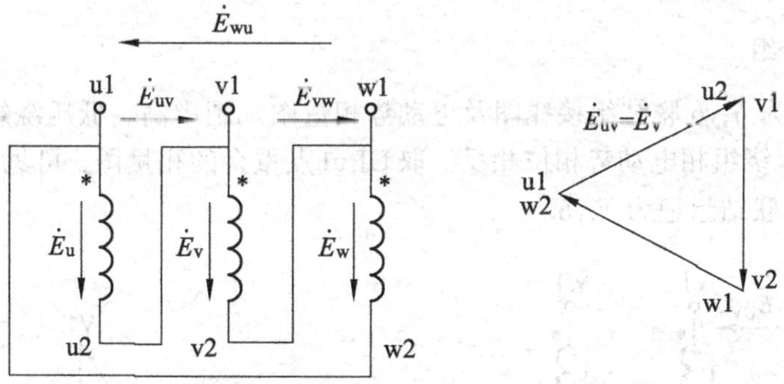

（a）接线图　　（b）电动势相量图

图 1-25　左向 d 结法的三相绕组及电动势相量图

(三) 联结组的确定

对于三相变压器，需要判定的是高、低压绕组对应线电动势之间的相位关系，所以三相变压器的联结组，是由表示高、低压绕组联结法及其对应线电动势相位关系的组别号这两部分组成的。

高、低压绕组对应线电动势的相位关系可用相位差表示，高低压绕组的联结法（星形或三角形）不同，相位差也不一样，但总是 30° 的倍数，因此，仍然可用时钟数字来表示对应线电动势之间的相位差。具体方法是：分别作出高、低压侧电动势相量图，选高压侧线电动势 $\dot{E}_{UV}$ 相量作长针，且指着时钟盘面上的“12”，对应的低压侧线电动势 $\dot{E}_{uv}$ 相量作短针，看它指向时钟的哪一点数，该数字即为联结组标志中的组别号。

下面分别对 Y,y（Y/y）及 Y,d（Y/△）联结的三相变压器联结组进行分析。

1. Y,y0(Y,y12) 联结组

图 1-26 所示为 Y,y0 联结组接线图及电动势相量图。图中高、低压绕组的首端为同极性端，因此高、低压绕组相电动势同相位。取 Ul,u1 点重合的相量图，可见，$\dot{E}_{UV}$ 指向“12”，$\dot{E}_{uv}$ 也指向“12”，其联结组记为 Y,y0。

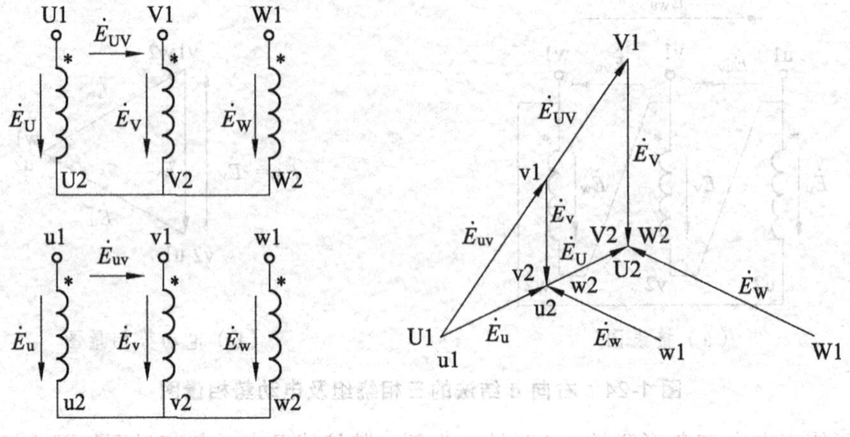

（a）接线图　（b）电动势相量图

图 1-26 Y,y0 联结组

2. Y,y6 联结组

图 1-27 所示为 Y,y6 联结组接线图及电动势相量图。图中高、低压绕组的首端为异极性端，因此高、低压绕组相电动势相位相反。取 Ul,u1 点重合的相量图，可见，$\dot{E}_{UV}$ 指向“12”，$\dot{E}_{uv}$ 指向“6”，其联结组记为 Y,y6。

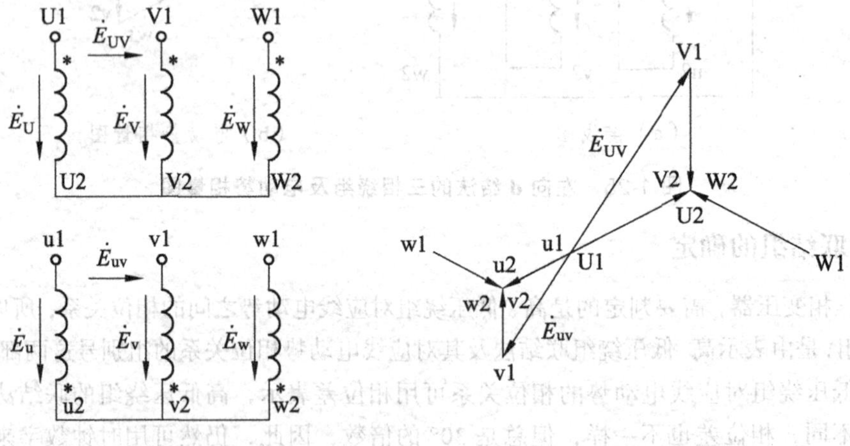

（a）接线图　（b）电动势相量图

图 1-27 Y, y6 联结组

改变低压绕组极性端，或者在保证正相序下改变低压绕组端头标记，还可以得到 2、4、8、10 四个偶数组别号。

3. Y,d11 联结组

图 1-28 所示的低压绕组为右向三角形联结，高、低压绕组首端同极性，高、低压绕组相电动势同相位。取 U1,u1 点重合的相量图，可确定为 Y,d11联结组。

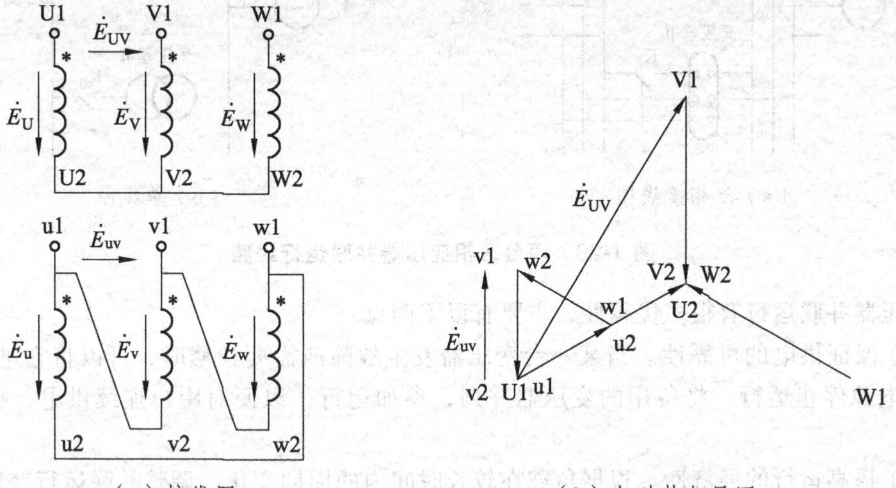

（a）接线图　（b）电动势相量图

图 1-28　Y,d11 联结组

改变低压绕组为右向或左向三角形联结，也可以改变低压绕组极性端或者在保证正相序下改变低压绕组端头标记，还可以得到 3、5、7、9 四个奇数组别号。

凡是高、低压绕组联结方式相同时，其联结组标号为偶数；凡是高、低压绕组联结方式不同时，其联结组标号为奇数。为了制造和使用方便，我国规定了五种标准联结组，即 Y,yn0、Y,d11、YN,d11、YN,y0、Y,y0。

有一点需要注意，对三相变压器计算变比时，需要明确一次、二次绕组的电压是相电压还是线电压。从单相变压器的变比定义可知，变比可以看成是一次、二次绕组的相电压之比。尤其对于 Y,d 联结组的变压器，计算变比时更要注意。

例 1-5　一台 SJL_1-180/10 型电力变压器，$U_{1N}/U_{2N} = 10\ kV/0.4\ kV$，联结组为 Y,d11。求其变比为多少？

解　该三相变压器为 Y,d 连接，而题目告知的电压为变压器的额定电压，是线电压，计算变比时，应换算为相电压，即

$$K = \frac{U_{1N}/\sqrt{3}}{U_{2N}} = \frac{10/\sqrt{3}}{0.4} \approx 14$$

三、三相变压器的并联运行

在现代发电站（厂）和变电所中，常采用几台变压器并联运行的方式。所谓并联运行，就是把几台变压器的一、二次绕组相同标号的出线端联在一起（即相序一致），分别接到公共母线上，同时对负载供电。图 1-29（a）所示为两台变压器并联运行接线图，图 1-29（b）为其简化的表示形式。

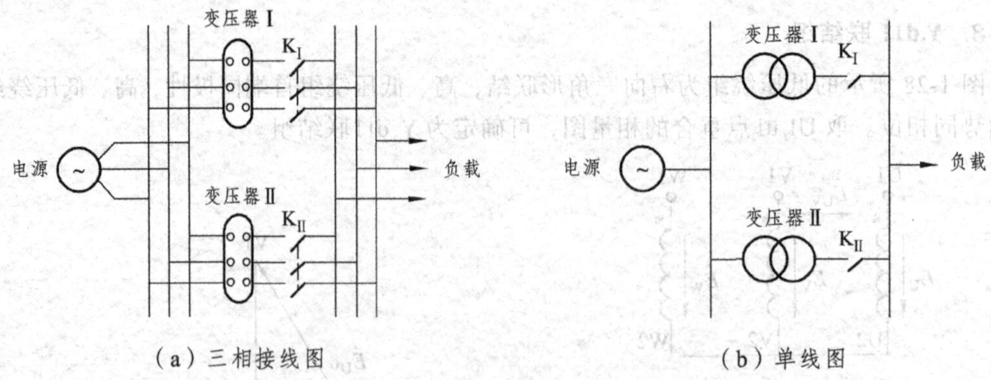

图 1-29 两台三相变压器并联运行线路

变压器并联运行有很多优越性，主要有以下两点：

（1）保证供电的可靠性。当某一台变压器发生故障或需要检修时，可以将它进行解列，即切断电源停止运行。将备用的变压器并列，参加运行，以便对用户连续供电，保证供电质量。

（2）提高运行的经济性。根据负载在较长时间内的周期变化，调整并联运行变压器的台数，以提高变压器的运行效率。

在总容量相同的情况下，变压器并联运行的台数太多也是不经济的。一台大容量变压器的造价、基建投资、占地面积等都比多台的少。当然也要考虑生产的发展，负载是否一开始就能满足大容量变压器的要求，如果不满足，可以并联运行，随着负载的增加，相应增加并联变压器的台数。

为了达到变压器安全可靠地并联运行，必须满足以下三个条件：

（1）并联运行变压器的一次、二次绕组的额定电压分别相等，即变比 K 相等。

（2）并联运行变压器的短路电压 u_k 相等。

（3）并联运行变压器的联结组别必须相同。

上述三个条件中，变比允许有微小的差别，实用中变压器变比差值一般不超过 ±0.5%～1%。对短路电压的要求也不是很严格，可以有较小的差别，短路电压一般不得超过 ±10%。联结组别必须保证相同，如果联结组别不同的变压器的一次绕组接到同一电源上，其二次绕组的线电压相位不同，在变压器内部就要造成很大的环流，可导致变压器绕组烧坏。所以，联结组别不同的变压器是绝对不能并联运行的。

小　结

1. 三相变压器磁路系统分为两类，一是组式变压器磁路，一是心式变压器磁路。前者三相磁路彼此独立，后者彼此关联。

2. 三相变压器的联结组，反映了高、低压绕组的联结法以及高、低压侧对应线电动势（线电压）之间的相位差。国家标准规定电力变压器常用的联结组有 Y,yn0、Y,d11、YN,d11、YN,y0、Y,y0。

3. 并联运行的变压器，应满足三个条件：一是各台变压器的一、二次侧额定电压相同（即电压比相等）；二是属于同一联结组；三是短路电压标幺值或短路阻抗标幺值相等。

第六节　自耦变压器

【学习目标】

1. 掌握自耦变压器的结构、特点。
2. 掌握自耦变压器的变比、绕组容量、传导容量的意义。
3. 掌握自耦变压器一、二次侧电流的相位关系。

一、二次侧共用一部分绕组的变压器叫自耦变压器。自耦变压器有单相的，也有三相的。与讨论双绕组变压器一样，分析单相自耦变压器运行时的电磁关系和电磁量，也适用于对称运行的三相自耦变压器的每一相。图 1-30 所示是一台降压的自耦变压器，一次绕组匝数 N_1 大于二次绕组匝数 N_2。其结构示意图如图 1-30（a）所示，图（b）为单相绕组接线图。图中标出了各电磁量的正方向，并采用与双绕组变压器相同的惯例。绕组 ax 段是高、低压共用的，叫公共绕组。

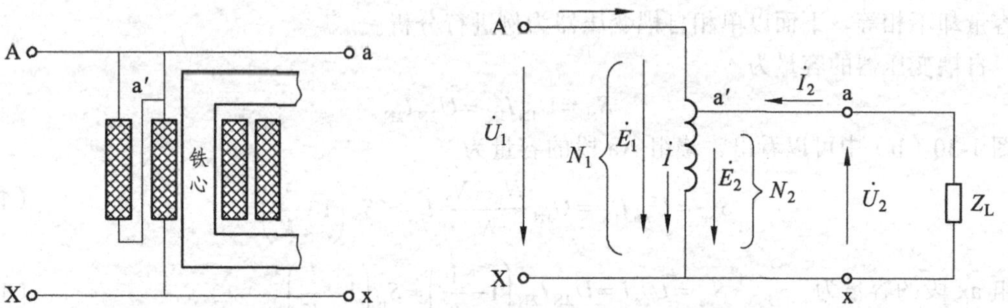

（a）结构示意图　　（b）绕组接线图

图 1-30　自耦变压器

一、电压、电流关系

自耦变压器与双绕组变压器一样，有主磁通和漏磁通，主磁通在绕组中产生感应电动势 $\dot{E}_1$ 和 $\dot{E}_2$。当一次绕组加额定电压 U_{1N}，二次绕组开路时的端电压为额定电压 U_{2N}，其与 U_{1N} 之比为

$$\frac{U_{1N}}{U_{2N}} \approx \frac{E_1}{E_2} = \frac{N_1}{N_2} = K > 1 \tag{1-23}$$

式中　K——自耦变压器的变比。

与双绕组变压器一样，自耦变压器带负载时，由于电源电压保持额定值，主磁通为常数，因此，也有同样的磁通势平衡关系，即

$$\dot{I}_1N_1+\dot{I}_2N_2=\dot{I}_0N_1 \tag{1-24}$$

分析负载运行时，可忽略 $\dot{I}_0$，则有

$$\dot{I}_1N_1+\dot{I}_2N_2=0 \tag{1-25}$$

或

$$\dot{I}_1\approx-\frac{\dot{I}_2}{K} \tag{1-26}$$

由图 1-30（b）中可以看出，a′ 点的电流关系为

$$\dot{I}=\dot{I}_1+\dot{I}_2\approx-\frac{\dot{I}_2}{K}+\dot{I}_2=\dot{I}_2\left(1-\frac{1}{K}\right)$$

式（1-23）和式（1-26）表明，自耦变压器负载运行时，一、二次侧电压之比为 K，电流之比为 $1/K$，与双绕组变压器的关系相同。

二、容量关系

对于自耦变压器，必须分清楚变压器容量和绕组容量。变压器容量也叫通过容量，是指它的输入容量，也等于它的输出容量，在数值上为输入（或输出）电压乘以电流。当输入（或输出）电压及电流为额定值时，变压器容量即为额定容量 S_N。所谓绕组容量就是该绕组的电压与电流的乘积，又叫作电磁容量。绕组的额定电压与电流的乘积就是该绕组的额定容量。对于双绕组变压器，一次绕组的绕组容量就是变压器的输入容量，二次绕组的绕组容量就是变压器的输出容量，因此都等于变压器容量。但是，对于自耦变压器来说，变压器容量与绕组容量却不相等。下面以单相自耦变压器为例进行分析。

自耦变压器的容量为

$$S_N=U_{1N}I_{1N}=U_{2N}I_{2N}$$

从图 1-30（b）中可以看出，绕组 Aa 段的容量为

$$S_{Aa}=U_{Aa}I_{1N}=U_{1N}\frac{N_1-N_2}{N_1}I_{1N}=S_N\left(1-\frac{1}{K}\right) \tag{1-27}$$

绕组 ax 段的容量为

$$S_{ax}=U_{ax}I=U_{2N}I_{2N}\left(1-\frac{1}{K}\right)=S_N\left(1-\frac{1}{K}\right) \tag{1-28}$$

式（1-27）和式（1-28）表明，负载运行时，绕组 Aa 和 ax 的容量相等且都比变压器容量小，是它的 $\left(1-\frac{1}{K}\right)$ 倍，而一般双绕组变压器一、二次绕组 AX 和 ax 的容量 U_1I_1 和 U_2I_2 都等于变压器容量。因此，这两种变压器相比较，当变压器容量相同时，自耦变压器的绕组容量比双绕组变压器的绕组容量小。电力系统使用的自耦变压器，其变比 $K=1.5\sim2$。

这是为什么呢？从式（1-26）中可以看出，$\dot{I}_1$ 与 $\dot{I}_2$ 的相位在忽略励磁电流时相差 180°，同时 $K>1$，因此 $I_2>I_1$，实际上 a′ 点的电流有效值的关系为

$$I_1+I=I_2$$

因此自耦变压器二次侧的输出容量为

$$S_2=U_2I_2=U_{ax}(I_1+I)=U_{ax}I_1+U_{ax}I=S_{传导}+S_{ax} \tag{1-29}$$

由上式可以看出，自耦变压器的输出容量包括两部分：一部分是 $U_{ax}I=S_{ax}$，是通过绕组 Aa 段和 ax 段的电磁感应作用传到二次侧再送给负载的容量，是电磁容量，也就是 ax 段的绕

组容量，也等于 Aa 段的绕组容量；另一部分是 $U_{ax}I_1 = S_{传导}$，叫做传导容量，它是由 I_1 直接传到负载上去的，它不需要增加绕组的容量。因此，自耦变压器的绕组容量小于额定容量。双绕组变压器没有传导容量，全部输出容量都是经过一、二次绕组的电磁感应作用传递的，因而绕组容量与变压器容量相等。

上面所述的容量关系也可以从输入容量分析，输入容量

$$S_1 = U_1 I_1 = (U_{Aa} + U_{ax})I_1 = U_{Aa}I_1 + U_{ax}I_1 = S_{Aa} + S_{传导} \tag{1-30}$$

由上式看出，自耦变压器的输入容量比 Aa 段绕组容量 S_{Aa} 也同样增加了一个传导容量。

例 1-6　在一台容量为 15 kV·A 的自耦变压器中，已知 $U_1 = 220$ V，$N = 200$ 匝，在 $N_1 = 150$ 匝处接电源，如果

（1）要使输出电压 $U_2 = 210$ V，应该在绕组什么地方抽出线头？

（2）变压器满载时，I_{1N} 和 I_{2N} 各等于多少安？此时公共绕组内的电流为多少安？

（3）如果输出电压 $U_2 = 100$ V，那么公共绕组内的电流又是多少安？

（4）如果电源电压下降为 180 V，要保证输出电压为 220 V，二次绕组匝数为多少？

解

（1）

$$N_2 = N_1 \frac{U_2}{U_1} = \frac{210}{220} \times 150 = 143\ (匝)$$

即应在一次、二次绕组公用点开始数 143 匝后抽出线头，可以得到 210 V 输出电压。

（2）忽略损耗，可以认为

$$I_{1N} = \frac{S_N}{U_{1N}} = \frac{15\ 000}{220} = 68.2\ (A)$$

$$I_{2N} = \frac{S_N}{U_{2N}} = \frac{15\ 000}{210} = 71.4\ (A)$$

公共绕组内的电流 I 为　$I = I_{2N} - I_{1N} = 71.4 - 68.2 = 3.2\ (A)$

（3）如果输出电压 $U_2 = 100$ V，则

$$I_{2N} = \frac{S_N}{U_{2N}} = \frac{15\ 000}{110} = 136.4\ (A)$$

$$I = I_{2N} - I_{1N} = 136.4 - 68.2 = 68.2\ (A)$$

（4）如果电源电压下降为 180 V，要保证输出电压为 220 V，$N_1 = 150$ 匝，则

$$N_2 = N_1 \frac{U_2}{U_1} = \frac{210}{180} \times 150 = 183\ (匝)$$

可将输出触头旋至 0 ~ 183 匝附近，再由电压表确定。

三、自耦变压器的主要优缺点

变压器有效材料（铜和硅钢片）的用量取决于其绕组容量。自耦变压器与双绕组变压器相比较，当二者的额定容量相同时，前者的绕组容量比后者小，因此，有效材料用量也比后者小。这样带来的好处是自耦变压器体积小，造价低，产生的铜耗、铁耗小，运行效率高，在运输、安装以及占地面积上也具有优势。

自耦变压器的一、二次绕组有电路的直接联系，因此，变压器内部绝缘与防过电压的措施要加强，例如，中点必须可靠接地。

自耦变压器与双绕组变压器比较，还有其他的优缺点，此处不予分析。

本节是针对降压变压器分析的，对升压的自耦变压器，变比 $K=\dfrac{N_2}{N_1}>1$，有相同的结论，不再重复介绍。

把自耦变压器的一、二次绕组做成匝数可调的，如图 1-31 所示，就成了自耦调压器。改变滑动触头 K 的位置，当 $\dot{U}_1$ 一定时，$\dot{U}_2$ 的大小可以从 0 调到稍大于 U_1 的数值，例如 $U_1=220\text{ V}$，$U_2=250\text{ V}$。

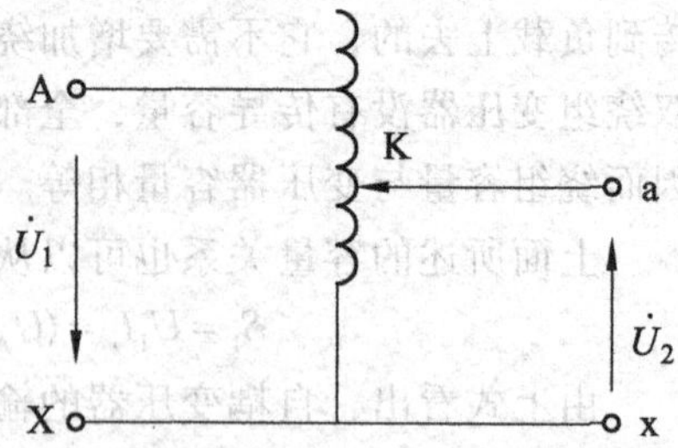

图 1-31 自耦调压器

自耦调压器有单相的，也有三相的。

小结

1. 自耦变压器的一、二次绕组不仅有磁的耦合，也有电路的直接联系。

2. 自耦变压器负载运行时，一、二次侧电压之比为 K，电流之比为 $1/K$。一、二次侧电流相位相反。

3. 自耦变压器的一、二次绕组容量相等且小于额定容量。

第七节 互感器

【学习目标】

1. 掌握电流、电压互感器的结构、作用、电气符号。
2. 掌握电流、电压互感器的工作原理。
3. 熟悉电流、电压互感器的使用注意事项。

电力系统中，高电压和大电流不便于测量，通常用特种专用的变压器把大电流变成小电流、把高电压变成低电压进行测量。这种用途的变压器称为电流互感器和电压互感器，统称仪用变压器。

利用互感器进行测量有很多优点，其中主要有：

（1）使带有仪表的测量电路和仪表与高压隔离，保证了人身和测量仪表的安全。

（2）便于使测量仪表标准化，可以使用不同的互感器来扩大仪表的量程，提高测量的准确度。

（3）可以减少测量中的能量损耗。

所以，在交流电路的多种测量中以及各种控制和保护电路中，应用了大量的互感器。

一、电流互感器

(一) 电流互感器的组成

在电力系统中，广泛采用的是电磁式电流互感器。电流互感器由相互绝缘的一次绕组、二次绕组、铁心以及构架、壳体、接线端子等组成，见图 1-32。

(二) 电流互感器的作用

电流互感器的主要作用是进行变流和电气隔离。电流互感器能将大电流按比例转换成可以用仪表直接测量的较小电流。把电流互感器接大电流回路的线圈称为一次线圈（或一次绕组），把输出较小电流的线圈称为二次线圈（或二次绕组）。电流互感器一次线圈应串联接入一次系统，二次线圈接测量仪表、继电器、继电保护装置等的电流回路。为便于用仪表进行测量，需要将一次侧电流转换为统一的二次侧电流（我国规定电流互感器的二次侧额定电流为 5 A）。另外，一次系统的电压比较高，如直接进行测量是非常危险的，因此，电流互感器还起到将一次高压系统与二次低压系统隔离的作用。

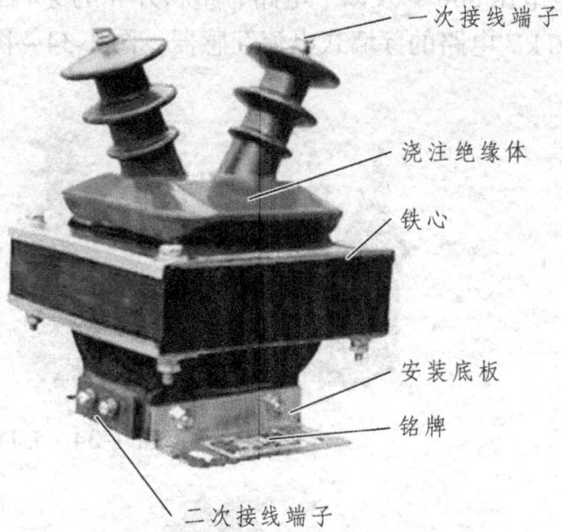

图 1-32　电流互感器的组成

(三) 电流互感器的电气符号

在电气接线图中，电流互感器的文字符号用 TA 或 CT 表示。电流互感器的电气符号分别如图 1-33 中的图例所示，其中，图（a）中的图形符号用于电气主接线图，图（b）中的图形符号用于电气原理接线图。

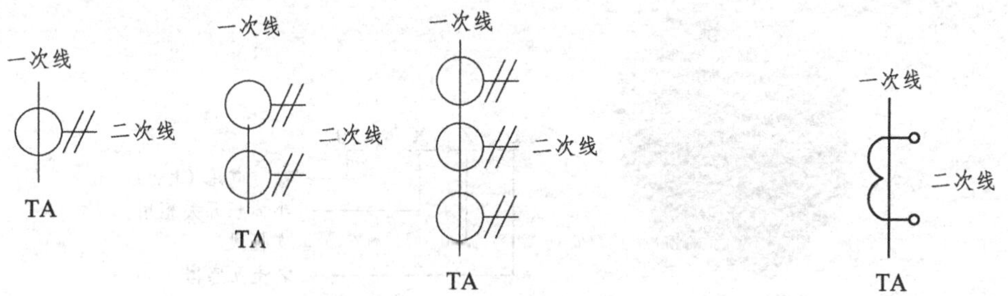

（a）在电气主接线图中的符号　（b）在电气原理图中的符号

图 1-33　电流互感器的电气符号

(四) 电流互感器的型号

电流互感器的型号由字母及数字组成，通常表示电流互感器的绕组类型、绝缘种类、使用场所及电压等级等，如下所示：

第一位：L—电流互感器。

第二位：M—母线式（穿心式）；Q—线圈式；Y—电压式；D—单匝式；F—多匝式；A—穿墙式；R—装入式；C—瓷箱式。

第三位：K—塑料外壳式；Z—浇注式；W—户外式；G—改进型；C—瓷绝缘。

第四位：B—过流保护；D—差动保护；J—接地保护或加大容量；Q—加强型

字母后面的数字一般表示使用电压等级，单位为 kV。例如：LMK-0.5S 型，表示使用于额定电压 500 V 及以下电路、塑料外壳的穿心式 S 级电流互感器；LA-10 型表示使用于额定电压 10 kV 电路的穿墙式电流互感器。图 1-34 ~ 图 1-37 所示为几种电流互感器的外形及型号含义。

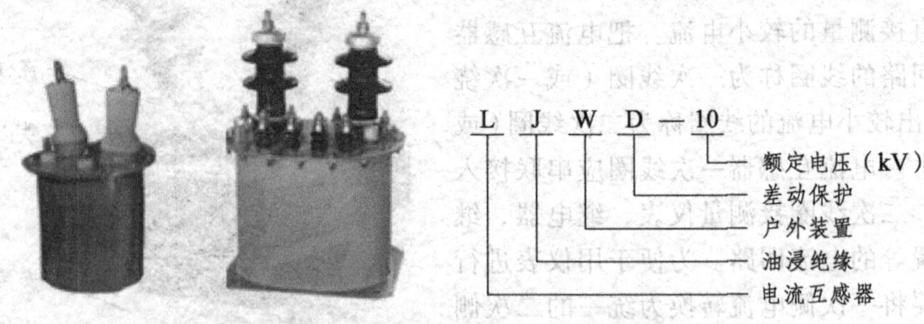

图 1-34 LJWD-10 型电流互感器

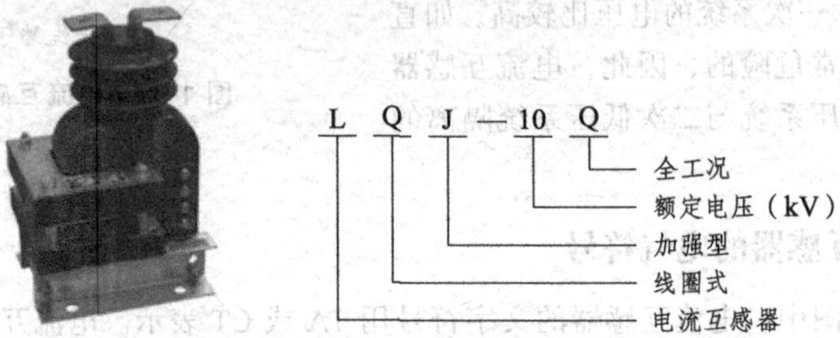

图 1-35 LQJ-10Q 型电流互感器

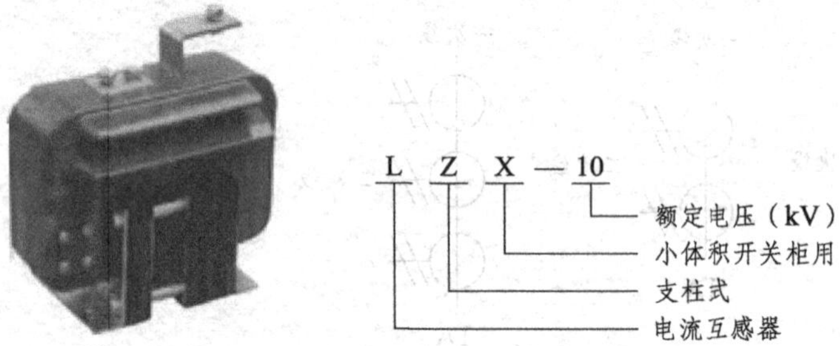

图 1-36 LZX-10 型电流互感器

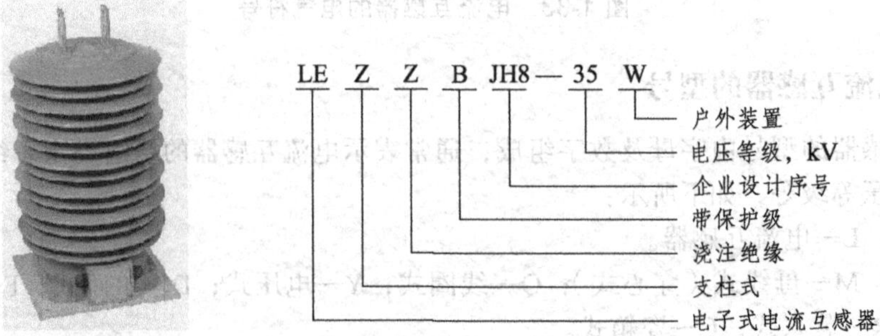

图 1-37 LEZZBJH8-35W 型电流互感器

(五) 电流互感器的类型

电流互感器可按绕组匝数分类，也可按绝缘结构进行分类。

1. 按绕组匝数分类

电流互感器按绕组匝数情况可分为以下几种类型：

（1）多抽头电流互感器。如图 1-38 所示，此种电流互感器一次绕组固定不变，在绕制二次绕组时，增加几个抽头，将不同变比的二次绕组抽头引出，这样就形成了多个变比，电流互感器适用范围增大。

（2）一次绕组可调、二次多绕组电流互感器。此种电流互感器的特点是变比可变、量程选择多，使用灵活，常用于高压电流互感器。互感器一次绕组分为两段，可串联或并联接线，从而改变一次绕组的匝数，以获得不同的变比；二次绕组分为两个带抽头的、不同准确度等级的独立绕组，可以分别应用于电能计量、指示仪表、继电保护等，以满足不同的使用要求。

（3）穿心式电流互感器。如图 1-39 所示，此种电流互感器在结构上不设一次绕组，导线穿过铁心起到一次绕组的作用。二次绕组直接均匀地缠绕在铁心上。穿心匝数越多，互感器变比越小；穿心匝数越少，变比就越大。

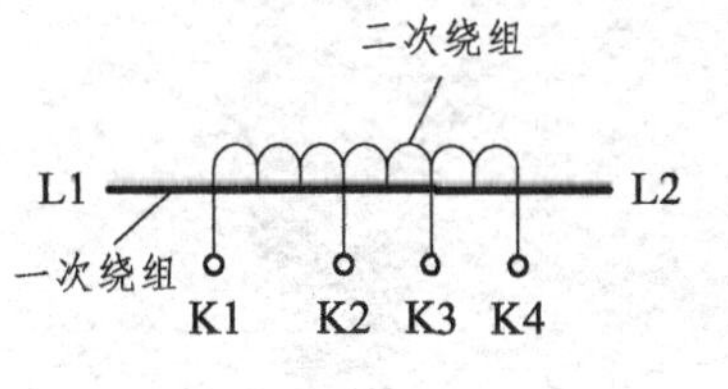

图 1-38　多抽头电流互感器

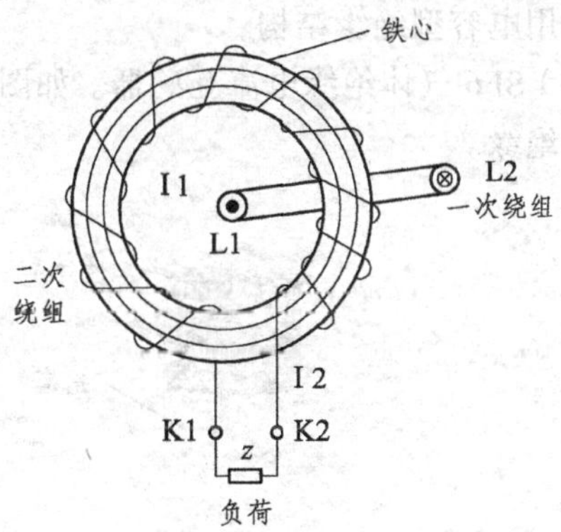

图 1-39　穿心式电流互感器

（4）钳形电流互感器。如图 1-40 所示，此种电流互感器是精密电流互感器，是专门为电力现场测量、计量使用特点而设计的。使用时可直接夹住母线或线路，无须停电，使用方便。

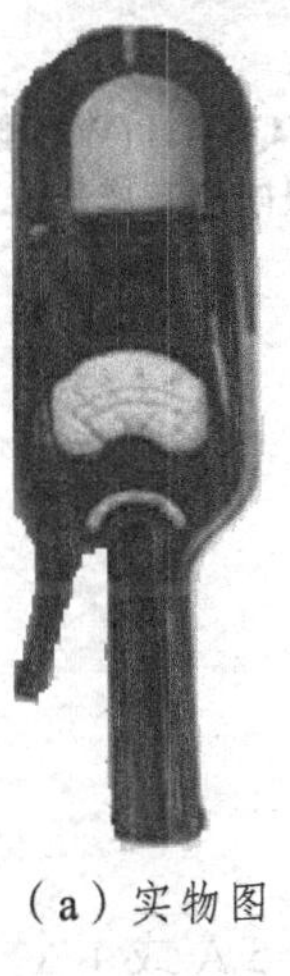

（a）实物图

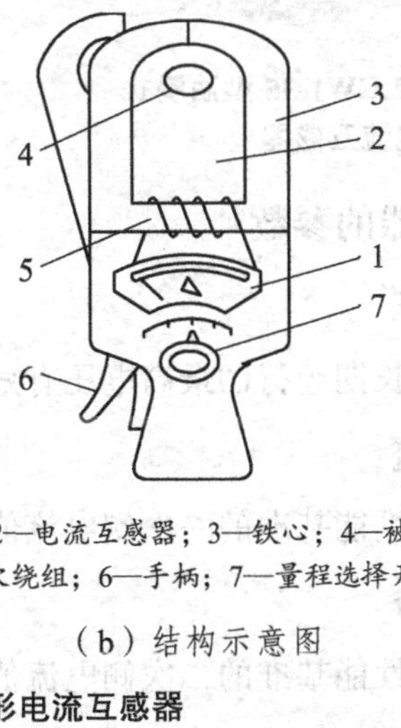

1—电流表；2—电流互感器；3—铁心；4—被测导线；
5—二次绕组；6—手柄；7—量程选择开关

（b）结构示意图

图 1-40　钳形电流互感器

2. 按绝缘结构分类

电流互感器按绝缘结构情况可分为以下几种类型：

（1）干式电流互感器。如图 1-41 所示，其绝缘介质是由绝缘纸、玻璃丝带、聚酯薄膜带等固体材料构成的，并经浸渍绝缘漆烘干处理。这种互感器的特点是结构简单、制造方便，但绝缘强度低，且受气候影响大，防火性能差，只适用于 0.5 kV 及以下低压电流互感器。

图 1-41 LZR1-10 型干式电流互感器

（2）树脂浇注式电流互感器。这种电流互感器是利用合成树脂、填料、固化剂组成的混合胶浇注在互感器里固化后形成绝缘介质，常见的有环氧树脂浇注式，适用于 0.5～35 kV 级电流互感器。

（3）油浸式电流互感器。如图 1-42 所示，它的主要绝缘介质是变压器油，铁心和绕组安装在内部充满变压器油的瓷套（瓷箱）中。油浸式电流互感器都是户外式产品。按主绝缘结构不同，它可分为纯油纸绝缘的链型结构和电容型油纸绝缘结构。我国生产的 66 kV 及以下电流互感器多采用链型绝缘结构，而 110 kV 及以上的电流互感器则主要采用电容型绝缘结构。

（4）SF6 气体绝缘电流互感器。如图 1-43 所示，SF6 气体绝缘电流互感器用 SF6 气体间歇作主绝缘。

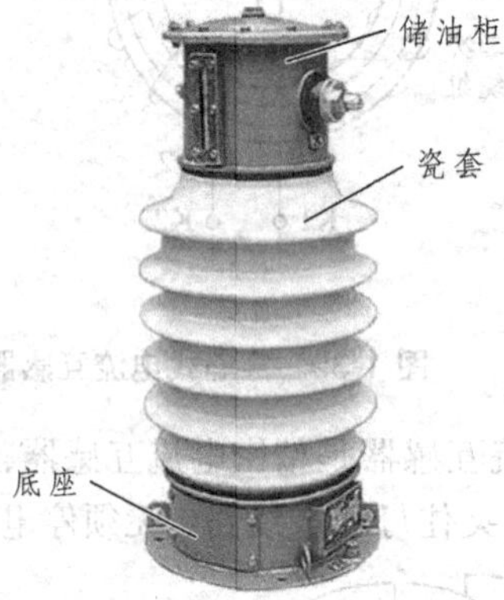

图 1-42 LCW1-35 型油浸式电流互感器

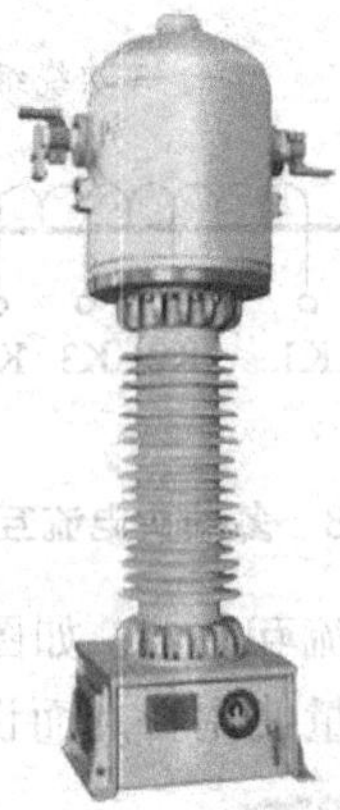

图 1-43 LVQB-110(W2)型气体绝缘电流互感器

(六) 电流互感器的参数

1. 额定工作电压

它是互感器允许长期运行的最高电压有效值。

2. 额定一次电流

它是作为互感器性能基准的一次侧电流值，用 I_{1N} 表示。

3. 额定二次电流

它是作为互感器性能基准的二次侧电流值，用 I_{2N} 表示，通常为 5 A 或 1 A。

4. **额定电流比**

额定一次电流与额定二次电流之比，称为额定电流比，简称变比，用 K_I 表示。因为一次绕组额定电流 I_{1N} 已标准化，二次绕组额定电流 I_{2N} 统一为 5 A，所以电流互感器的额定电流比亦已标准化。变比 K_I 还可以近似地表示为互感器一、二次绕组的匝数比，即 $K_I = N_2 / N_1$，式中 N_1、N_2 为一、二次绕组的匝数。

5. **额定负荷**

它是确定互感器准确度等级所依据的负荷值。电流互感器二次绕组 K1、K2 端子以外的回路阻抗都是电流互感器的负荷。通常以视在功率伏安或以阻抗欧姆表示。

6. **额定功率因数**

它是二次额定负荷阻抗的有功部分与额定阻抗之比。

7. **准确度等级**

电流互感器的标准（额定）准确度等级是指工作时能达到的最高准确度等级。同一台电流互感器，当二次侧的额定负载不同时，对应的准确度等级不同。为了保证电流互感器在某一准确度范围内工作，电流互感器二次侧最大允许负载为该准确度等级的额定负载（负载功率因数为 0.8 时的数值）。

当电流互感器一次侧电流为标准值时，二次侧阻抗在规定的范围内，对于测量用电流互感器，最大电流误差的百分数就是准确度等级。测量用电流互感器的标准（额定）准确度等级有 0.1、0.2、0.5、1、3、5。

对于保护用电流互感器，准确度等级是以最大复合误差百分数来表达的，其标准准确度等级有 5P 和 10P。

(七) 电流互感器的工作原理

电流互感器主要由相互绝缘的一次绕组 N_1、二次绕组 N_2 和铁心等部件组成。电流互感器的工作原理与变压器相似。电流互感器的原理接线如图 1-44 所示。

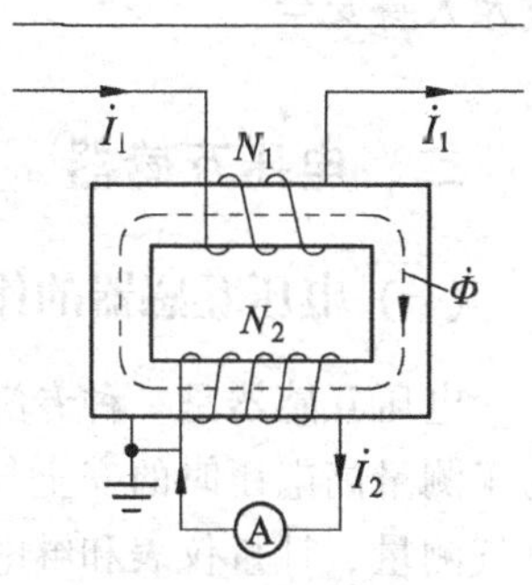

图 1-44 电流互感器的原理接线图

电流互感器是根据电磁感应原理而制造的，它的一次绕组匝数很少，通常采用单匝线圈，即一根铜棒或一根铜排，电流互感器的一次绕组 N_1 直接串联接入电源线路中，一次侧负荷电流 I_1 通过一次绕组时，产生的交变磁通在二次绕组 N_2 中感应产生按比例减小的二次侧电流 I_2。二次绕组与测量仪表、继电器、变送器等设备的电流线圈串联形成闭合回路。由于二次绕组所接负荷阻抗很小，所以在正常情况下，电流互感器近似于在短路状态下运行。

需要特别注意的是，电流互感器的二次线圈不能开路运行。当二次线圈开路时，一次侧的大电流主要用于激磁，这样会在二次侧感应出很高的电压，从而危及二次设备和人身的安全，甚至会造成电流互感器烧毁。另外，电流互感器所带负载应在额定负荷范围内，否则会影响测量的精度。

由于电流互感器的一次绕组与二次绕组有相等的安培匝数，即 $I_1N_1 = I_2N_2$，可得 $K_I = N_2/N_1 = I_1/I_2$，K_I 称为电流互感器的变比。通常电流互感器二次侧额定工作电流为 5 A，例如互感器变比为 200/5，可用于一次侧电流为 200 A 的电路中。

(八) 电流互感器的使用注意事项

（1）电流互感器在投入运行前要按照规程规定的项目进行试验检查，如测试极性、判别连接组别等。

（2）应保证电流互感器接线的正确性，电流互感器一次绕组应与被测电路串联，二次绕组应与所接的测量仪表、继电保护装置、自动装置等的电流线圈串联。电流互感器的连接线必须采用 2.5 mm^2 的铜心绝缘线。

（3）电流互感器安装时，应注意接线端子的极性（同名端）。一次侧的端子为 L1、L2，一次侧电流从 L1 流入，由 L2 流出；而二次侧的端子为 K1、K2，二次侧电流从端子 K2 流入、K1 流出，则 L1 与 K1、L2 与 K2 为同级性（同名端），不得弄错，否则电度表将会反转，也会导致某些继电保护装置的误动作。

（4）电流互感器安装时，应考虑准确度等级，准确度等级高的接测量仪表，准确度等级低的用于保护。

（5）接在电流互感器二次侧的负荷容量不应超过其额定容量，否则会使互感器的误差增大。

（6）为确保作业人员在接触测量仪表、继电保护装置和自动装置时的安全，电流互感器二次绕组必须有一端接地，可避免一次绕组和二次绕组间的绝缘损坏时，二次侧出现高电压而危及人身安全。

（7）电流互感器二次侧绝对不允许开路，开路时互感器成了空载状态，铁心中磁通会高出额定值许多，除了产生大量铁磁损耗损坏互感器外，还会在二次绕组感应出危险的高压，危及人身安全。

二、电压互感器

(一) 电压互感器的作用

电压互感器是一种专门用作变换电压的特种变压器，主要具有电压变换和隔离两重作用。为了测量高电压时的安全与方便，将高压回路的高电压转变为低电压（一般为 100 V），供给电气测量、计量仪表和继电保护装置，实现测量、计量、保护等作用。

电压互感器的功能与作用可归纳为以下三点：

（1）将一次系统的电压信息准确地传递到二次（低压）侧相关设备。

（2）将一次系统的高电压按照额定电压比变换为二次侧的低电压，使测量、计量仪表和继电器等装置标准化、小型化，并降低了对二次设备的绝缘要求。

（3）将二次侧设备以及二次系统与一次系统高压设备在电气方面很好地隔离，从而保证了二次设备和人身的安全。

(二) 电压互感器的分类

（1）按安装地点可分为户内式和户外式。35 kV 及以下多制成户内式，35 kV 以上则制成户外式。

（2）按相数可分为单相和三相式，35 kV 及以上制成单相式。

（3）按绕组数目可分为双绕组和三绕组电压互感器。三绕组电压互感器除一次侧和基本二次侧外，还有一组辅助二次侧，供接地保护用。

（4）按照工作原理可分为电磁式、电容式、电子式、光电式等。

（5）按照绝缘介质形式可分为固体绝缘、油纸绝缘、SF6 气体绝缘。

固体绝缘电压互感器：目前常用的环氧浇注绝缘互感器最具代表性，固体绝缘互感器由于受绝缘结构和材料的限制，一般只用于 35 kV 及以下的电压等级。

(三) 电压互感器的型号

电压互感器的型号由若干位字母加数字构成，其含义如下：

第一位：J—电压互感器。

第二位：D—单相；S—三相；C—串级；W—五铁心柱。

第三位：G—干式；J—油浸；C—瓷绝缘；Z—浇注绝缘；R—电容式；S—三相。

第四位：W—五铁心柱；B—带补偿角差绕组。

连字符号后面：GH—高海拔；TH—湿热区。

例如：

（1）JDZ(X)-10：J—电压互感器；D—单相；Z—浇注式；X—带剩余电压绕组；10—电压等级(kV)。

（2）JDZ(X)10-10：J—电压互感器；D—单相；Z—浇注式；X—带剩余电压绕组；10—设计序号；10—电压等级(kV)。

（3）JSJW-10：J—电压互感器；S—三相；J—油浸绝缘；W—五铁心柱；10—电压等级(kV)

（4）JLS-35：JL—组合式电压互感器；S—三相；10—电压等级(kV)。

图 1-45 ~ 图 1-47 所示为几种 10 kV、35 kV、110 kV 电压互感器的外形及型号。

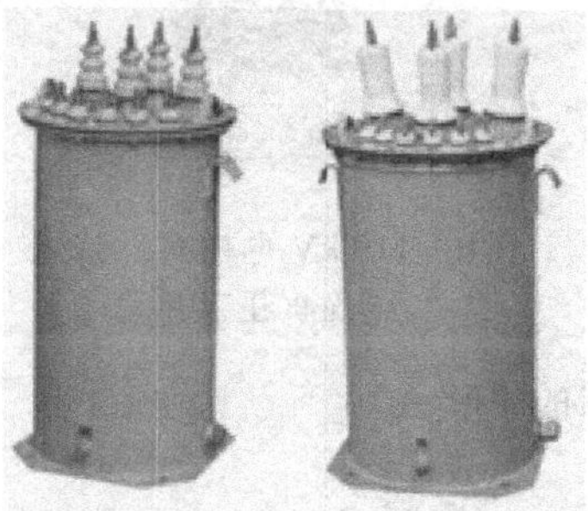

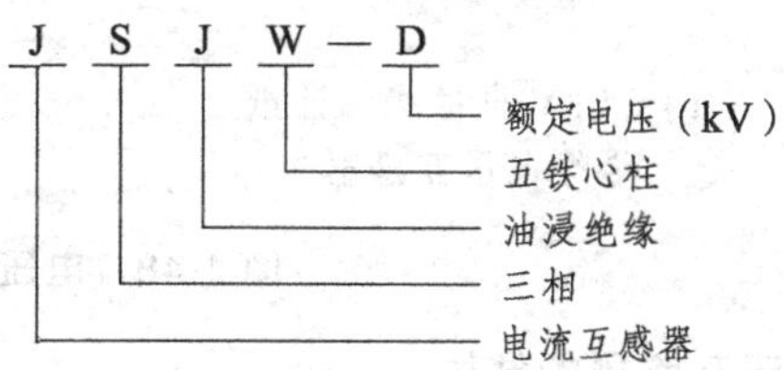

图 1-45 JSJW-10 型电压互感器

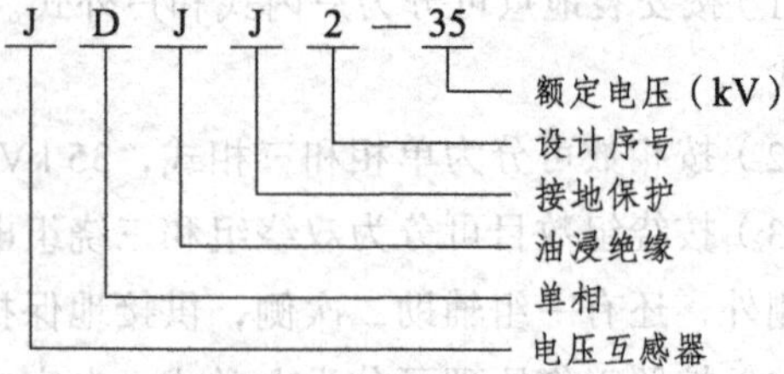

图 1-46 JDJJ2-35 型电压互感器

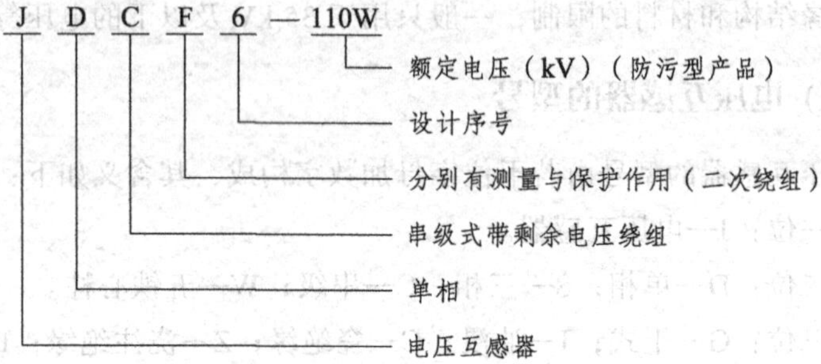

图 1-47 JDCF6-110W 型电压互感器

(四) 电压互感器的结构和工作原理

电压互感器是一个带铁心的变压器。它主要由一次线圈、二次线圈、铁心和绝缘部分（部件）组成。

油纸绝缘电压互感器的外形如图 1-48 所示。

（a）35 kV 电磁式、油纸绝缘电压互感器

（b）110 kV 电磁式、油纸绝缘电压互感器

图 1-48 电压互感器的外形

1. 电压互感器的结构

电压互感器的外部构造如图 1-49（a）所示。以环氧浇注绝缘电压互感器为例，其内部结构示意如图 1-49（b）所示。

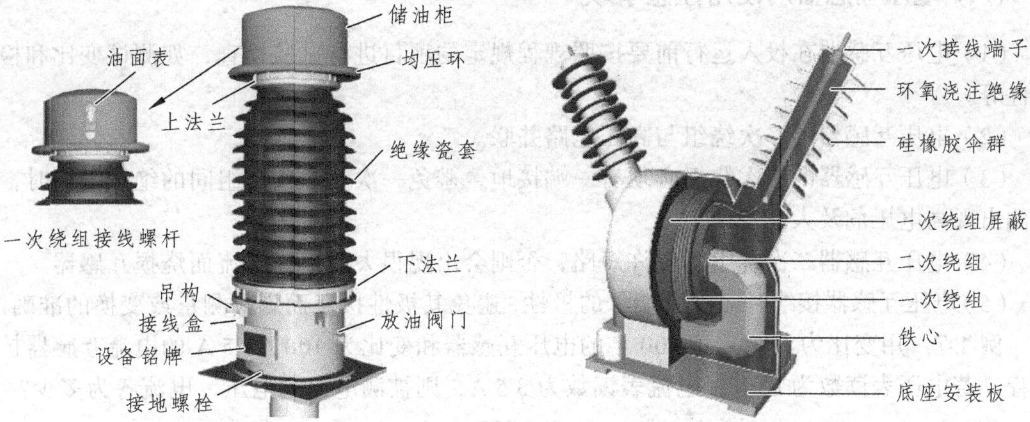

（a）外部构造示意图　　（b）内部结构示意图

图 1-49　电压互感器的结构

2. 电压互感器的工作原理

电压互感器的原理示意图如图 1-50 所示。当在一次线圈上施加一个电压 U_1 时，在铁心中就产生一个磁通 Φ，根据电磁感应定律，则在二次线圈中产生一个二次电压 U_2。改变一次线圈或二次线圈的匝数，可以产生不同的一、二次侧电压比，这就可以组成不同变比的电压互感器。

根据变压器原理，它的一次绕组与二次绕组的电压之比同它们的匝数成正比，即

$$\frac{U_1}{U_2}=\frac{N_1}{N_2}=K_U$$

$$U_1=K_U U_2 \tag{1-31}$$

式中　K_U——电压互感器的电压变比，也称电压互感器的变换倍率。

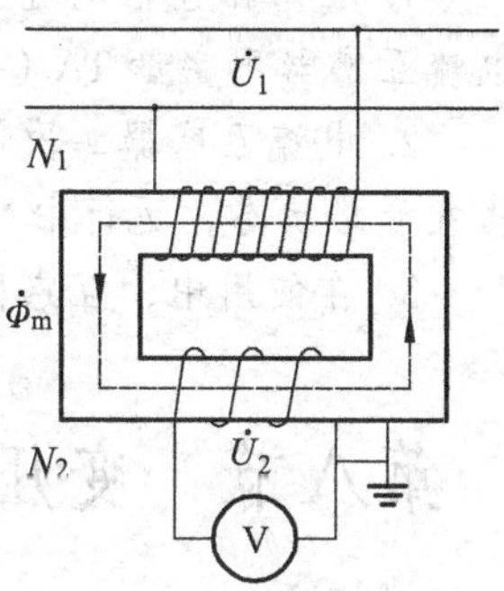

图 1-50　电压互感器的原理接线图

电压互感器的一次绕组匝数很多，而二次线圈匝数很少。工作时，一次绕组并联在供电系统的一次电路中，而二次绕组并联仪表、继电器的电压线圈。由于这些电压线圈的阻抗很大，所以电压互感器工作时二次线圈接近于空载状态。

二次线圈的额定电压一般为 100 V。

(五) 电压互感器的电气符号

电压互感器的文字符号为 TV 或 PT。

在电气原理图中，电压互感器的图形符号如图 1-51 所示。

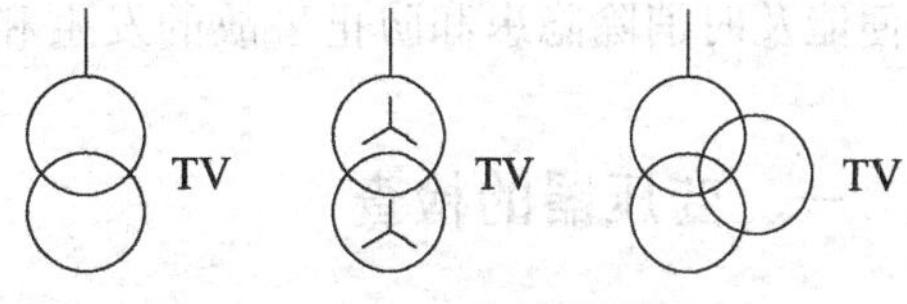

图 1-51　电压互感器的图形符号

(六) 电压互感器的使用注意事项

(1) 电压互感器在投入运行前要按照规程规定的项目进行试验检查，如测试变比和检查极性等。

(2) 电压互感器的一次绕组与高压电路并联。

(3) 电压互感器的二次绕组必须有一端接地，避免一次和二次绕组间的绝缘损坏时，二次侧出现高电压危及人身安全。

(4) 电压互感器二次绕组不允许短路，否则会出现很大的短路电流而烧损互感器。

(5) 电压互感器接线时应注意端子的极性，避免其极性接反而影响测量或变换的准确性。

例 1-7 用变比为 6 000 V / 100 V 的电压互感器和变比为 100 A / 5 A 的电流互感器扩大量程，若电压表读数为 85 V，电流表读数为 3.5 A，则被测电路的电压、电流各为多少？

解 因为

$$K_U = \frac{U_1}{U_2} = \frac{6\,000}{100} = 60$$

所以

$$U_1 = K_U U_2 = 60 \times 85 = 5\,100\ (\text{V})$$

又因为

$$K_I = \frac{I_1}{I_2} = \frac{100}{5} = 20$$

所以

$$I_1 = K_I I_2 = 20 \times 3.5 = 70\ (\text{A})$$

小 结

1. 互感器包括电流互感器和电压互感器，它们均是根据电磁感应原理来进行工作的。电流互感器用字母 TA（或 CT）表示，电压互感器用字母 TV（或 PT）来表示。

2. 电流互感器二次侧工作在短路状态，运行中严禁二次侧开路。电压互感器二次侧工作在开路状态，运行中严禁二次侧短路。

3. 在使用中，互感器二次侧有一端必须接地。

第八节 变压器的检查、维护、检修及常见故障处理

【学习目标】

1. 掌握变压器检修的类型。
2. 了解定期检修和故障检修的内容。
3. 了解变压器安全检查的内容及常见故障的处理方法。

为了保证变压器能正常运行、安全可靠地供电，变压器在运行中应经常对其进行检查，以便能及时消除隐患和防止事故的发生和扩大。

一、变压器的检查

为及时发现变压器运行中的异常情况，运行人员应对变压器做定期检查，严格监视其运

行情况并做好记录。变压器运行中的检查项目主要有：

（1）检查（监视）变压器控制盘上的仪表、负荷变化（三相电流是否平衡、是否超负荷）、电压质量（电压高、低）等。

（2）检查（仔细听）变压器的噪声状况，声音是否正常。正常情况下，声音应轻、平稳。

（3）检查变压器的油温，查看温度计是否正常、油色是否正常，储油柜的油位是否与温度相对应，各部位有无渗油、漏油。上层油温一般应在 85 °C 以下，对强迫油循环水冷却的变压器应为 75 °C 以下。

（4）检查套管油位是否正常，套管外部有无破损裂纹，有无严重油污，有无放电痕迹及其他异常现象。

（5）检查各冷却器手感温度是否相近，风扇、油泵、水泵运行是否正常，油流继电器工作是否正常，水冷却器的油压是否大于水压。

（6）检查呼吸器是否完好，吸附剂是否干燥（硅胶正常颜色应为蓝色，不呈粉红色）。

（7）检查引线接头、电缆、母线是否有过热变色现象。

（8）检查压力释放阀或安全气道及防爆膜是否完好无损。

（9）检查气体继电器内有无气体。

（10）检查油箱的接地情况：外壳接地线是否牢固、完好，接地电阻值一般在 4 Ω 以下。

（11）检查控制箱和二次端子箱是否关严、受潮。

（12）检查干式变压器的外部表面是否有积污。

（13）检查电力变压器的运行环境，要求通风、清洁、防雨。

二、变压器的维护

变压器日常维护的主要项目有：

（1）定期对变压器外部进行绝缘清扫、除尘。

（2）定期对变压器外部刷漆。

（3）定期对变压器的套管螺母打油及紧固。

（4）定期检查呼气器，如果缺油补加油。

（5）定期更换干燥剂。

（6）定期观察测温帖片并更换。

(一) 更换变压器干燥剂

1. 相关知识介绍

变压器吸湿剂又叫变压器呼气器（或者干燥剂），这种吸湿器是一种装有变色硅胶吸湿剂材料的玻璃容器，起过滤空气中水分、防止变压器绝缘油老化的作用，进入变压器的空气通过吸湿器过滤掉空气中的灰尘和水分，使得进入变压器的空气干燥纯净。

干燥剂在未吸湿前呈蓝色，装入呼气器后色泽鲜艳，便于观察；如果呼气器吸入足够的水分就处于饱和状态而变成红色或白色，如果呼气器吸入的是油，硅胶就会变成黑色；值班人员可以通过呼吸器内的硅胶颜色变化，来判断硅胶是否受潮，当硅胶部分占到整体的 1/3 以上，就应该更换。

在日常的巡视检查中，应注意观察呼吸器内硅胶的颜色变化，特别是在雨季，空气湿度大，硅胶潮湿速度加快。硅胶变色后，应及时更换。呼吸器下的油杯在安装时应松紧适度，旋得过紧会使呼吸器无法工作，旋得过松则起不到过滤空气的作用。

2. 更换安装过程

（1）先卸掉变压器油枕下与吸湿器连接管上的密封挡板及密封垫。

（2）拧下吸湿器下部的盛油杯，去掉下口密封垫。

（3）取下硅胶罐，将变色受潮干燥剂到掉，装入新的干燥剂。

（4）将取下来的盛油杯洗干净，在盛油杯中装入 1/3 新的合格变压器油，再装上即可（不必旋得过紧）。

(二) 更换测温帖片

1. 相关知识介绍

测温帖片用于各种设备的温度测量及超温记录，是一种高级聚合材质薄膜标签，自身有胶可以直接粘贴在导电母排接头、刀闸开关、变压器外壳、高低压套管连接头等各种设备表面部位。一旦该部位超温，立即快速显示超温数值，窗口的颜色立即由白色变成鲜艳的红色（变黑、绿色），颜色显示对比强烈，很容易被人发现，从而找出故障隐患。

2. 更换安装过程

如果测温帖片窗口的颜色立即由白色变成鲜艳的红色，就要考虑更换。更换时将原来的取下来，再在原位置贴上新的测温帖片即可。

如果新的测温帖片再度变色，则该部位一定超温，必须要进行相应的处理，如紧固接头处的螺母等。

三、变压器的检修

变压器的检修工作通常分为定期检修及故障检修两类。

定期检修，又称为周期性检修或维护性检修，是指对变压器各个辅助设备及变压器油进行维护，如冷却装置风扇、潜油泵以及散热片、调压驱动装置等。定期检修的目的是保持变压器始终处于正常状态，提高变压器的健康水平，保证变压器能安全可靠，满足负荷运行。

故障检修，又称为恢复性检修，是在变压器出现故障或缺陷，影响变压器正常运行甚至迫使变压器退出运行时，对变压器的故障和缺陷进行处理。恢复性检修的目的是消除变压器的故障和缺陷，使变压器能够投入正常运行。

(一) 定期检修

变压器的定期检修通常又分为小修和大修。

1. 变压器小修

变压器小修是指不吊心检修，对变压器进行周期检修和状态修复，消除运行中的一般缺陷。周期检修时间一般为2年一次。小修的内容主要有：

（1）检查高低压套管：表面清洁无放电痕迹，破损面积不大于300 mm^2，高压套管（无油标除外）油位应符合规定，油标管清晰，油色正常，介损小，瓷套无破损，平时引线接地；低压套管放气充满油。

（2）检查油枕及油位指示器：油位正常，油位线、油标管清晰，油色正常（隔膜式油枕除外）；吸湿器硅胶不失效、密封良好、油位适当；隔膜式油枕的隔膜无破损、无积水，胶管不老化，接头密封良好。有积污器的油枕应进行排污或排水。

（3）检查防爆筒：密封良好、薄膜完整、连管畅通，有吸湿器的硅胶不失效、密封良好，油位适当。

（4）检查瓦斯继电器：本体无积水、无渗油、引线不老化、无侵蚀、上盖完整密封，试验无气体，动作正确。

（5）检查温度计：毛细管弯折直径不小于150 mm；温度计安装牢固，指示正确，接点无烧伤，盘面、表盘、表面无污、雾，管座应充满油。

（6）检查分接开关：三相位置一致，同所主变位置相同，转动灵活，配件齐全，密封良好。

（7）检查热虹吸过滤器：吸附剂作用良好，上、下阀门按要求开启或关闭（无热虹吸者不要求）。

（8）冷却系统：管路畅通，运行时各阀门开启，齐全完整，无渗漏油；配线整齐，铠套完好，橡皮电缆不老化；接线盒齐全、完整、连接牢固，有减震措施；风扇电机齐全完整，风向正确，启动良好，声音无异常。

（9）器身检查：不渗漏油，各部胶垫完好不老化；油箱接地良好，各部无锈蚀，裸露螺栓涂中性凡士林；连接引线牢固，接触良好，受力适宜。

2. 变压器大修

变压器大修是指吊心检修，变压器一般每隔5年至7年大修一次。大修的内容主要有：

（1）吊出器身检修，清除油泥。

（2）检修分接开关。

（3）检修箱体、箱盖、贮油柜、继电器、防爆管及各种阀门。

（4）更换耐油垫圈。

（5）滤油或换油。

（6）箱体内进行清洗。

（7）检查所有测量仪表及信号装置。

（8）检修高、低压绝缘套管。

（9）检修冷却系统。

（10）总装及进行有关测试。

(二) 故障检修

故障检修是指变压器发生故障后进行的不定期修理工作。当变压器发生下列故障之一时，应立即停电检修：

（1）储油柜冒油或安全气道膜爆破。

（2）变压器油的闪点较以往记录降低 5 度以上或油色混浊，有游离碳存在。

（3）瓷套管有严重放电和损伤。

（4）变压器内噪声增高，声音不匀，有爆裂声和噼啪声。

（5）在正常冷却条件下，油温不正常或不断上升。

（6）严重漏油使储油柜内油面低于最低油面线。

变压器发生故障的原因比较复杂，在故障检修之前应了解检查下列情况：

（1）变压器的负载情况，如过负载状况。

（2）事故发生时的气候和环境状况，如有无雷击与雨雪等。

（3）变压器的温升和电压状况。

（4）继电保护动作的性质，且在哪一相动作。

（5）检查变压器的历史资料，了解上一次检修的质量评价。

（6）其他外界因素，如有无小动物活动的痕迹等。

（7）检查变压器的运行记录。

四、变压器故障的现象、原因及处理

变压器在发生故障时会出现一些异常现象，通过这些现象可以找出故障原因，从而采取相应措施将其消除。如发现有严重不正常现象应停止运行并检修。电力变压器常见故障的现象、原因及处理方法见表 1-2。

表 1-2 变压器故障的常见现象、原因及处理方法

序号	故障类型	故障现象	可能的原因	处理方法
1	绕组匝间或层间短路	1. 变压器异常发热； 2. 油温升高； 3. 油发出特殊的“嘶嘶”声； 4. 电源侧电流增大； 5. 三相绕组的直流电阻不平衡； 6. 高压熔断器熔断； 7. 气体继电器动作； 8. 储油柜冒黑烟。	1. 变压器运行年久，绕组绝缘老化； 2. 绕组绝缘受潮； 3. 绕组绕制不当，使绝缘局部受损； 4. 油道内落入杂物，使油道堵塞，局部过热。	1. 更换或修复所损坏的绕组、衬垫和绝缘筒； 2. 进行浸漆和干燥处理； 3. 更换或修复绕组。

续表

序号	故障类型	故障现象	可能的原因	处理方法
2	绕组接地或相间短路	1. 高压熔断器熔断； 2. 安全气道薄膜破裂、喷油； 3. 气体继电器动作； 4. 变压器油燃烧； 5. 变压器振动。	1. 绕组主绝缘老化或有破损等严重缺陷； 2. 变压器进水，绝缘油严重受潮； 3. 油面过低，露出油面的引线绝缘距离不足而击穿； 4. 绕组内落入杂物； 5. 过电压击穿绕组绝缘。	1. 更换或修复绕组； 2. 更换或处理变压器油； 3. 检修渗漏油部位，注油至正常位置； 4. 清除杂物； 5. 更换或修复绕组绝缘，并限制过电压的幅值。
3	绕组变形与断线	1. 变压器发出异常声音； 2. 断线相无电流指示。	1. 制造装配不良，绕组未压紧； 2. 短路电流的电磁力作用； 3. 导线焊接不良； 4. 雷击造成断线； 5. 制造上缺陷，强度不够。	1. 修复变形部位，必要时更换绕组； 2. 拧紧压圈螺钉，紧固松脱的衬垫、撑条； 3. 割除熔蚀面或截面缩小的导线或补换新导线； 4. 修补绝缘，并做浸漆干燥处理； 5. 修复改善结构，提高机械强度。
4	铁心片间绝缘损坏	1. 空载损耗变大； 2. 铁心发热、油温升高、油色变深； 3. 吊出变压器器身检查可见硅钢片漆膜脱落或发热； 4. 变压器发出异常声响。	1. 硅钢片间绝缘老化； 2. 受强烈振动，片间发生位移或摩擦； 3. 铁心紧固件松动； 4. 铁心接地后发热烧坏片间绝缘。	1. 对绝缘损坏的硅钢片重新涂刷绝缘漆； 2. 紧固铁心夹件； 3. 按铁心接地故障处理方法进行处理。
5	铁心多点接地或接地不良	1. 高压熔断器熔断； 2. 铁心发热、油温升高、油色变黑； 3. 气体继电器动作。	1. 铁心与穿心螺杆间的绝缘老化，引起铁心多电接地； 2. 铁心接地片断开； 3. 铁心接地片松动。	1. 更换穿心螺杆与铁心间的绝缘管和绝缘衬； 2. 更换新接地片或将接地片压紧。
6	套管闪络	1. 高压熔断器熔断； 2. 套管表面有放电痕迹。	1. 套管表面积灰脏污。 2. 套管有裂纹或破损。 3. 套管密封不严，绝缘受损。 4. 套管间掉入杂物。	1. 清除套管表面的积灰和脏污； 2. 更换套管； 3. 更换封垫； 4. 清除杂物。

续表

序号	故障类型	故障现象	可能的原因	处理方法
7	分接开关烧损	1. 高压熔断器熔断； 2. 油温升高； 3. 触点表面产生放电声； 4. 变压器油发出"咕嘟"声。	1. 动触头弹簧压力不够或过渡电阻损坏； 2. 开关配备不良，造成接触不良； 3. 连接螺栓松动； 4. 绝缘板绝缘性能变劣； 5. 变压器油位下降，使分接开关暴露在空气中； 6. 分接开关位置错位。	1. 更换或修复触头接触面，更换弹簧或过渡电阻； 2. 按要求重新装配并进行调整； 3. 紧固松动的螺栓； 4. 更换绝缘板； 5. 补注变压器油至正常油位； 6. 纠正错误。
8	变压器油变劣	油色变暗	1. 变压器故障引起放电造成变压器油分解； 2. 变压器油长期受热氧化使油质变劣。	对变压器油进行过滤或更换新油。

小 结

1. 变压器运行中检查的主要项目：变压器控制盘上的仪表、负荷变化；变压器的噪声状况，声音是否正常；变压器的油温套管油位是否正常等内容。

2. 变压器的检修工作通常分为定期检修及故障检修两类。

定期检修，又称为周期性检修或维护性检修，是指对变压器各辅助设备及变压器油进行维护。

故障检修，又称为恢复性检修，是在变压器出现故障或缺陷，影响变压器的正常运行甚至迫使变压器退出运行时，对变压器的故障和缺陷进行处理。

3. 电力变压器故障包括：绕组匝间或层间短路，绕组接地或相间短路，绕组变形与断线，铁心片间绝缘损坏，铁心多点接地或者接地不良，套管有电弧闪络痕迹，分接开关烧损，变压器油变劣。

习 题

一、填空题

1. 变压器是一种能变换______________电压，而_____________不变的静止电气设备。

2. 变压器的种类很多，按相数分，可分为单相和三相变压器；按冷却方式分，可分为_______________、风冷式、自冷式和________________变压器。

3. 电力系统中使用的电力变压器，可分为______变压器、______变压器和______变压器。

4. 变压器的空载运行是指变压器的一次绕组_________，二次绕组________的工作状态。

5. 一次绕组为 660 匝的单相变压器，当一次侧电压为 220 V 时，要求二次侧电压为 127 V，则该变压器的二次绕组应为______匝。

6. 一台变压器的变压比为 1:15，当它的一次绕组接到 220 V 的交流电源上时，二次绕组输出的电压是______V。

7. 变压器空载运行时，由于____________损耗较小，____________损耗近似为 0，所以变压器的空载损耗近似等于____________损耗。

8. 变压器带负载运行时，当输入电压 U_1 不变时，输出电压 U_2 的稳定性主要由________和________决定，而二次侧电路的功率因数 $\cos\varphi_2$ 主要由________决定，与变压器关系不大。

9. 收音机的输出变压器二次侧所接扬声器的阻抗为 8 Ω，如果要求一次侧等效阻抗为 288 Ω，则该变压器的变比应为______。

10. 变压器的外特性是指变压器的一次侧输入额定电压和二次侧负载________一定时，二次侧______与______的关系。

11. 一般情况下，照明电源电压波动不应超过_______；动力电源电压波动不应超过______，否则必须进行调整。

12. 如果变压器的负载系数为 β，则它的铜耗 P_{Cu} 与短路损耗 P_k 的关系式为________，所以铜耗是随的______变化而变化的。

13. 当变压器的负载功率因数 $\cos\varphi_2$ 一定时，变压器的效率只与__________有关；且当____________时效率最高。

14. 短路试验是为了测出变压器的__________、__________和__________。

15. 在铁心材料和频率一定的情况下，变压器的铁耗与__________成正比。

16. 变压器绕组的极性是指变压器一次绕组、二次绕组在同一磁通作用下所产生的感应电动势之间的相位关系，通常用______来标记。

17. 所谓同名端，是指__________________________________，一般用______来表示。

18. 所谓三相绕组的星形接法，是指把三相绕组的尾端连在一起，接成__________，三相绕组的首端分别______________的连接方式。

19. 某变压器型号为 S7-500/10，其中 S 表示____________，数字 500 表示__________；10 表示____________。

20. 一次侧额定电压是指变压器额定运行时，______________________________，它取决于________________和____________。而二次侧额定电压是指一次侧加上额定电压时，二次侧空载时的________________。

21. 所谓温升，是指变压器在额定工作条件下，内部绕组允许的_______与_______之差。

22. 为了满足机器设备对电力的要求，许多变电所和用户都采用几台变压器并联供电来提高____________。

23. 变压器并联运行的主要条件有三个：一是______________；二是______________；三是______________。否则，不但会增加变压器的能耗，还有可能发生事故。

24. 两台变压器并联运行时，要求一次侧、二次侧电压______________________________，变压比误差不允许超过_________。

25. 变压器并联运行时的负载分配（即电流分配）与变压器的阻抗电压__________。因此，为了使负载分配合理（即容量大，电流也大），就要求它们的____________都一样。

26. 并联运行的变压器容量之比不宜大于______，U_k 要尽量接近，相差不大于______。

27. 运行值班人员应定期对变压器及附属设备进行全面检查，每天至少____________。

在检查过程中，要注重_____、闻、嗅、摸、测”五字准则，仔细检查。

28. 三相自耦变压器一般接成__________。

29. 自耦变压器的一次侧和二次侧既有__________的联系，又有________的联系。

30. 为了充分发挥自耦变压器的优点，其变压比一般在__________范围内。

31. 电流互感器一次绕组的匝数很少，要__________接入被测电路；电压互感器一次绕组的匝数较多，要__________接入被测电路。

32. 用电流比为 200/5 的电流互感器与量程为 5A 的电流表测量电流，电流表读数为 4.2 A，则被测电流是________A。若被测电流为 180 A，则电流表的读数应为______A。

33. 电压互感器的原理与普通______变压器是完全一样的，不同的是它的______更准确。

34. 在选择电压互感器时，必须使其__________符合所测电压值；其次，要使它尽量接近__________状态。

二、判断题（在括号内打“√”或打“×”）

1. 在电路中所需的各种直流电，可以通过变压器来获得。 ( )

2. 变压器的基本工作原理是电流的磁效应。 ( )

3. 同心绕组是将一次侧、二次侧线圈套在同一铁柱的内、外层，一般低压绕组在外层，高压绕组在内层。 ( )

4. 热轧硅钢片比冷轧硅钢片的性能更好，其磁导率高而损耗小。 ( )

5. 储油柜也称油枕，主要用于保护铁心和绕组不受潮，还有绝缘和散热的作用。( )

6. 心式铁心是指线圈包着铁心，其结构简单、装配容易、省导线，适用于大容量、高电压。 ( )

7. 变压器中匝数较多、线径较小的绕组一定是高压绕组。 ( )

8. 变压器既可以变换电压、电流和阻抗，又可以变换相位、频率和功率。 ( )

9. 变压器用于改变阻抗时，变压比是一次侧、二次侧阻抗的平方比。 ( )

10. 变压器空载运行时，一次绕组的外加电压与其感应电动势在数值上基本相等，而相位相差 180°。 ( )

11. 当变压器的二次侧电流增加时，由于二次绕组磁势的去磁作用，变压器铁心中的主磁通将要减小。 ( )

12. 当变压器的二次侧电流变化时，一次侧电流也跟着变化。 ( )

13. 接容性负载对变压器的外特性影响很大，并使电压下降。 ( )

14. 对升压变压器的空载试验，可以在一次侧进行，二次侧开路。 ( )

15. 变压器进行短路试验时，可以在一次侧电压较大时，把二次侧短路。 ( )

16. 变压器的铜耗 P_{Cu} 为常数，可以看成是不变损耗。 ( )

17. 变压器二次侧采用三角形接法时，如果有一相绕组接反，将会使三相绕组感应电势的向量和为零。 ( )

18. 绕组的最高允许温度为额定环境温度加变压器额定温升。 ( )

19. 当负载随昼夜、季节而波动时，可根据需要将某些变压器解列或并联以提高运行效率，减少不必要的损耗。 ( )

20. 变压器并联运行时连接组别不同，但只要二次侧电压大小一样，那么它们并联后就

不会因存在内部电动势差而导致产生环流。（　　）

21. 自耦变压器绕组公共部分的电流，在数值上等于一次侧、二次侧电流数值之和。（　　）

22. 自耦变压器既可作为降压变压器使用，又可作为升压变压器使用。（　　）

23. 自耦变压器一次绕组从电源吸取的电功率，除一小部分损耗在内部外，其余的全部经一次、二次绕组之间的电磁感应传递到负载上。（　　）

24. 利用互感器使测量仪表与高电压、大电流隔离，从而保证仪表和人身的安全，又可大大减少测量中能量的损耗，扩大仪表量程，便于仪表的标准化。（　　）

25. 应根据测量准确度和电流要求来选用电流互感器。（　　）

26. 与普通变压器一样，当电压互感器二次绕组短路时，将会产生很大的短路电流。（　　）

27. 为了防止短路造成危害，在电流互感器和电压互感器二次侧电路中都必须装设熔断器。（　　）

28. 电压互感器的一次绕组接被测电压，二次绕组接电压表或其他仪表的电压线圈。（　　）

三、选择题（将正确答案的序号填入括号内）

1. 油浸式变压器中的油能使变压器（　　）。

A. 润滑　B. 冷却　C. 绝缘　D. 冷却和增加绝缘性能

2. 常用的无励磁调压分接开关的调节范围为额定输出电压的（　　）。

A. ±10%　B. ±5%　C. ±15%

3. 安全气道又称防爆管，用于避免油箱爆炸引起的更大危害。在全密封变压器中，广泛采用（　　）做保护。

A. 压力释放阀　B. 防爆玻璃　C. 密封圈

4. 有一台 380 V/36 V 的变压器，在使用时不慎将高压侧和低压侧互相接错，当低压侧加上 380 V 电源后，会发生的现象是（　　）。

A. 高压侧有 380 V 的电压输出　B. 高压侧没有电压输出，绕组严重过热

C. 高压侧有高压输出，绕组严重过热　D. 高压侧有高压输出，绕组无过热现象

5. 有一台变压器，一次绕组的电阻为 10 Ω，在一次侧加 220 V 交流电压时，一次绕组的空载电流（　　）。

A. 等于 22 A　B. 小于 22 A　C. 大于 22 A

6. 变压器降压使用时，能输出较大的（　　）。

A. 功率　B. 电流　C. 电能　D. 电功

7. 将 50 Hz、220 V/127 V 的变压器接到 100 Hz、220 V 的电源上，铁心中的磁通将（　　）。

A. 减小　B. 增加　C. 不变　D. 不能确定

8. 变压器的空载电流 I_0 与电源电压 U_1 的相位关系是（　　）。

A. I_0 与 U_1 同相　B. I_0 滞后 U_1 90°

C. I_0 滞后 U_1 接近 90° 但小于 90°　D. I_0 滞后 U_1 略大于 90°

9. 用一台变压器向某车间的异步电动机供电，当开动的电动机台数增多时，变压器的端电压将（ ）。

A. 升高 B. 降低 C. 不变 D. 可能升高，也可能降低

10. 变压器短路试验的目的之一是测定（ ）。

A. 短路阻抗 B. 励磁阻抗 C. 铁耗 D. 功率因数

11. 变压器空载试验的目的之一是测定（ ）。

A. 变压器的效率 B. 铜耗 C. 空载电流

12. 对变压器进行短路试验时，可以测定（ ）。

A. 由短路电压与二次侧短路电流之比确定的短路阻抗

B. 短路电压

C. 额定负载时的铜耗

D. 以上均正确

13. 单相变压器一次侧、二次侧电压的相位关系取决于（ ）。

A. 一次、二次绕组的同名端

B. 对一次侧、二次侧出线端标志的规定

C. 一次、二次绕组的同名端以及对一次侧、二次侧出线端标志的规定

14. 变压器二次绕组采用三角形接法时，如果有一相接反，将会产生的后果是（ ）。

A. 没有电压输出 B. 输出电压升高 C. 输出电压不对称 D. 绕组烧坏

15. 变压器二次绕组采用三角形接法时，为了防止发生一相接反的事故，正确的测试方法是（ ）。

A. 把二次绕组接成开口三角形，测量开口处有无电压

B. 把二次绕组接成闭合三角形，测量其中有无电流

C. 把二次绕组接成闭合三角形，测量一次侧空载电流的大小

D. 以上三种方法都可以

16. 将自耦变压器输入端的相线和零线反接，（ ）。

A. 对自耦变压器没有任何影响

B. 能起到安全隔离的作用

C. 会使输出零线成为高电位而使操作有危险

17. 自耦变压器的功率传递主要是（ ）。

A. 电磁感应 B. 电路直接传导 C. 两者都有

18. 自耦变压器接电源之前应把自耦变压器的手柄位置调到（ ）。

A. 最大值 B. 中间 C. 零

19. 如果不断电拆装电流互感器二次侧的仪表，则必须（ ）。

A. 先将一次侧断开 B. 先将一次侧短接

C. 直接拆装 D. 先将一次侧接地

20. 电流互感器二次侧回路所接仪表或继电器线圈的阻抗必须（ ）。

A. 高 B. 低 C. 高或者低 D. 既有高，又有低

四、简答题

1. 为什么要用高压输送电能？

2. 变压器能改变直流电压吗？如果接上直流电压会发生什么现象？为什么？

3. 什么是主磁通、漏磁通？

4. 画出变压器空载运行的向量图，并根据向量图说明为什么变压器在空载时功率因数很小。

5. 变压器带负载运行时，输出电压的变动与哪些因素有关？

6. 试述空载试验的实际意义。

7. 判断变压器绕组同名端的原理和方法是什么？

8. 什么是变压器绕组的星形接法？它有什么优缺点？

9. 二次侧为星形接法的变压器，空载测得三个线电压为 $U_{UV}=400$ V，$U_{WU}=230$ V，$U_{VW}=230$ V，请作图说明是哪相接反了。

10. 二次侧为三角形接法的变压器，测得三角形的开口电压为二次侧相电压的 2 倍，请作图说明是什么原因造成的。

11. 变压器并联运行没有环流的条件是什么？

12. 电流互感器工作在什么状态？为什么严禁电流互感器二次侧开路？为什么二次侧和铁心要接地？

13. 使用电压互感器时应注意哪些事项？

14. 电焊变压器应满足哪些条件？

五、计算题

1. 变压器的一次绕组为 2 000 匝，变压比 $K=30$，一次绕组接入工频电源时铁心中的磁通最大值 $\Phi_m=0.015$ Wb。试计算一次绕组、二次绕组的感应电动势各为多少？

2. 变压器的额定容量是 100 kV·A，额定电压是 6 000 V / 230 V，满载下负载的等效电阻 $R_L=0.25\ \Omega$，等效感抗 $X_L=0.44\ \Omega$。试求负载的端电压及变压器的电压调整率。

3. 某变压器额定电压为 10 kV/0.4 kV，额定电流为 5 A/125 A，空载时高压绕组接 10 kV 电源，消耗功率为 405 W，电流为 0.4 A。试求变压器的变压比、空载时一次绕组的功率因数以及空载电流与额定电流的比值。

4. 一台三相变压器，额定容量 $S_N=400$ kV·A，一次侧、二次侧额定电压 $U_{1N}/U_{2N}=10$ kV / 0.4 kV，一次绕组为星形接法，二次绕组为三角形接法。试求：

（1）一次侧、二次侧额定电流。

（2）在额定工作情况下，一次绕组、二次绕组实际流过的电流。

（3）已知一次侧每相绕组的匝数是 150 匝，问二次侧每相绕组的匝数应为多少？

第二章　三相异步电动机

电机是电动机和发电机的总称，是实现电能和机械能相互转换的装置。将电能转换为机械能，拖动生产机械的电机称为电动机；将机械能转换为电能，作为电源的电机称为发电机。按供电电源不同，电机分为交流电机和直流电机两大类。在交流电机中，根据电机工作原理的不同又分为异步电机和同步电机。

异步电动机分为单相异步电动机和三相异步电动机。异步电动机具有结构简单，制造、使用、维护方便，运行可靠，价格便宜等优点，现已广泛应用于现代生产及日常生活中。例如：在工业生产中，各种机床、中小型轧钢设备、轻工机械、矿山机械等；在农业生产中，水泵、脱粒机、粉碎机及其他农副产品的加工设备等；在日常生活中，家用洗衣机、电扇、空调、电冰箱等，这些都是用异步电动机来拖动的。据有关部门统计，在电力拖动系统中，90% 左右的设备都是由三相异步电动机拖动的。

三相异步电动机具有结构简单、工作可靠、价格低廉、维护方便、效率较高、体积小、质量轻等一系列优点。与同容量的直流电动机相比，三相异步电动机的质量和价格约为直流电动机的 1/3。三相异步电动机的缺点是功率因数较低，启动和调速性能不如直流电动机。因此，三相异步电动机广泛应用于对调速性能要求不高的场合，在中小企业中应用特别多，如普通机床、起重机、生产线、鼓风机、水泵以及各种农副产品的加工机械等。

第一节　三相异步电动机的结构和铭牌

【学习目标】

1. 掌握三相交流异步电动机的基本结构。
2. 理解三相交流异步电动机的铭牌和额定值。

一、三相异步电动机的结构

三相异步电动机是使用三相交流电源，转子转速略小于同步转速的电动机。三相异步电动机的外形如图 2-1 所示。

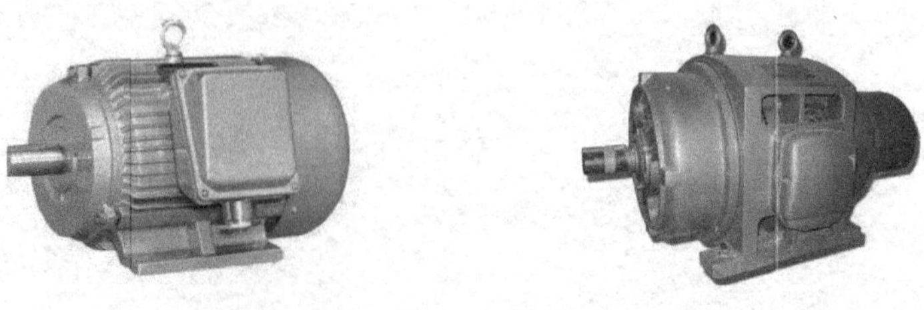

（a）三相笼形异步电动机　（b）三相绕线转子异步电动机

图 2-1　三相异步电动机的外形

从电动机外部可以看到风扇罩、风扇、左右端盖、铭牌等。打开接线盒，可以看到接线柱和引出线。拆开电动机可以看到电动机内部的定子铁心、转子铁心、转轴、轴承等零部件。

定子铁心装在机座里，转子铁心装在转轴上。定子铁心上装有定子绕组，转子铁心里铸有笼式铝条。绕线转子铁心中有转子绕组。可见，电动机的基本结构是由固定部分——定子、转动部分——转子以及其他零部件组成。图 2-2 所示为三相异步电动机的结构示意图。

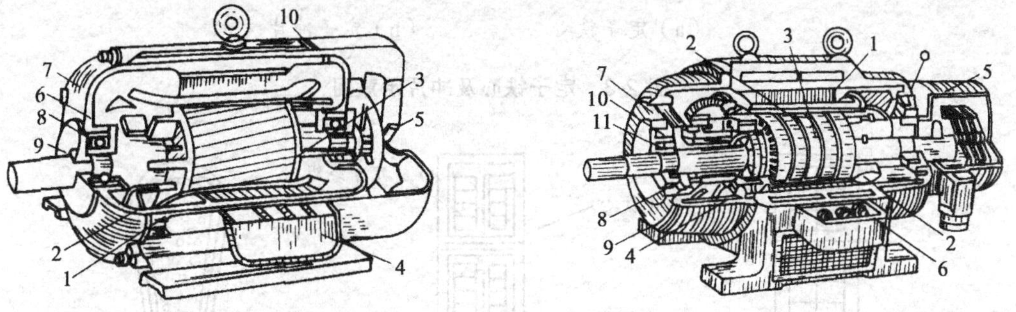

（a）鼠笼式异步电动机的结构

1—定子；2—定子绕组；3—转子；4—出线盒；5—风扇；6—轴承；7—端盖；8—内盖；9—外盖；10—风罩。

（b）绕线式异步电动机的结构

1—定子；2—定子绕组；3—转子；4—转子绕组；5—集电环风扇；6—出线盒；7—轴承；8—轴承套；9—端盖；10—内盖；11—外盖。

图 2-2 三相异步电动机的结构示意图

(一) 定子部分

定子是用来产生旋转磁场的。二相电动机的定子 般由外壳、定子铁心、定子绕组等部分组成。

1. 外壳

三相电动机的外壳包括机座、端盖、轴承盖、接线盒及吊环等部件。

机座：用铸铁或铸钢浇铸成型，它的作用是保护和固定三相电动机的定子绕组。中、小型三相电动机的机座还有两个端盖支承着转子，它是三相电动机机械结构的重要组成部分。通常，机座的外表要求散热性能好，所以一般都铸有散热片。

端盖：用铸铁或铸钢浇铸成型，它的作用是把转子固定在定子内腔中心，使转子能够在定子中均匀地旋转。

轴承盖：用铸铁或铸钢浇铸成型，它的作用是固定转子，使转子不能轴向移动，另外起存放润滑油和保护轴承的作用。

接线盒：用铸铁浇铸成型，其作用是保护和固定绕组的引出线端子。

吊环：用铸钢制造，安装在机座的上端，用来起吊、搬抬三相电动机。

2. 定子铁心

异步电动机的定子铁心是电动机磁路的一部分，由 0.35 ~ 0.5 mm 厚的表面涂有绝缘漆的薄硅钢片叠压而成，如图 2-3 所示。硅钢片较薄而且片与片之间是绝缘的，减少了由于交变磁通通过而引起的铁心涡流损耗。铁心内圆有均匀分布的槽口，用来嵌放定子绕组，槽的形状有开口槽、半开口槽和半闭口槽等，如图 2-4 所示，供大、中、小型电动机选用。

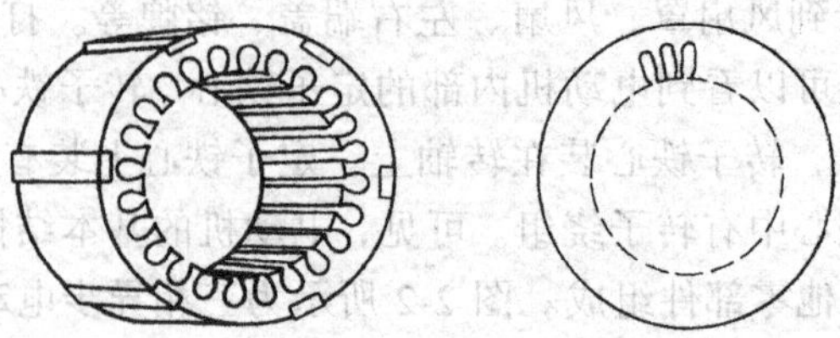

（a）定子铁心　　（b）定子冲片

图 2-3　定子铁心及冲片示意图

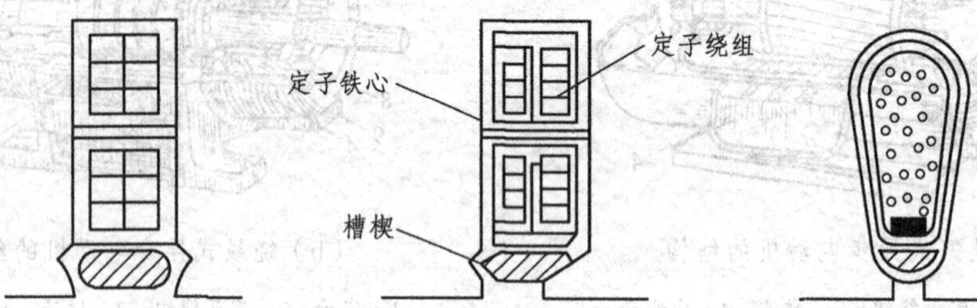

（a）半闭口槽　　（b）半开口槽　　（c）开口槽

图 2-4　定子铁心槽形

3. 定子绕组

定子绕组是三相电动机的电路部分，三相电动机有三相绕组，通入三相对称交流电流时就会产生旋转磁场。三相绕组由三个彼此独立的绕组组成，且每个绕组又由若干线圈连接而成。每个绕组即为一相，每个绕组在空间相差 120° 电角度。线圈由绝缘铜导线或绝缘铝导线绕制。中、小型三相电动机多采用圆漆包线，大、中型三相电动机的定子线圈则用较大截面的绝缘扁铜线或扁铝线绕制后，再按一定规律嵌入定子铁心槽内。定子三相绕组的 6 个出线端都引至接线盒上，首端分别标为 U1、V1、W1，末端分别标为 U2、V2、W2。这 6 个出线端在接线盒里的排列如图 2-5 所示，可以接成星形或三角形。

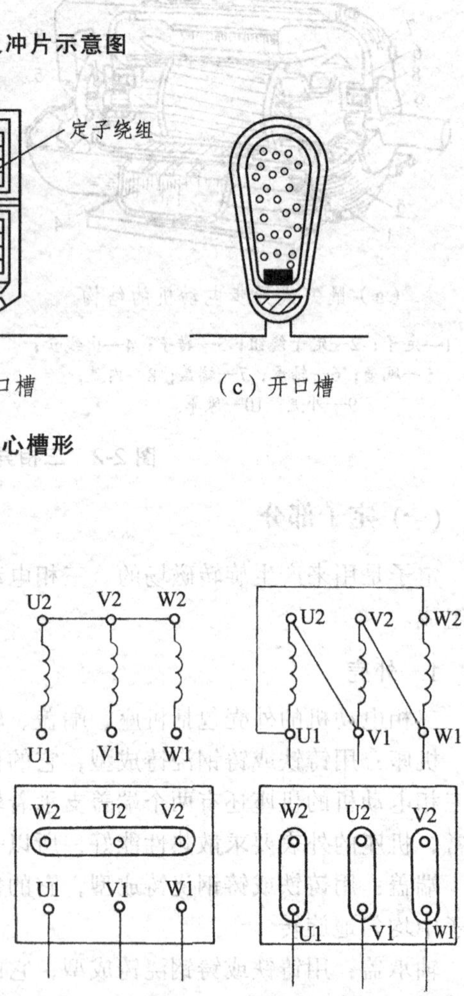

（a）星形联结　　（b）三角形联结

图 2-5　定子绕组的连接

(二) 转子部分

1. 转子铁心

转子铁心是用 0.5 mm 厚的硅钢片叠压而成，套在转轴上，作用和定子铁心相同，一方面作为电动机磁路的一部分，一方面用来安放转子绕组。

2. **转子绕组**

异步电动机的转子绕组分为绕线形与笼形两种，由此分为绕线转子异步电动机与笼形异步电动机。

（1）绕线形绕组：与定子绕组一样也是一个三相绕组，一般接成星形，三相引出线分别接到转轴上的三个与转轴绝缘的集电环上，通过电刷装置与外电路相连，在转子电路中串接电阻或电动势以改善电动机的运行性能，其接线如图 2-6 所示。

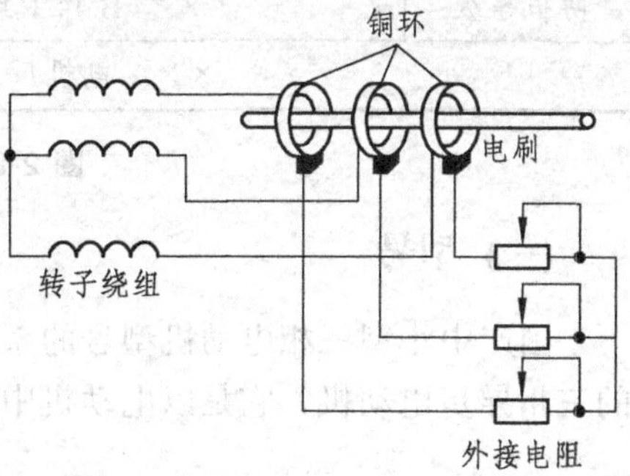

图 2-6　绕线形转子与外加变阻器的连接

（2）笼形绕组：在转子铁心的每一个槽中插入一根铜条，在铜条两端各用一个铜环（称为端环）把导条连接起来，称为铜排转子，如图 2-7（a）所示。也可用铸铝的方法，把转子导条和端环风扇叶片用铝液一次浇铸而成，称为铸铝转子，如图 2-7（b）所示。100 kW 以下的异步电动机一般采用铸铝转子。

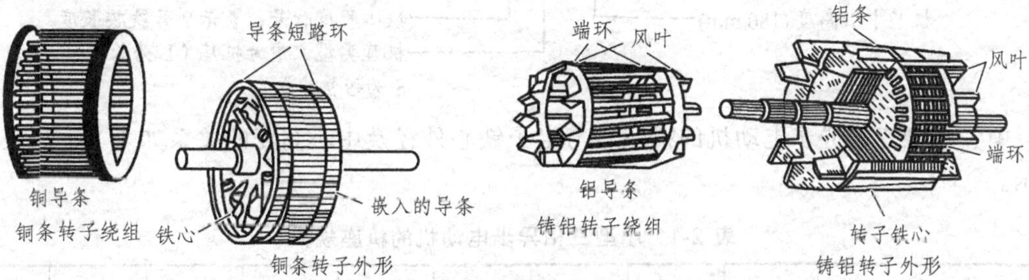

（a）铜条转子结构　　（b）铸铝转子结构

图 2-7　笼形转子绕组结构

笼形绕组因结构简单、制造方便、运行可靠，所以得到广泛应用。

(三) 其他部分

三相异步电动机的其他部分包括端盖、风扇等。端盖除了起防护作用外，在端盖上还装有轴承，用以支撑转子轴。风扇则用来通风冷却电动机。三相异步电动机的定子与转子之间的空气隙一般仅为 0.2 ~ 1.5 mm。气隙太大，电动机运行时的功率因数降低；气隙太小，使装配困难，运行不可靠，高次谐波磁场增强，从而使附加损耗增加以及使启动性能变差。

二、三相异步电动机的铭牌

在三相异步电动机的外壳上固定有一个牌子，称为铭牌。铭牌上注明这台三相异步电动机的主要技术数据，是选择、安装、使用和修理（包括重绕绕组）三相异步电动机的重要依据，如图 2-8 所示。

型　号	Y2-200L-4	额定功率	30 kW	额定电压	380 V
额定电流	57.63 A	频率	50 Hz	额定转速	1 470 r / min
接法	△	工作方式	连续	绝缘等级	E
工作制	SI	功率因数	0.82	效率	0.84
防护等级	IP44（封闭式）			产品编号	
×××电机厂				×年×月	

图 2-8　三相异步电动机的铭牌

(一) 型号

国产中小型三相电动机型号的系列为 Y 系列，是按照国际电工委员会 IEC 标准设计生产的三相异步电动机，它是以电动机中心高度为依据编制型号的，例如：

Y　180　M　2 — 4

- Y：产品代号，表示异步电动机
- 180：机座中心高度(180 mm)
- M：机座类型，中号机座（L 为长机座，S 为短机座）
- 2：铁心长度代号，表示 2 号铁芯长度
- 4：磁极数（4 极）

中、小型三相异步电动机的机座号与定子铁心外径及中心高度的关系如表 2-1 和表 2-2 所示。

表 2-1　小型三相异步电动机的机座规格

机座号	1	2	3	4	5	6	7	8	9
定子铁心外径/mm	120	145	167	210	245	280	327	368	423
中心高度/mm	90	100	112	132	160	180	225	250	280

表 2-2　中型三相异步电动机的机座规格

机座号	11	12	13	14	15
定子铁心外径/mm	560	650	740	850	990
中心高度/mm	375	450	500	560	620

(二) 其他技术参数

1. 额定功率 P_N

额定功率是指在满载运行时三相异步电动机轴上所输出的额定机械功率，用 P_N 表示，以千瓦（kW）或瓦（W）为单位。

2. 额定电压 U_N

额定电压是指接到电动机绕组上的线电压，用 U_N 表示。三相异步电动机要求所接的电源电压值的变动一般不应超过额定电压的±5%。电压过高，电动机容易烧毁；电压过低，电

动机难以启动，即使启动后电动机也可能带不动负载，容易烧坏。

3. 额定电流 I_N

额定电流是指三相异步电动机在额定电源电压下，输出额定功率时流入定子绕组的线电流，用 I_N 表示，以安（A）为单位。若超过额定电流过载运行，三相异步电动机就会过热乃至烧毁。

4. 额定频率 f_N

额定频率是指三相异步电动机所接的交流电源每秒钟内周期变化的次数，用 f_N 表示。我国规定标准电源频率为 50 Hz。

5. 额定转速 n_N

额定转速表示三相异步电动机在额定工作情况下运行时每分钟的转速，用 n_N 表示，一般是略小于对应的同步转速 n_1。如 n_1 = 1 500 r/min，则 n_N=1 440 r/min。

6. 绝缘等级与温升

绝缘等级是指三相异步电动机所采用的绝缘材料的耐热能力，它表明三相异步电动机允许的最高工作温度。温升表示电动机发热时允许升高的温度。绝缘材料按耐热性能分级，电机常用的绝缘材料等级为 A、E、B、F、H 及 180 °C 以上 6 种，按环境温度 40 °C 计算，这 5 种绝缘材料及其允许最高温度和允许最高温升如表 2-3 所示。

表 2-3 电动机允许温升与绝缘耐热等级的关系

绝缘耐热等级	A	E	B	F	H	
允许最高温度/°C	105	120	130	155	180	180 以上
允许最高温升/°C	65	80	90	115	140	140 以上

7. 定额

定额是指三相异步电动机的运转状态，即允许连续使用的时间，分为连续、短时、周期断续三种，分别用 S1、S2、S3 表示。定额的意义在于合理选用电动机的容量大小。

（1）连续工作状态（S1）：连续工作状态是指电动机带额定负载运行时，运行时间很长，电动机的温升可以达到稳态温升的工作方式。

（2）短时工作状态（S2）：短时工作状态是指电动机带额定负载运行时，运行时间很短，使电动机的温升达不到稳态温升；停机时间很长，使电动机的温升可以降到零的工作方式。我国规定的短时运行时间为 10 min、30 min、60 min 及 90 min 四种。

（3）周期断续工作状态（S3）：周期断续工作状态是指电动机带额定负载运行时，运行时间很短，使电动机的温升达不到稳态温升；停止时间也很短，使电动机的温升降不到零，工作周期小于 10 min 的工作方式。每一周期为 10 min，我国规定的负载持续率为 15%、25%、40% 及 60% 四种（如标明 40% 则表示电动机每工作 4 min 就需要休息 6 min）。

8. 接法

三相异步电动机定子绕组的连接方法有星形（Y）和三角形（△）两种。定子绕组的连接只能按规定方法连接，不能任意改变接法，否则会损坏三相异步电动机。

9. 防护等级

防护等级表示三相异步电动机外壳的防护等级，其中 IP 是防护等级标志符号，其后面的两位数字分别表示电动机防固体和防水能力，数字越大，防护能力越强。例如，IP44 中第一位数字“4”表示电动机能防止直径或厚度大于 1 mm 的固体进入电动机内壳；第二位数字“4”表示能承受任何方向的溅水。

10. 震动量

震动量表示电动机震动的情况，例如：某电动机震动为每秒轴向移动不超过 1.8 mm。

11. 噪声

表示电动机运行时的噪声。76 dB(A)表示电动机运行时产生的最大噪声为 76 dB(A)。

12. 额定功率因数 $\cos\varphi_N$

在铭牌上除了给出以上主要数据外，有的电动机还标有额定功率因数 $\cos\varphi_N$。电动机是感性负载，定子相电流滞后定子相电压一个 φ 角，所以功率因数 $\cos\varphi_N$ 是指额定负载下定子电路的相电压与相电流之间相位差的余弦。异步电动机的 $\cos\varphi$ 随负载的变化而变化，满载时 $\cos\varphi$ 为 0.7 ~ 0.9，轻载时 $\cos\varphi$ 较低，空载时只有 0.2 ~ 0.3。

三相异步电动机输入、输出功率与各量之间的关系为：

$$P_{1N}=\sqrt{3}U_N I_N\cos\varphi_N \tag{2-1}$$

$$P_N=\eta_N P_{1N}=\eta_N\sqrt{3}U_N I_N\cos\varphi_N \tag{2-2}$$

式中，$\cos\varphi_N$ ——额定功率因数；

η_N ——额定效率。

小 结

1. 按照转子绕组的结构，三相异步电动机可分为鼠笼式与绕线式三相异步电动机。应熟悉这两种电动机的转子结构特点。

2. 三相异步电动机由定子和转子两个基本部分组成。定子由定子铁心、定子绕组和机座等三部分组成，它的作用是输入电功率带动转子转动；转子由转轴、转子铁心和转子绕组等三部分组成，它的作用是输出机械转矩。

3. 应掌握三相异步电动机各额定值的定义、符号、单位。

（1）额定功率：指电动机在满载运行时轴上输出的机械功率，用 P_N 表示，以瓦为单位。

（2）额定电压：指电动机定子绕组规定使用的电源线电压，用 U_N 表示，以伏为单位。

（3）额定电流：指电动机在额定电压下，输出额定功率时，定子绕组中的线电流，用 I_N 表示，以安为单位。

（4）额定频率：指电动机所接的交流电源频率，用 f_N 表示。我国规定标准电源频率为 50 Hz。

（5）额定转速：指电动机在额定功率时转子每分钟的转速，用 n_N 表示，单位为 r/min。

第二节　三相异步电动机的工作原理

【学习目标】

1. 掌握三相异步电动机的工作原理。
2. 理解三相异步电动机的运行过程。

给三相交流电动机通入三相交流电后，电动机为什么就会旋转起来？电动机的旋转方向和转速的大小与哪些因素有关？下面我们就以上问题进行分析。

图 2-9 所示是三相异步电动机工作原理演示示意图。在装有手柄的马蹄形磁铁的两极之间放置一个导电笼形转子。当操纵手柄使马蹄形磁铁旋转时，会发现笼形转子跟着马蹄形磁铁旋转，加快磁铁的转动速度，笼形转子的转动速度也跟着加快；如果让磁铁沿着相反的方向转动，则笼形转子也会改变转动方向。

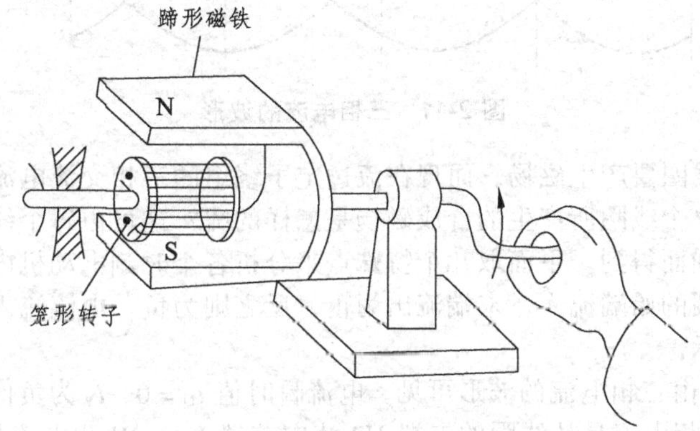

图 2-9　三相异步电动机工作原理的演示示意图

在上述实验中，首先由于磁铁的旋转建立了一个旋转磁场，笼形转子在这个旋转磁场作用下跟着磁场转动，这说明转子转动的先决条件是要有一个旋转磁场。在旋转磁场作用下，笼形转子就会转动。

三相异步电动机的定子绕组是一个空间位置对称的三相绕组，如果在定子绕组中通入三相对称的交流电流，就会在电动机内部建立起一个恒速旋转的磁场，称为旋转磁场，它是三相异步电动机工作的基本条件。下面先分析旋转磁场是如何产生的。

一、旋转磁场的产生

当电动机定子绕组通以三相交流电时，绕组中的电流将产生磁场。由于电流随时间的变化而变化，它们产生的磁场也将随着时间的变化而变化，三相交流电产生的合成磁场不仅随时间的变化而变化，而且在空间里是旋转的，故称为旋转磁场。

图 2-10 所示为三相异步电动机定子绕组分布示意图，每相绕组只有一个线圈，3 个相同的线圈 U1-U2、V1-V2、W1-W2 在空间中的位置彼此互差 120°，分别放在定子铁心槽中。当把三相线圈接成星形，并接通三相对称电源后，那么在定子绕组中便产生 3 个对称电流，其波形如图 2-11 所示。

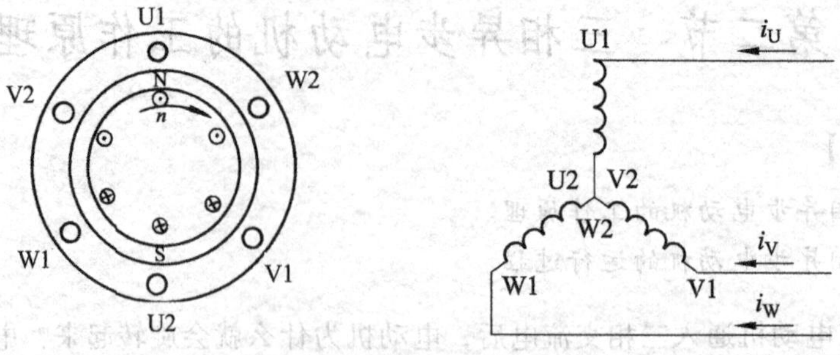

图 2-10 三相异步电动机定子绕组分布示意图

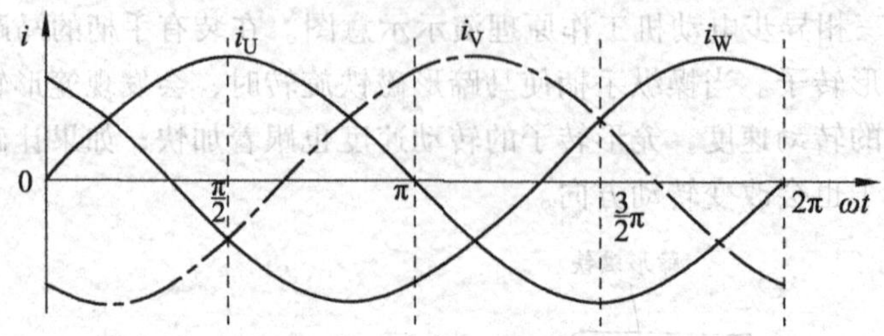

图 2-11 三相电流的波形

电流流过每个线圈要产生磁场，而现在流过定子绕组的三相交流电流的大小及方向均随时间而变化，那么 3 个线圈所产生的合成磁场是怎样的呢？这可由每个线圈在同一时刻各自产生的磁场进行叠加而得到。下面取几个特殊点来分析各个时刻电动机内部的磁场。

假如电流由线圈的始端流入、末端流出为正，反之则为负。电流流入端用“⊗”表示，流出端用“⊙”表示。

（1）$\omega t=0$ 时。由三相电流的波形可见，电流瞬时值 $i_U=0$，i_V 为负值，i_W 为正值，这表示 U 相无电流，V 相电流是从线圈的末端 V2 流向首端 V1，W 相电流是从线圈的始端 W1 流向末端 W2，这一时刻由 3 个线圈电流所产生的合成磁场如图 2-12（a）所示。它在空间形成二极磁场，上为 N 极，下为 S 极（对定子而言）。

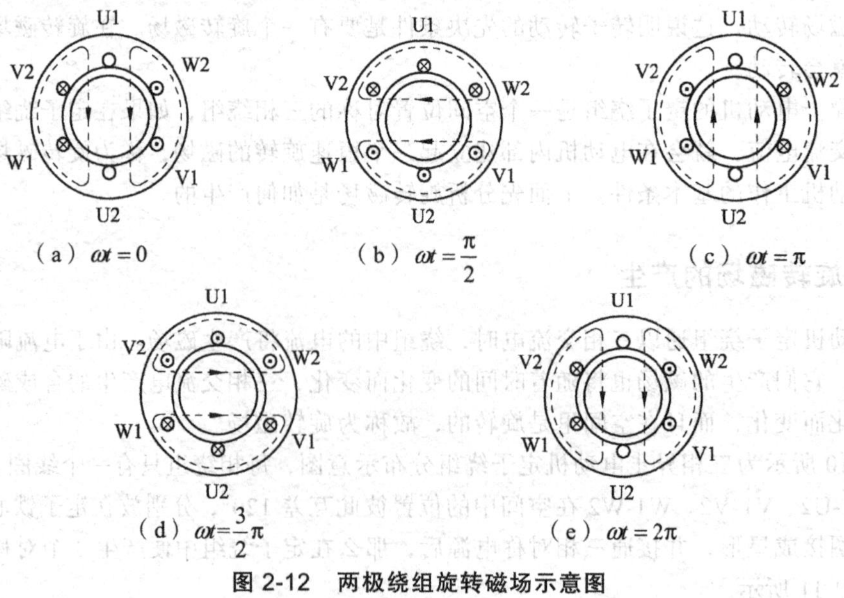

图 2-12 两极绕组旋转磁场示意图

（2）$\omega t=\pi/2$ 时。i_U为正，电流从首端 U1 流入，从末端 U2 流出；i_V为负，电流仍从末端 V2 流入，从首端 V1 流出；i_W为负，电流从末端 W2 流入，从首端 W1 流出。绕组中电流产生的合成磁场如图 2-12（b）中所示，可见合成磁场顺时针转过了 90°。

（3）$\omega t=\pi$、$3/2\pi$、2π 时。三相交流电流在三相定子绕组中产生的合成磁场，分别如图 2-12 中（c）、（d）、（e）所示，观察这些图中合成磁场的分布规律可见：合成磁场的方向按顺时针方向旋转，并旋转了一周。

由此可以得出如下结论：在三相异步电动机定子上布置结构完全相同在空间各相差 120° 电角度的三相定子绕组，当分别向三相定子绕组通入三相交流电时，则在定子、转子与空气隙中产生一个沿定子内圆旋转的磁场，该磁场称为旋转磁场。

二、旋转磁场的转向

由图 2-12 中各个瞬间的磁场变化可以看出，当通入三相绕组中的电流相序为 $i_U \to i_V \to i_W$，旋转磁场在空间是沿绕组始端 U→V→W 方向旋转的，在图中即按顺时针方向旋转。如果把通入三相绕组中的电流相序任意调换其中两相，如调换 V、W 两相，此时通入三相绕组电流的相序为 $i_U \to i_W \to i_V$，则旋转磁场按逆时针方向旋转。由此可见，旋转磁场的方向是由三相电流的相序决定的，即把通入三相绕组中的电流相序任意调换其中的两相，就可改变旋转磁场的方向。

三、旋转磁场的旋转速度

当电动机定子绕组按图 2-10 所示排列时，定子电流产生的磁场为两极磁场（一个 N 极，一个 S 极，即磁极对数 $p=1$）。两极磁场电动机当三相交流电流变化一个周期时，旋转磁场转过一周。当定子绕组连接形成的是两对磁极时，运用相同的方法可以分析出此时电流变化了一个周期，磁场只转动了半圈，即转速减慢了一半。由此类推，当旋转磁场具有两对磁极时（即磁极对数为 $2p$），交流电每变化一个周期，其旋转磁场就在空间转动 $1/p$ 转。因此，三相电动机定子旋转磁场每分钟的转速 n_1、定子电流频率 f 及磁极对数 p 之间的关系是：

$$n_1=\frac{60f}{p} \tag{2-3}$$

式中　n_1——同步转速。

国产异步电动机的电源频率通常为 50 Hz，对于已知磁极对数的异步电动机，可得出对应的旋转磁场的转速如表 2-4 所示。

表 2-4　异步电动机磁极对数和对应的旋转磁场的转速关系

p	1	2	3	4	5	6
n_1/(r/min)	3 000	1 500	1 000	750	600	500

四、三相异步电动机的工作原理分析

由上面分析可知，如果在定子绕组中通入三相对称电流，则定子内部产生某个方向转速

为 n_1 的旋转磁场。这时转子导体与旋转磁场之间存在着相对运动，切割磁力线而产生感应电动势。电动势的方向可根据右手定则确定。由于转子绕组是闭合的，于是在感应电动势的作用下，绕组内有电流流过，如图 2-13 所示。

转子电流与旋转磁场相互作用，便在转子绕组中产生电磁力 F，F 的方向可由左手定则确定。该力对转轴形成了电磁转矩 T_{em}，使转子按旋转磁场的方向转动。异步电动机的定子和转子之间能量的传递是靠电磁感应作用的，故异步电动机又称为感应电动机。

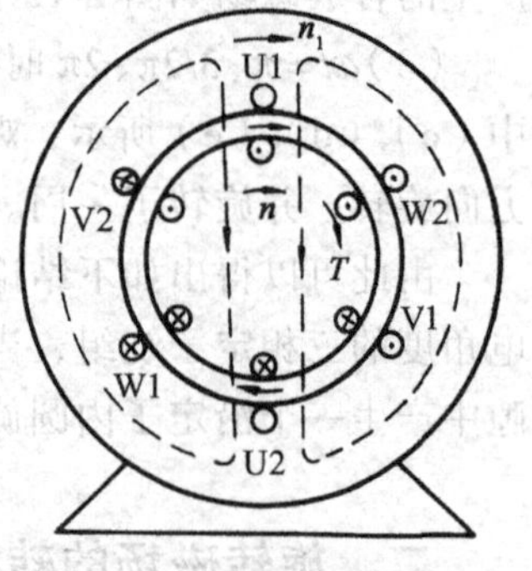

图 2-13 异步电动机的工作原理示意图

转子的转速 n 是否会与旋转磁场的转速 n_1 相同呢？回答是不可能的。因为一旦转子的转速和旋转磁场的转速相同，二者便无相对运动，转子也不能产生感应电动势和感应电流，也就没有电磁转矩了。只有二者转速有差异时，才能产生电磁转矩，驱使转子转动。可见，转子转速 n 总是略小于旋转磁场的转速 n_1。正是由于这个关系，这种电动机被称为异步电动机。

由以上分析可知，n_1 与 n 有差异是异步电动机运行的必要条件。通常把同步转速 n_1 与转子转速 n 二者之差称为“转差”，“转差”与同步转速 n_1 的比值称为转差率，用 s 表示，即

$$s=\frac{n_1-n}{n_1} \tag{2-4}$$

有时候为了方便计算转子的转速，可将公式（2-4）改写为：

$$n=(1-s)\,n_1 \tag{2-5}$$

转差率 s 是异步电动机运行时的一个重要物理量，当同步转速 n_1 一定时，转差率的数值与电动机的转速 n 相对应，正常运行的异步电动机，其 s 很小，一般 $s=0.01\sim0.05$，即电动机的运行转速接近旋转磁场转速，因此在已知电动机额定转速的情况下即可判断电动机的极对数。

例 2-1 已知 Y2-112M-4 型三相异步电动机的同步转速 $n_1=1\,500$ r/min，额定转差率 $s_N=0.04$，求该电动机的额定转速 n_N。

解 由 $S_N=\frac{n_1-n_N}{n_1}$ 得

$$n_N=(1-s_N)n_1=(1-0.04)\times1\,500\text{ r/min}=1\,440\text{ r/min}$$

例 2-2 有一台三相异步电动机，其额定转速 n=1 440 r/min，电源频率 $f=50$ Hz，求电动机的磁极对数和额定负载时的转差率 s。

解 由于电动机的额定转速接近而略小于同步转速，而同步转速对应于不同的磁极对数有一系列固定的数值。显然，与 1 440 r/min 最相近的同步转速 $n_1=1\,500$ r/min，与此相应的磁极对数 p 为

$$p=\frac{60f}{n_1}=\frac{60\times50}{1\,500}=2$$

额定负载时的转差率为 $s=\frac{n_1-n}{n_1}=\frac{1\,500-1\,440}{1\,500}=0.04$

在后面分析三相异步电动机的运行特性时将会看到，电动机的转差率 s 对电动机的运行有直接的影响，因此必须牢固地掌握有关转差率 s 的概念。

小　结

1. 三相异步电动机的旋转原理：三相定子绕组中的三相交流电，在电动机的气隙内产生一个转速为 $n_1=\dfrac{60f}{p}$ 的旋转磁场。旋转磁场切割转子绕组并在其中产生感应电流。转子绕组中的感应电流与旋转磁场相互作用，形成与旋转磁场方向一致的电磁转矩。电磁转矩带动转子以低于旋转磁场的转速沿旋转磁场的方向旋转。因这类电动机的转子转速总是低于旋转磁场的转速，所以称为“异步”电动机；又因转子电流由电磁感应产生，所以又称之为“感应”电功机。

2. 相关公式：

（1）旋转磁场的转速（同步转速）$n_1=\dfrac{60f}{p}$。其中：n_1是旋转磁场的转速，也叫同步转速，单位为 r/min；f 是三相交流电源的频率，单位为 Hz；p 是电动机的磁极对数。

（2）转差率（转速差与同步转速的比值）$s=\dfrac{n_1-n}{n_1}$。其中：n_1是同步转速，单位 r/min；n 是转子转速，单位 r/min；s 是转差率，用百分数表示。

（3）电动机的转子转速 $n=(1-\mathrm{s})\,n_1$。

第三节　三相异步电动机的运行原理

【学习目标】

1. 掌握旋转磁场对定子绕组的作用。
2. 掌握旋转磁场对转子绕组的作用。
3. 了解功率和转矩的关系。

三相异步电动机的工作原理与变压器有许多相似之处，如异步电动机的定子绕组与转子绕组相当于变压器的一次绕组与二次绕组；变压器是利用电磁感应把电能从一次绕组传递给二次绕组，异步电动机定子绕组从电源吸取的能量也是靠电磁感应传递给转子，因此可以说变压器是不动的异步电动机，也就是说，变压器与异步电动机的主要不同就在于前者是静止的，后者是转动的。

当异步电动机转子不动时，则转子中各个物理量的分析与计算可以用分析与计算变压器的方法进行，但当转子转动以后，则转子中的感应电动势及电流的频率就要跟着发生变化，而不再与定子绕组中的电动势及电流频率相等，随之引起转子感抗、转子功率因数等也跟着发生变化，使分析与计算变得较为复杂，下面我们进行详细讨论。

一、旋转磁场对定子绕组的作用

前面已叙述，在异步电动机的三相定子绕组内通入三相交流电后，即产生旋转磁场，此旋转磁场将在不动的定子绕组中产生感应电动势。与变压器相同，产生的感应电动势可以用下式计算：

$$E_1 = 4.44K_1N_1f_1\Phi_m \tag{2-6}$$

式中 E_1——定子绕组感应电动势的有效值（V）；

K_1——定子绕组的绕组系数，$K_1<1$；

N_1——定子每相绕组的匝数；

f_1——定子绕组感应电动势的频率（Hz）；

Φ_m——旋转磁场每极磁通的最大值（Wb）。

式（2-6）与前面变压器中的感应电动势公式相比多了一个绕组系数 K_1，这是因为变压器绕组是集中绕在一个铁心上的，故在任意瞬间穿过绕组的各个线圈中的主磁通大小及方向都相同，整个绕组的电动势为各线圈电动势的代数和。而在异步电动机中，同一相的定子绕组并不是集中嵌放在一个槽内，而是分别嵌放在若干个槽内，这种绕组称为分布绕组。整个绕组的电动势是各个线圈中电动势的相量和，比起代数和来要小一些。

另外，定子绕组为了改善电动势的波形和节省导线起见，一般采用短距绕组（即一个线圈的两个边在空间距离小于一个极距），从而使两个线圈边的电动势有一定的相位差，使短距绕组的电动势比整距绕组的电动势要小，因此乘上一个绕组系数 K_1。K_1 是由于绕组是分布绕组和短距绕组从而使感应电动势减少的倍数，$K_1<1$。

由于定子绕组本身的阻抗压降比电源电压要小得多，即可以近似认为电源电压 U_1 与感应电动势 E_1 相等，即

$$U_1 \approx E_1 = 4.44K_1N_1f_1\Phi_m \tag{2-7}$$

由此可见，当外加电源电压 U_1 不变时，定子绕组中的主磁通 Φ_m 也基本不变。

旋转磁场不仅通过定子绕组，而且也与转子绕组相交链，下面分析旋转磁场对转子绕组的作用。

二、旋转磁场对转子绕组的作用

(一) 转子中感应电动势及电流的频率

当转子不动时，很显然磁通相对于转子绕组的速度和相对于定子绕组的速度相同，都为 f_1。转子旋转后，在转子中产生感应电动势及电流，其频率 f_2 为

$$f_2 = \frac{p(n_1-n)}{60} = \frac{p(n_1-n)n_1}{60n_1} = sf_1 \tag{2-8}$$

即转子中的电动势及电流的频率与转差率 s 成正比。

当转子不动时，即 $s=1$，则 $f_2=f_1$。当转子达到同步转速时，$s=0$，则 $f_2=0$，即转子导

体中没有感应电动势及电流。

(二) 转子绕组感应电动势 E_2

$$E_2 = 4.44K_2N_2f_2\Phi_m = 4.44K_2N_2sf_1\Phi_m \quad (2\text{-}9)$$

式中 K_2——转子绕组的绕组系数；

N_2——转子每相绕组的匝数。

当转子不动时，感应电动势 E_{20} 为

$$E_{20} = 4.44K_2N_2f_1\Phi_m \quad (2\text{-}10)$$

故可得

$$E_2 = sE_{20} \quad (2\text{-}11)$$

由式（2-11）可见，转子转动时，转子绕组中的电动势 E_2 等于转子不动时的电动势 E_{20} 乘以转差率 s。当转子未动时（启动瞬间），$s=1$，故转子内感应电动势最大。随着转子转速的增加，转子中的感应电动势 E_2 下降，由于异步电动机在正常运行时，s 为 0.01～0.05（即 1%～5%），所以在正常运行时，转子中的感应电动势也只有启动瞬间的 1%～5%。

(三) 转子的电抗和阻抗

异步电动机中的磁通绝大部分穿过空气隙与定子和转子绕组相交链，称为主磁通，它在定子及转子绕组中分别产生感应电动势 E_1 及 E_2。另外，还有一小部分磁通仅与定子绕组相连，称为定子漏磁通，而与转子绕组相连的则称为转子漏磁通。漏磁通的变化亦将在定子及转子绕组中产生漏磁感应电动势，而在电路中则表现为电抗压降，下面讨论转子电路内的电抗和阻抗。

$$X_2 = 2\pi f_2L_2 = 2\pi sf_1L_2 \quad (2\text{-}12)$$

式中 X_2——转子每相绕组的漏电抗（Ω）

L_2——每相绕组的漏电感（H）。

同理，X_2 与电机转子静止不动时的电抗 X_{20} 之间的关系为：

$$X_2 = sX_{20} \quad (2\text{-}13)$$

由此可得

$$Z_2 = \sqrt{R_2^2 + (sX_{20})^2} \quad (2\text{-}14)$$

式中 Z_2——转子每相绕组阻抗；

R_2——转子每相绕组电阻。

由此可见，转子阻抗在启动时最大，随转速增加而下降。

(四) 转子的电流和功率因数

转子的电流为：

$$I_2 = \frac{E_2}{\sqrt{R_2^2 + X_2^2}} = \frac{sE_{20}}{\sqrt{R_2^2 + (sX_{20})^2}} \quad (2\text{-}15)$$

功率因数为：

$$\cos\varphi_2 = \frac{R_2}{\sqrt{R_2^2 + X_2^2}} = \frac{R_2}{\sqrt{R_2^2 + (sX_{20})^2}} \quad (2\text{-}16)$$

对于一台电动机而言，R_2 及 X_{20} 基本上是不变的，故 I_2 及 $\cos\varphi_2$ 用曲线表示，如图 2-14 所示。

由式（2-15）可知，当 $s=1$ 时，转子电流最大，当电动机正常运行时，因为 s 接近 0，所以转子电流很小。

由式（2-16）可以看出，当 $s=1$ 时，由于 $R_2 \leqslant X_{20}$，故 $\cos\varphi_2$ 很小，即电动机启动时转子功率因数很低。当 $s\approx 0$ 时，则 $\cos\varphi_2 \approx 1$，即正常运行时功率因数较高。

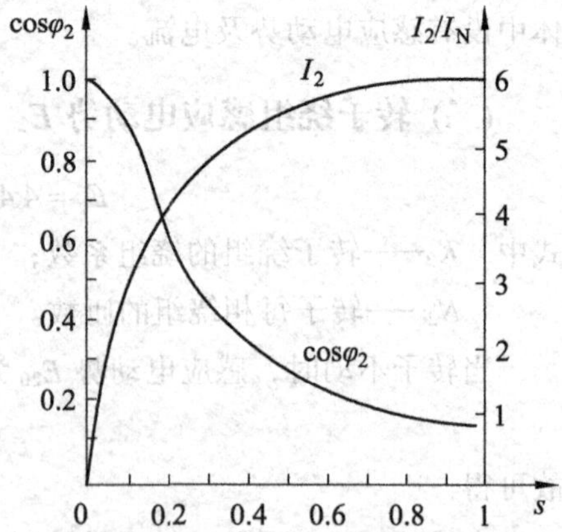

图 2-14 转子电流和转子功率因数随转差率变化的曲线

三、功率和转矩的关系

如前面三相异步电动机工作原理所述，异步电动机是通过电磁感应作用把电能传送到转子再转化为轴上输出的机械能的，而任何机械在实现能量的转换过程中总有损耗存在，异步电动机也一样，因此轴上输出的机械功率 P_2 总是小于其从电网输入的电功率 P_1。在能量变换的过程中电磁转矩起了关键性的作用。下面分析异步电动机功率关系和转矩关系，并推导出异步电动机的电磁转矩公式。

(一) 功率及效率

当三相异步电动机以转速 n 稳定运行时，定子绕组从电源输入的电功率 P_1 为

$$P_1 = \sqrt{3}U_1 I_1 \cos\varphi_1 \tag{2-17}$$

P_1 的一小部分消耗于定子绕组铜损耗，即定子铜损耗 P_{Cu1}：

$$P_{\mathrm{Cu1}} = 3I_1^2 R \tag{2-18}$$

P_1 另有一小部分消耗于定子铁心中产生的铁耗，即铁心损耗 P_{Fe}：

$$P_{\mathrm{Fe}} = 3I_{\mathrm{m}}^2 R_{\mathrm{m}} \tag{2-19}$$

P_1 余下的大部分功率就是通过气隙旋转磁场，利用电磁感应作用传递到转子上的功率，叫做电磁功率，用 P_{E} 表示：

$$P_{\mathrm{E}} = P_1 - P_{\mathrm{Cu1}} - P_{\mathrm{Fe}} \tag{2-20}$$

转子绕组感应电动势，产生电流，也会产生转子铜损耗 P_{Cu2}，电磁功率扣除转子铜损耗便是电机转轴上带动转子旋转的总机械功率 P_{J}，即

$$P_{\mathrm{J}} = P_{\mathrm{E}} - P_{\mathrm{Cu2}} \tag{2-21}$$

而电动机在旋转中会产生机械摩擦损耗 P_Ω、风的阻力及其他附加损耗 P_{ad}，因此转轴上的总机械功率 P_{J} 须扣除这些损耗后才是转轴上输出的机械功率，即

$$P_2 = P_{\mathrm{J}} - P_\Omega - P_{\mathrm{ad}} \tag{2-22}$$

附加损耗与气隙大小和工艺因素有关，很难计算，一般根据经验值选取。

对于大型异步电动机，$P_{\mathrm{ad}} = 0.5\%P_{\mathrm{N}}$。

对于小型铸铝转子异步电动机，$P_{\mathrm{ad}}=(1\sim 3)\%P_{\mathrm{N}}$。

一般把机械损耗和附加损耗统称为电动机的空载损耗，用 P_0 表示，于是

$$P_2 = P_{\mathrm{J}} - P_0 \tag{2-23}$$

式（2-20）~式（2-23）反映了异步电动机内部的功率流程和功率平衡关系。功率流程还可用图 2-15 所示的功率流程图来表示，更为清晰。由以上公式可得异步电动机的总的功率平衡方程式为：

$$P_2 = P_1 - P_{Cu1} - P_{Fe} - P_{Cu2} - P_{\Omega} - P_{ad} = P_1 - \sum P \qquad (2\text{-}24)$$

式中　$\sum P$——异步电动机的总损耗。

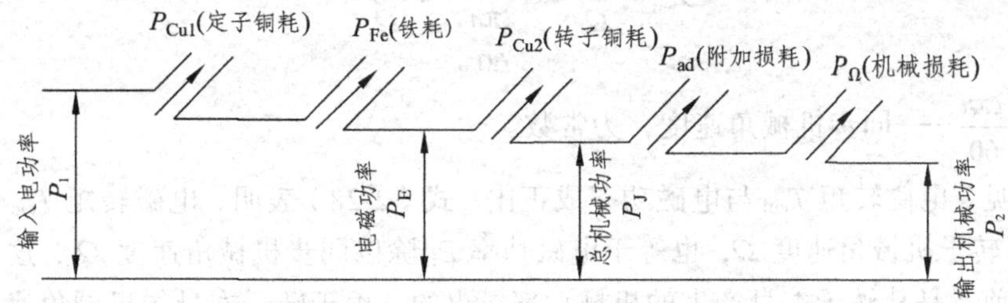

图 2-15　异步电动机的功率流程图

电动机的效率 η 等于输出功率 P_2 与输入功率 P_1 之比，即

$$\eta = \frac{P_2}{P_1} \times 100\% = \frac{P_1 - \sum P}{P} \times 100\% \qquad (2\text{-}25)$$

异步电动机在空载运行及轻载运行时，由于定子与转子间存在空气隙，定子电流 I_1 仍有一定的数值（不像变压器空载运行时那样空载电流很小），因此电动机从电网输入的功率仍有一定的数值，而此时轴上输出的功率很小，使异步电动机在轻载时效率很低。另外，理论分析及实践都表明，异步电动机在轻载时功率因数也很低，因此在选择及使用电动机时必须注意：电动机的额定功率应稍大于所拖动的负载实际功率，避免电动机额定功率比负载功率大得多的所谓“大马拉小车”现象。

例 2-3　Y2-132S-4 型三相异步电动机输出功率 $P_2 = 5.5$ kW，电压 $U_1 = 380$ V，电流 $I_1 = 11.7$ A，电动机功率因数 $\cos\varphi_1 = 0.83$，求输入功率 P_1 及效率 η。

解　由三相异步电动机功率公式可得

$$P_1 = \sqrt{3} U_1 I_1 \cos\varphi_1 \times 10^{-3} = \sqrt{3} \times 380 \times 11.7 \times 0.83 \times 10^{-3} = 6.391\ (\text{kW})$$

$$\eta = \frac{P_2}{P_1} \times 100\% = \frac{5.5}{6.391} \times 100\% = 86\%$$

(二) 转矩

由力学知识知道：旋转体的机械功率等于作用在旋转体上的转矩 T 与它的机械角速度 Ω 的乘积，即 $P = T\Omega$。将式（2-23）的两边同除以转子机械角速度 Ω，便得到稳态时异步电动机的转矩平衡方程式

$$\frac{P_J}{\Omega} = \frac{P_2}{\Omega} + \frac{P_0}{\Omega} \qquad (2\text{-}26)$$

$$T_{em} = T_2 + T_0 \qquad (2\text{-}27)$$

式中　$T_2 = \dfrac{P_2}{\Omega}$——电动机轴上输出的转矩；

$T_0=\dfrac{P_0}{\Omega}$——对应于机械损耗和附加损耗的转矩，称为空载转矩；

$T_{em}=\dfrac{P_J}{\Omega}$——对应总机械功率的转矩，称为电磁转矩。

式（2-27）说明电磁转矩 T_{em} 与输出机械转矩 T_2 和空载 T_0 相平衡。

从式（2-26）可导出

$$T_{em}=\frac{P_J}{\Omega}=\frac{(1-s)P_E}{\dfrac{2\pi n}{60}}=\frac{P_E}{\Omega_1} \tag{2-28}$$

式中 $\Omega_1=\dfrac{2\pi n}{60}$——同步机械角速度，为常数。

由此可见，电磁转矩 T_{em} 与电磁功率成正比。式（2-28）表明，电磁转矩 T_{em} 等于总机械功率 P_J 除以转子机械角速度 Ω，也等于电磁功率 P_E 除以同步机械角速度 Ω_1，这是一个很重要的概念。前者是从转子本身产生的机械功率导出的，由于转子本身的机械角速度为 Ω，所以 $T_{em}=\dfrac{P_J}{\Omega}$；后者则是从旋转磁场对转子做功这一概念得出的，由于旋转磁场以同步机械角速度 Ω_1 旋转而拖动转子旋转，其每秒所做的功就是通过气隙传送到转子上的总功率 P_{em}，所以 $T_E=\dfrac{P_E}{\Omega_1}$。

经化简可得到输出转矩和输出功率的常用计算公式：

$$T_2=\frac{P_2}{\Omega}=\frac{P_2\times 60}{2\pi n}(\text{kN}\cdot\text{m})=\frac{1\,000\times 60\times P_2}{2\pi n}(\text{N}\cdot\text{m})=9\,550\frac{P_2}{n} \tag{2-29}$$

当电动机在额定状态下运行时，式（2-29）中的 T_2、P_2、n 分别为额定输出转矩(N·m)、额定输出功率（kW）、额定转速（r/min）。

例 2-4 有 Y160M-4 型及 Y180L-8 型三相异步电动机各一台，额定功率都是 $P_2=11$ kW，前者额定转速为 1 460 r/min，后者额定转速为 730 r/min，分别求它们的额定输出转矩 T_2。

解 Y160M-4 型三相异步电动机的额定输出转矩为

$$T_2=9\,550\frac{P_2}{n}=9\,550\times\frac{11}{1\,460}=71.95\ (\text{N}\cdot\text{m})$$

Y180L-8 型三相异步电动机的额定输出转矩为

$$T_2=9\,550\frac{P_2}{n}=9\,550\times\frac{11}{730}=143.9\ (\text{N}\cdot\text{m})$$

由此可见，输出功率相同的异步电动机如极数多，则转速就低，输出转矩就大；极数少，转速高，则输出的转矩就小，在选用电动机时必须掌握这个规律。

小 结

1. 旋转磁场在定子绕组中产生感应电动势 E_1

$$E_1=4.44K_1N_1f_1\Phi_m$$

2. 旋转磁场在转子绕组中产生感应电动势 E_2

$$E_2=4.44K_2N_2f_2\Phi_m$$

3. 转子中感应电动势及感应电流的频率 f_2 为

$$f_2=\frac{p(n_1-n)}{60}=\frac{p(n_1-n)n_1}{60n_1}=sf_1$$

4. 异步电动机的总的功率平衡方程式

$$P_2=P_1-P_{\rm Cu1}-P_{\rm Fe}-P_{\rm Cu2}-P_{\Omega}-P_{\rm ad}=P_1-\sum P$$

5. 电动机的效率 η 等于输出功率 P_2 与输入功率 P_1 之比，即

$$\eta=\frac{P_2}{P_1}\times100\%=\frac{P_1-\sum P}{P}\times100\%$$

第四节　三相异步电动机的特性分析

【学习目标】

1. 了解三相异步电动机的工作特性：转速特性 $n=f(P_2)$；转矩特性 $T_{\rm em}=f(P_2)$；定子电流特性 $I_1=f(P_2)$；效率特性 $\eta=f(P_2)$；功率因数特性 $\cos\varphi_1=f(P_2)$。

2. 了解三相异步电动机的机械特性。

一、三相异步电动机的工作特性

异步电动机的工作特性是指在额定电压和额定频率下，电动机的转速 n（或转差率 s）、电磁转矩 $T_{\rm em}$（或输出转矩 T_2）、定子电流 I_1、效率 η 和功率因数 $\cos\varphi_1$ 与输出功率 P_2 之间的关系曲线，即 $U_1=U_{\rm N}$、$f_1=f_{\rm N}$ 时，n、$T_{\rm em}$、I_1、η、$\cos\varphi_1=f(P_2)$。工作特性可以通过电动机直接加负载试验得到；图 2-16 所示为三相异步电动机的工作特性曲线。下面分别加以说明。

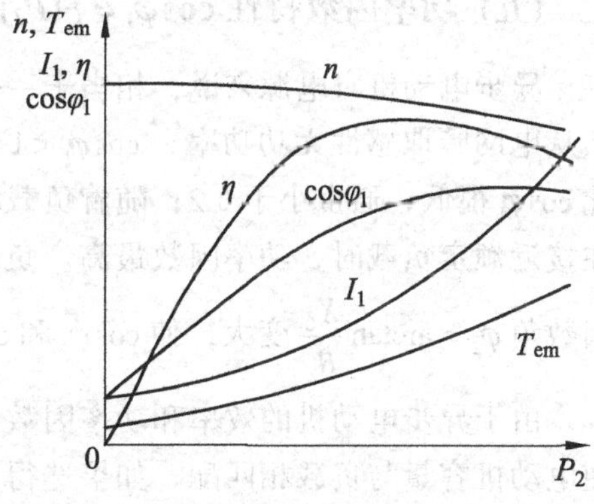

图 2-16　三相异步电动机的工作特性曲线

（一）转速特性 $n=f(P_2)$

因为 $n=(1-s)n_1$，电动机空载时，负载转矩小，转子转速 n 接近于同步转速 n_1，转差率 s 很小。随着负载的增加，转速 n 略有下降，转差率 s 略微上升，这时转子感应电势势 E_2 增大，转子电流 I_2 增大，以产生更大的电磁转矩与负载转矩相平衡。因此，随着输出功率 P_2 的增加，转速特性是一条稍微下降的曲线，$s=f(P_2)$ 曲线则是稍微上翘的。一般异步电动机其额定负载时的转差率 $s_{\rm N}=0.01\sim0.05$，小数字对应于大电动机。

（二）转矩特性 $T_{\rm em}=f(P_2)$

由 $T_{\rm em}=T_2+T_0=\dfrac{P_2}{\Omega}+T_0$ 可知，随着 P_2 增大，由于电动机转速 n 和角速度 Ω 变化很小，而空载转矩 T_0 又近似不变，所以 $T_{\rm em}$ 随 P_2 的增大而增大，近似于直线关系，如图 2-16 所示。

(三) 定子电流特性 $I_1 = f(P_2)$

空载时，转子电流为 I_{20}，定子电流几乎全部是励磁电流 I_0。随着负载的增大，转速下降，I_2 增大，相应 I_1 也增大，如图 2-16 所示。

(四) 效率特性 $\eta = f(P_2)$

根据定义，异步电动机的效率为 $\eta = \frac{P_2}{P_1} = 1 - \frac{\sum P}{P_2 + \sum P}$，异步电动机的损耗也可分为不变损耗和可变损耗两部分。电动机从空载到满载运行时，由于主磁通和转速变化很小，铁损耗 P_{Fe} 和机械损耗 P_{Ω} 近似不变，称为不变损耗。而定子、转子铜损耗 P_{Cu1}、P_{Cu2} 和附加损耗 P_{ad} 是随负载而变的，称为可变损耗。空载时，$P_2 = 0$，随着 P_2 增加，可变损耗增加较慢，上升很快，直到当可变损耗等于不变损耗时，效率最高。若负载继续增大，铜损耗增加很快，效率反而下降，如图 2-16 所示。

异步电动机的效率曲线与直流电动机和变压器的大致相同。对于中小型异步电动机，最高效率出现在 $0.75P_N$ 左右。一般电动机额定负载下的效率为 74%～94%，容量越大的，额定效率 η_N 越高。

(五) 功率因数特性 $\cos\varphi_1 = f(P_2)$

异步电动机对电源来说，相当于一个感性阻抗，因此其功率因数总是滞后的，运行时必须从电网吸取感性无功功率，$\cos\varphi_1 < 1$。空载时，定子电流几乎全部是无功的磁化电流，因此 $\cos\varphi_1$ 很低，通常小于 0.2；随着负载增加，定子电流中的有功分量增加，功率因数提高，在接近额定负载时，功率因数最高。负载再增大，由于转速降低，转差率 s 增大，转子功率因数角 $\varphi_2 = \arctan\frac{X_2}{R_2}$ 变大，使 $\cos\varphi_2$ 和 $\cos\varphi_1$ 又开始减小，如图 2-16 所示。

由于异步电动机的效率和功率因数都在额定负载附近达到最大值，因此选用电动机时应使电动机容量与负载相匹配。如果选得过小，电动机运行时过载，其温升过高影响寿命甚至损坏电动机。但也不能选得太大，否则，不仅电动机价格较高，而且电动机长期在低负载下运行，其效率和功率因数都较低，不经济。

二、三相异步电动机的机械特性

机械特性是异步电动机的主要特性，它是指电动机的转速 n 与电磁转矩 T_{em} 之间的关系，即 $n = f(T_{em})$。

(一) 电磁转矩 T_{em}

由于异步电动机的转矩是由载流导体在磁场中受电磁力的作用而产生的，因此转矩的大小与旋转磁场的磁通 Φ_m、转子导体中的电流 I_2 及转子功率因数有关，即

$$T_{em} = C_M \Phi_m I_2 \cos\varphi_2 \tag{2-30}$$

式中 C_M——电动机的转矩常数。

式（2-28）在实际应用或分析时不太方便，为此可通过一定的数学换算（证明略）变换成下式

$$T_{em} \approx \frac{CsR_2U_1^2}{f_1[R_2^2+(sX_{20})^2]} \tag{2-31}$$

式中 T_{em}——电磁转矩，在近似分析与计算中可将其看作是电动机的输出转矩(N·m)；

U_1——加在电动机定子每相绕组上的电压（V）；

s——电动机的转差率；

R_2——电动机转子绕组每相的电阻；

X_{20}——电动机静止不动时转子绕组每相的感抗值；

C——电动机的结构常数；

f_1——交流电源的频率（Hz）。

（二）机械特性曲线 $s=f(T_{em})$

对某台电动机而言，它的结构常数及转子参数 C、R_2、X_{20} 是固定不变的，因而当加在电动机定子绕组上的电压 U_1 不变时（电源频率 f_1 也不变），由式（2-31）可以看出：异步电动机轴上输出的转矩 T 仅与电动机的转差率（即电动机的转速）有关。

在实际应用中，为了更形象地表示出转矩与转差率（或转速）之间的相互关系，常用 T 与 s 间的关系曲线来描述，如图 2-17 所示，该曲线通常称为异步电动机的转矩特性曲线。

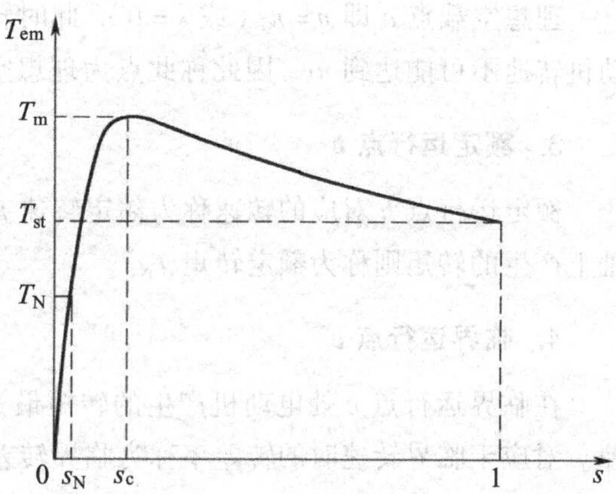

图 2-17 异步电动机的转矩特性曲线 $s=f(T_{em})$

（三）机械特性曲线 $n=f(T_{em})$

在电力拖动系统中，为了便于分析起见，有时希望能直接表示出电动机的转速与转矩之间的关系，因此常把图 2-17 顺时针转过 90°，并把转差率 s 变换成转速 n，即变成图 2-18 所示的 n 与 T 之间的关系曲线，称为异步电动机的机械特性曲线，它的形状与转矩特性曲线是一样的。

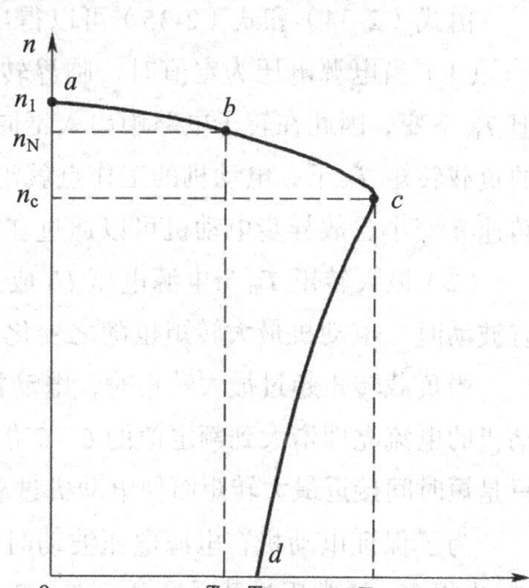

图 2-18 异步电动机的机械特性曲线

下面从机械特性曲线来分析异步电动机运行的几个特殊点。

1. 启动点 d

启动点 d 即 $n=0$（或 $s=1$），电动机轴上产生的转矩称为启动转矩 T_{st}（又称堵转转矩），如启动转矩 T_{st} 大于电动机轴上所带的机械负载转矩 T_L，则电动机就能启动；反之，电动机则无法启动。

通过分析可得启动转矩为：

$$T_{st}=C\{(R_2U_1^2)/(R_2^2+X_{20}^2)\} \tag{2-32}$$

启动时，f_2很高，$X_{20}\gg R_2$，上式可近似写成

$$T_{st}=C\{(R_2U_1^2)/X_{20}^2\} \tag{2-33}$$

由式（2-33）可见，T_{st}与电源电压的平方成正比，与转子电阻R_2也成正比，这种关系可从图2-17和图2-18中看到。当适当增加转子电阻（对绕线转子异步电动机而言），启动转矩会增大，当降低电源电压时，启动转矩将减小。

启动转矩和额定转矩的比值$\lambda_{st}=T_{st}/T_N$（λ_{st}称为启动转矩倍数）反映了异步电动机的启动能力。一般$\lambda_{st}=0.9\sim1.8$。笼形异步电动机取值较小，绕线转子异步电动机取值较大。

2. 理想空载点 *a*

理想空载点a即$n=n_1$（或$s=0$），此时转子电流I_2为0，故转矩$T=0$。实际运行时，电动机转速不可能达到n_1，因此称此点为理想空载运行点。

3. 额定运行点 *b*

额定运行点b对应的转速称为额定转速n_N，此时的转差率称为额定转差率s_N，而电动机轴上产生的转矩则称为额定转矩T_N。

4. 临界运行点 *c*

在临界运行点c处电动机产生的转矩最大，称为最大转矩T_m，该点转速n_c称为临界转速。对应于临界转速时的转差率称为临界转差率s_c。通过数学分析可知，s_c可用下式表示：

$$s_c=\frac{R_2}{X_{20}} \tag{2-34}$$

与之对应的T_m为：

$$T_m=CU_1^2/(2X_{20}) \tag{2-35}$$

由式（2-34）和式（2-35）可以得出以下结论：

（1）当电源电压为定值时，临界转差率s_c与转子电阻R_2成正比，R_2越大，s_c就越大。但T_m不变，因此在转子电路中串入不同的附加电阻，便可使s_m向$s=1$的方向移动，在相同的负载转矩T_N下，电动机的工作点就沿图2-19中所示的a、b、c移动，转差率s逐渐变大，转速n变小，故异步电动机可以通过在转子电路中串接不同的电阻来实现调速。

（2）最大转矩T_m与电源电压U_1成正比，与转子电阻R_2的大小无关。显然，当电源电压有波动时，电动机最大转矩也随之变化。图2-20所示为T_m与U_1之间的变化关系曲线。

当负载转矩超过最大转矩时，电动机将因带不动负载而发生停车，俗称“闷车”。此时电动机的电流立即增大到额定值的6～7倍，将引起电动机严重过热，甚至烧毁。如果负载转矩只是短时间接近最大转矩而使电动机过载，这是允许的，因为时间很短，电动机不会立即过热。

为了保证电动机在电源电压波动时能正常工作，规定电动机的最大转矩T_m要比额定转矩T_N大得多，通常用过载系数$\lambda_m=T_m/T_N$来衡量电动机的过载能力。一般$\lambda_m=1.8\sim2.5$。λ_m的数值可在电动机产品目录中查到。

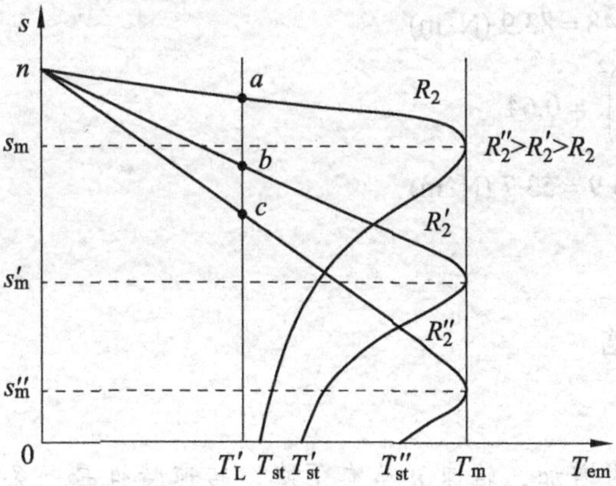

图 2-19　不同 R_2 时的 $s=f(T_{em})$ 曲线

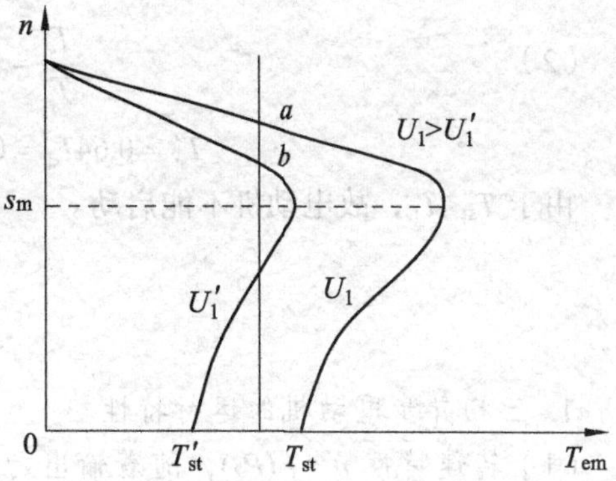

图 2-20　不同 U_1 时的 $n=f(T_{em})$ 曲线（R_2 = 常数）

通常异步电动机稳定运行在机械特性曲线即图 2-18 所示的 a、b、c 段上。从这段曲线可以看出，当负载转矩有较大变化时，异步电动机的转速变化并不大，因此异步电动机具有硬的机械特性。这个转速范围称为异步电动机的稳定运行区。

对于稳定运行区可以这样理解：设电动机原来在额定转矩 T_N 下运行，则对应的转速为 n_N（转差率为 s_N），现假设负载转矩突然增大，则电动机转矩将小于负载转矩，电动机即减速，随着电动机转速的下降，电动机产生的转矩即增加，当转矩增加到与负载转矩相等时，电动机即在该转速下稳定运行。用同样的道理可分析当负载转矩减小时，电动机将在稍高的转速下稳定运行。这也就是为什么电动机的空载转速稍高于额定转速的原因。

在机械特性曲线（见图 2-18）的 cd 段，随着转速的减小，电动机产生的转矩也随之减小，因此该范围称为不稳定运行区，异步电动机一般不能在该区域内正常稳定运行。只有电扇、通风机等风机型负载是一种特例。因为风机型负载的特点是阻力矩 T_L 随着转速增加而急剧增加。当由于某种原因使电动机转速稍有增加时，则电动机产生的转矩增加较少，而负载阻力矩 T_L 增加较多，从而使电动机减速。同理，当电动机转速下降时，则电动机的电磁转矩比负载转矩 T_L 下降得多，于是电动机加速。最后电动机仍能得到稳定运行。

例 4-5　有一台笼形三相异步电动机，额定功率 $P_N = 40$ kW，额定转速 $n_N = 1\,450$ r/min，过载系数 $\lambda_m = 2.2$，求额定转矩 T_N 和最大转矩 T_m。

解

$$T_N = 9\,550\frac{p_N}{n_N} = 9\,550\times\frac{40}{1\,450} = 263.45\ (\text{N}\cdot\text{m})$$

$$T_m = \lambda_m T_N = 2.2\times 263.45 = 579.59\ (\text{N}\cdot\text{m})$$

例 4-6　已知 Y2-132S-4 型三相异步电动机的额定功率 $P_N = 5.5$ kW，额定转速 $n_N = 1\,440$ r/min，$\lambda_{st} = T_{st}/T_N = 2.3$。

（1）求在额定电压下启动时的启动转矩 T_{st}。

（2）若电动机轴上所带负载阻力矩 T_L 为 60 N·m，问当电网电压降为额定电压的 80%时，该电动机能否启动？

解

（1）
$$T_N = 9\,550\frac{p_N}{n_N} = 9\,550\times\frac{5.5}{1\,440} = 36.48\ (\text{N}\cdot\text{m})$$

$$T_{st}=\lambda_{st}\times T_N=2.3\times 36.48=83.9\ (N\cdot m)$$

（2）
$$\frac{T'_{st}}{T_{st}}=\left(\frac{0.8U_1}{U_1}\right)^2=0.64$$

$$T'_{st}=0.64T_{st}=0.64\times 83.9=53.7\ (N\cdot m)$$

由于 $T_{st}<T_L$，故电动机不能启动。

小 结

1. 三相异步电动机的运行特性

（1）转速特性 $n=f(P_2)$，随着输出功率 P_2 的增加，转速 n 略有下降，转速特性是一条稍微下降的曲线。

（2）转矩特性 $T_{em}=f(P_2)$，随着 P_2 增大，由于电动机转速 n 和角速度 Ω 变化很小，而空载转矩 T_0 又近似不变，所以 T_{em} 随 P_2 的增大而增大，近似直线关系。

（3）定子电流特性 $I_1=f(P_2)$，随着负载的增大，转速下降，I_2 增大，相应 I_1 也增大。

（4）效率特性 $\eta=f(P_2)$，随着 P_2 增加，可变损耗增加较慢，上升很快，直到可变损耗等于不变损耗时，效率最高。若负载继续增大，铜损耗增加很快，效率反而下降。

（5）功率因数特性 $\cos\varphi_1=f(P_2)$，异步电动机是感性负载，空载时 $\cos\varphi_1$ 很低；随着负载增加，功率因数提高，在接近额定负载时，功率因数最高；负载再增大，$\cos\varphi_1$ 又开始减小。

2. 三相异步电动机的机械特性：

（1）机械特性曲线 $n=f(T_{em})$。转矩的大小与旋转磁场的磁通 Φ_m、转子导体中的电流 I_2 及转子功率因数有关，即

$$T_{em}=C_M\Phi_m I_2\cos\varphi_2$$

我们可以通过改变电源电压 U_1、转子电阻 R_2 来改变机械特性曲线，即人为机械特性曲线。

（2）启动转矩倍数 λ_{st} 反映了异步电动机的启动能力。

（3）过载系数 λ_m 通常用来衡量电动机的过载能力。

第五节 三相异步电动机的启动

【学习目标】

1. 掌握笼形异步电动机的启动方法和原理。
2. 掌握三相交流异步电动机的降压启动方法和原理。

在电力拖动系统中，根据负载及用途，电动机的功率相差很大，如机床上的冷却泵和液压泵功率一般较小，而拖动主运动的电动机功率则一般相对较大。对于功率较小的电机，由于电流较小，一般采用直接启动的方法；而功率较大的电动机，由于拖动的负载较大，直接启动将产生较大的启动电流，不仅对电机本身产生不良影响，对其他负载的启动运行也将产生影响，因此一般必须采取措施降低启动电流。

启动是指电动机在接通电源后，从静止状态到稳定运行状态的过渡过程。在启动的瞬间，

由于转子尚未加速，此时 $n=0$，$s=1$，旋转磁场以最大的相对速度切割转子导体，转子感应电动势的电流最大，致使定子启动电流 I_1 也很大，其值为额定电流的 4～7 倍。尽管启动电流很大，但因功率因数甚低，所以启动转矩 T_{st} 较小。因此，异步电动机的主要启动问题是：启动电流大，而启动转矩并不大。

过大的启动电流会引起电网电压明显降低，而且还影响接在同一电网的其他用电设备的正常运行，严重时连电动机本身也转不起来。如果是频繁启动，不仅使电动机温度升高，还会产生过大的电磁冲击，影响电动机的寿命。启动转矩小会使电动机启动时间拖长，既影响生产效率又会使电动机温度升高，如果小于负载转矩，电动机根本就不能启动。

根据异步电动机存在启动电流很大而启动转矩却较小的问题，必须在启动瞬间限制启动电流，并应尽可能地提高启动转矩，以加快启动过程。

对于容量和结构不同的异步电动机，考虑到性质和大小不同的负载，以及电网的容量，解决启动电流大、启动转矩小的问题，要采取不同的启动方式。下面对笼形异步电动机和绕线转子异步电动机常用的几种启动方法进行讨论。

一、笼形异步电动机的启动

(一) 直接启动

所谓直接启动，就是利用刀开关或接触器将电动机定子绕组直接接到额定电压的电流上，故又称全压启动。直接启动的优点是启动设备和操作都比较简单，其缺点就是启动电流大、启动转矩小。

对于小容量异步电动机，因电动机启动电流较小，且体积小、惯性小、启动快，一般说来，对电网和电动机本身都不会造成影响。因此，可以直接启动，但必须根据电源的容量来限制直接启动电动机的容量。在工程实践中，直接启动可按下列公式核定

$$\frac{I_{st}}{I_N} \leqslant \frac{3}{4} + \frac{S_N}{4P_N} \tag{2-36}$$

式中 I_{st}——电动机的启动电流；

I_N——电动机的额定电流；

P_N——电动机的额定功率（kW）；

S_N——电源的总容量（kV·A）。

如果不能满足上式的要求，则必须采取限制启动电流的方法进行启动。

(二) 降压启动

对中、大型笼形异步电动机，可采用降压启动方法以限制启动电流。待电动机启动完毕，再恢复全压工作。但是降压启动的结果会使启动转矩下降较多，因为 T_{st} 与电源电压 U_1 的平方成正比，所以降压启动只适用于在空载或轻载情况下启动电动机。下面介绍几种常用的降压启动方法。

1. 定子电路串接电阻启动

在定子电路中串接电阻启动线路如图 2-21 所示。启动时，先合上电源隔离开关 S_1，将

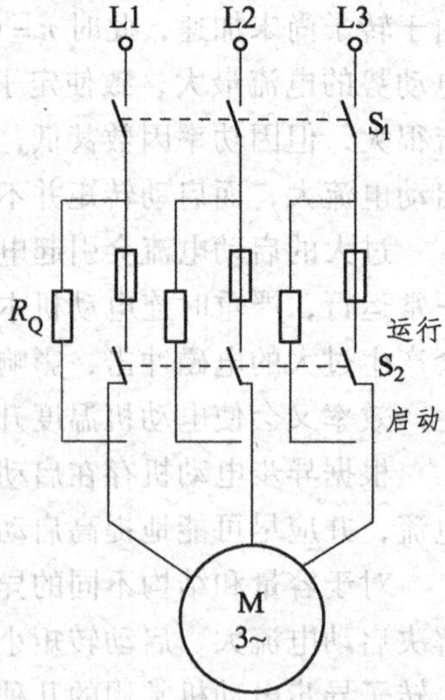

图 2-21 定子串电阻降压启动

S_2扳向"启动"位置，电动机即串入电阻R_Q启动。待转速接近稳定值时，将S_2扳向"运行"位置，R_Q被切除，使电动机恢复正常工作情况。由于启动时，启动电流在R_Q上产生一定的电压降，使得加在定子绕组的电压降低了，因此限制了启动电流。调节电阻R_Q的大小可以将启动电流限制在允许的范围内。采用定子串电阻降压启动时，虽然降低了启动电流，但也使启动转矩大大减小。

假设定子串电阻启动后，定子端电压由U_1降低到U_1'时，电动机参数保持不变，则启动电流与定子绕组端电压成正比，于是有

$$U_1/U_1' = I_{st}/I_{st}' = K_U \tag{2-37}$$

式中 I_{st}——直接启动电流；

I_{st}'——降压后的启动电流；

K_U——启动电压降低的倍数，即电压比，$K_U>1$。

由式（2-37）可知，在电动机参数不变的情况下，启动转矩与定子端电压的平方成正比，故有$T_{st}=T_{st}'=(U_1/U_1')^2=K_U^2$，显然启动转矩将大大减小。

定子串电阻降压启动只适用于空载和轻载启动。由于采用电阻降压启动时损耗较大，它一般用于低电压电动机启动中。有时为了减小能量损耗，也可用电抗器代替。

2. 星–三角形降压启动

对于正常运行时定子绕组规定是三角形连接的三相异步电动机，启动时可以采用星形连接，使电动机每相所承受的电压降低，因而降低了启动电流，待电动机启动完毕，再接成三角形，故称这种启动方式为星-三角形降压启动，其原理线路如图 2-22 所示。

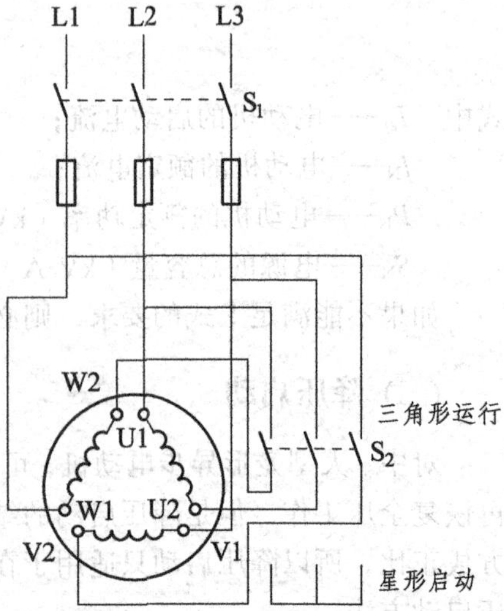

图 2-22 星-三角形降压启动

启动时，先将控制开关S_2投向星形位置，将定子绕组接成星形，然后合上电源控制开关 S_1。当转速上升后，再将S_2切换到三角形运行的位置上，电动机便接成三角形在全压下正常工作。

下面分析星-三角形启动时的启动电流与启动转矩。由图 2-23（a）可知，如果三角形连接直接启动，则电动机电压为$U_D=U_N$，电网供给电动机的线电流为$I_{st}=\sqrt{3}I_D$。

如果采用星形连接降压启动，由图 2-23（b）可知，电动机相电压为$U_Y=\dfrac{U_N}{\sqrt{3}}$，电网供给电动机的线电流为$I_{st}'=I_Y$。

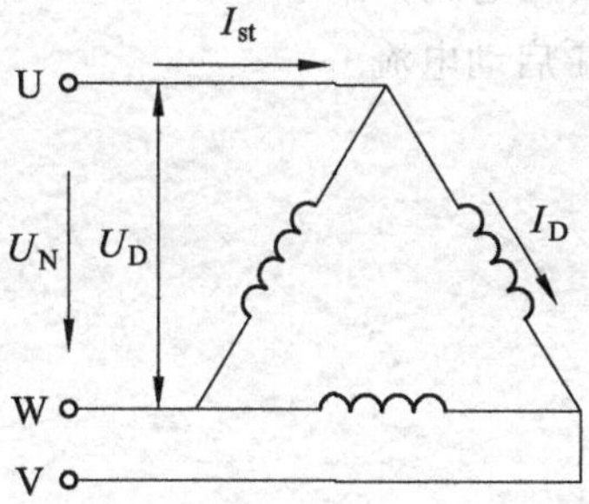

（a）三角形

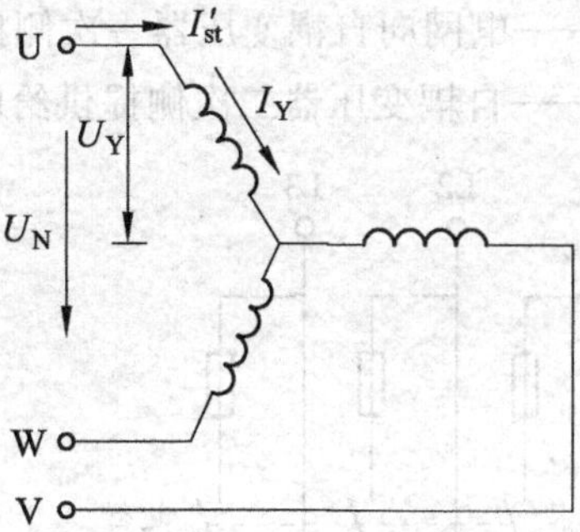

（b）星形

图 2-23　三角形与星形连接时的电压

可见两种情况下的线电流之比为：

$$\frac{I'_{st}}{I_{st}}=\frac{I_Y}{\sqrt{3}I_D}=\frac{\dfrac{U_N}{Z\sqrt{3}}}{\sqrt{3}\dfrac{U_N}{Z}}=\frac{1}{\sqrt{3}\sqrt{3}}=\frac{1}{3} \tag{2-38}$$

式中　Z——电动机每相绕组阻抗。

由式（2-38）可见，采用星形连接降压启动，电网供给的电流下降为三角形连接时的 1/3。

根据启动转矩与电压的平方成正比的关系，则两种情况下的启动转矩比为

$$\frac{T'_{st}}{T_{st}}=\frac{U_Y^2}{U_D^2}=\frac{1}{3} \tag{2-39}$$

以上分析说明：星-三角形启动转矩降低的倍数与电流降低的倍数相同。由于高电压电动机引出 6 个出线端子有困难，故星-三角形启动一般仅用于 500 V 以下的低压电动机，且又限于正常运行时定子绕组作三角形连接。常见的额定电压标为 380 V / 220 V 的电动机，意思是当电源线电压为 380 V 时用星形连接，电源线电压为 220 V 时用三角形连接。显然，当电源线电压为 380 V 时，这类电动机就不能采用星-三角形降压启动。星-三角形降压启动的优点是启动设备简单，成本低，运行比较可靠，维护方便，所以被广泛采用。

3. 自耦变压器降压启动

自耦变压器降压启动是利用自耦变压器将电网电压降低后再加到电动机定子绕组上，待转速接近稳定值时再将电动机直接接到电网上。如图 2-24 所示为自耦变压器降压启动原理图。

启动时，将开关扳到“启动”位置，自耦变压器一次侧接电网，二次侧接电动机定子绕组，实现降压启动。当转速接近额定值时，将开关扳向“运行”位置，切除自耦变压器，使电动机直接接入电网全压运行。

为了说明采用自耦变压器降压启动对启动电流的限制和对启动转矩的影响，取自耦变压器一相电路分析即可，如图 2-25 所示。已知自耦变压器的电压比

$$K_U=N_1/N_2=U_1/U_2=I'_{2st}/I'_{1st}$$

式中　U_1——电网相电压；

U_2——加到电动机一相定子绕组上的自耦变压器输出电压；

I'_{1st}——电网向自耦变压器一次侧提供的降压启动电流；

I'_{2st}——自耦变压器二次侧提供给电动机的降压启动电流。

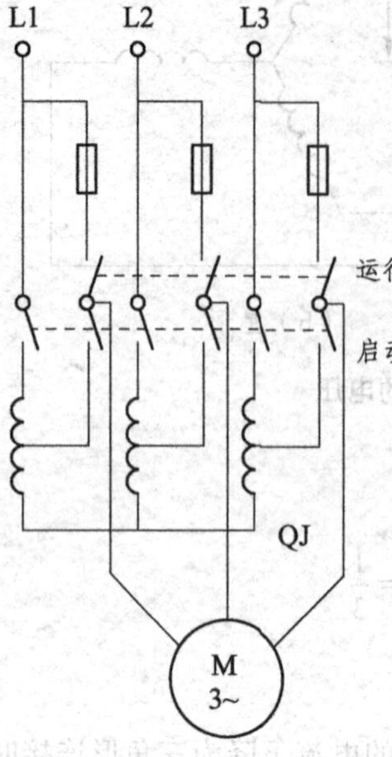

图 2-24　自耦变压器降压启动

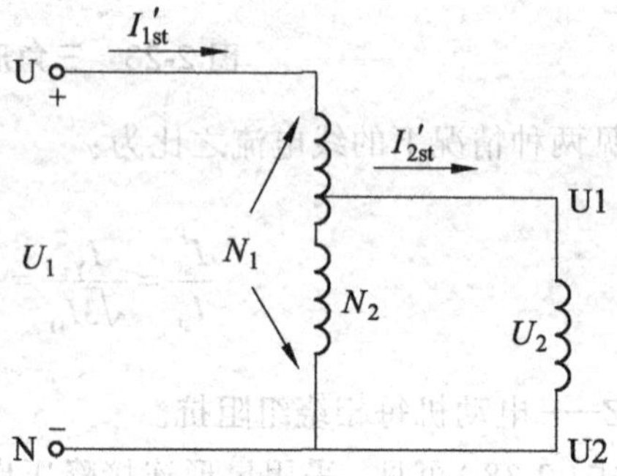

图 2-25　自耦变压器一相电路

设直接启动时，电网提供给电动机的电压启动电流为 I_{1st}，加给定子绕组的相电压为 U_1。则根据启动电流与定子绕组电压成正比的关系，电动机定子绕组降压前后的电流比为

$$I'_{2st}/I_{1st}=U_2/U_1=1/K_U \tag{2-40}$$

且 $I'_{2st}=K_U I'_{1st}$，则：

$$I'_{1st}/I_{1st}=1/K_U^2 \tag{2-41}$$

由此可见，采取自耦变压器降压启动，当定子端电压降低 K_U 倍（$U_2=U_1/K_U$）时，电网供给的启动电流降低了 K_U^2 倍。启动转矩降低的比值又如何呢？由启动转矩与电压平方成正比的关系可知：

$$T'_{st}/T_{st}=U_2^2/U_1^2=1/K_U^2 \quad 或 \quad T'_{st}=T_{st}/K_U^2 \tag{2-42}$$

上式说明，启动转矩降低的倍数与启动电流降低的倍数相同。

自耦变压器的二次侧上备有几个不同的电压抽头，以供用户选择电压。例如，QJ 型有 3 个抽头，其输出电压分别是电源电压的 55%、64%、73%，相应的电压比 K_U 分别为 1.82、1.56、1.37；QJ3 型也有 3 个抽头，其输出电压分别是电源电压的 40%、60%、80%，相应的电压比 K_U 分别为 2.5、1.67、1.25。

在电动机容量较大或正常运行时连成星形，并带一定负载启动时，宜采用自耦降压启动，并根据负载的情况，选用合适的变压器抽头，以获得需要的启动电压和启动转矩。此时，启动转矩仍然削弱，但不至于降低 1/3（与 Y-△ 降压启动相比较）。

自耦变压器的体积大，质量大，价格较高，维修麻烦，且不允许频繁移动。自耦变压器容量的选取一般等于电动机的容量，其每小时内允许连续启动的次数和每次启动的时间在产品说明书上都有明确的规定，选配时应注意。

(三) 深槽式及双笼形异步电动机

从以上对笼形异步电动机的启动分析可见，直接启动时，启动电流太大；降压启动时，虽然减小了启动电流，但启动转矩也随之减小。根据异步电动机转子串电阻的机械特性可知，在一定范围内增大转子电阻，可以增大启动转矩，同时通过分析可知，转子电阻增大还将减小启动电流，因此，较大的转子电阻可以改善启动性能。但是，电动机正常运行时，希望转子电阻小一些，这样可以减小转子的铜损耗，提高电动机的效率。怎样才能使笼形异步电动机在启动时具有较大的转子电阻，而在正常运行时转子电阻又自动减小呢？深槽式和双笼形异步电动机就可实现这一目的。

1. 深槽式异步电动机

深槽式异步电动机的转子槽形深而窄，通常槽深与槽宽之比大到 10 ~ 12 或以上。当转子导条中流过电流时，槽漏磁通的分布如图 2-26（a）所示。由图中可知，与导条底部相交链的漏磁通比槽口部分相交链的漏磁通多得多，因此若将导条看成是由若干个沿槽高划分的小导体并联而成，则越靠近槽底的小导体具有越大的漏电抗，而越接近槽口部分的小导体的漏电抗越小。在电动机启动时，由于转子电流的频率较高，$f_2 = f_1 = 50$ Hz，转子导条的漏电抗较大，因此，各小导体中电流的分配将主要取决于漏电抗，漏电抗越大则电流越小。这样在由气隙主磁通所感应的相同电动势的作用下，导条中靠近槽底处的电流密度将很小，而越靠近槽口则越大，因此沿槽高的电流密度分布如图 2-26（b）所示，这种现象称为电流的集肤效应。集肤效应的效果相当于减小导条的高度和截面［见图 2-26（c）］，增大了转子电阻，从而满足了启动的要求。

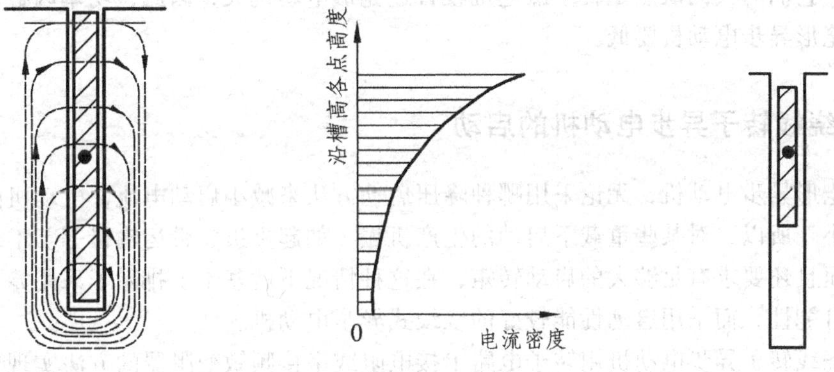

（a）槽漏磁通分布　（b）导条内电流密度分布　（c）导条的有效截面

图 2-26 深槽式转子导条中电流的集肤效应

当启动完毕，电动机正常运行时，由于转子电流频率很低，一般为 1 ~ 3 Hz，转子导条的漏电抗比转子电阻小得多，因此前述各小导体中电流的分配将取决于电阻。由于各小导体的电阻相等，导条中的电流将均匀分布，集肤效应基本消失，转子导条电阻恢复（减小）为自身的直流电阻。可见，正常运行时，转子电阻能自动变小，从而满足了减小转子铜损耗、提高电动机效率的要求。

2. 双笼形异步电动机

双笼形异步电动机的转子上有两套笼，即上笼和下笼，如图 2-27（a）所示。上笼导条截面积较小，并用黄铜或铝青铜等电阻系数较大的材料制成，电阻较大；下笼导条的截面积较大，并用电阻系数较小的紫铜制成，电阻较小。双笼形电动机也常采用铸铝转子，如图 2-27（b）所示。显然下笼交链的漏磁通要比上笼多得多，因此下笼的漏电抗也比上笼的大得多。

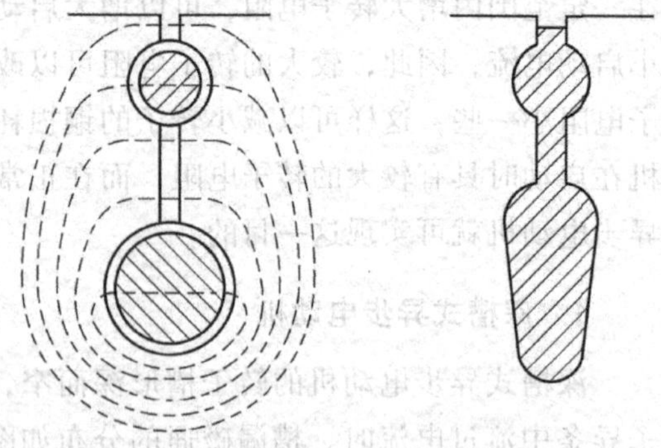

（a）铜条　（b）铸铝

图 2-27　双笼形电动机的转子槽型

启动时，转子电流频率较高，转子漏电抗大于电阻，上、下笼的电流分配主要取决于漏电抗，由于下笼的漏电抗比上笼的大得多，电流主要从上笼流过，因此，启动时上笼起主要作用。由于上笼的电阻较大，可以产生较大的启动转矩，限制启动电流，所以常把上笼称为启动笼。

正常运行时，转子电流频率很低，转子漏电抗远比电阻小，上、下笼的电流分配取决于电阻，于是电流大部分从电阻较小的下笼流过，产生正常运行时的电磁转矩，所以把下笼称为运行笼。

双笼形异步电动机的机械特性曲线可以看成是上、下笼两条特性曲线的合成，改变上、下笼的参数就可以得到不同的机械特性曲线，以满足不同的负载要求，这是双笼形异步电动机的一个突出优点。

双笼形异步电动机的启动性能比深槽异步电动机好，但深槽异步电动机结构简单、制造成本较低。它们的共同缺点是转子漏电抗较普通笼形电动机大，因此，功率因数和过载能力都比普通笼形异步电动机要低。

二、绕线转子异步电动机的启动

对于笼形异步电动机，无论采用哪种降压启动方法来减小启动电流，电动机的启动转矩都随着减小。所以，对某些重载下启动的生产机械（如起重机、带运输机等）不仅要限制启动电流，而且还要求有足够大的启动转矩，在这种情况下就基本上排除了采用笼形转子异步电动机的可能性，而采用启动性能较好的绕线式异步电动机。

通常绕线转子异步电动机用转子电路串接电阻或串接频敏变阻器的方法实现启动。

(一) 绕线转子电路串接电阻器启动

绕线转子异步电动机的转子回路串入适当的电阻，既可降低启动电流，又可提高启动转矩，改善电动机的启动性能。其原理如图 2-28 所示。当异步电动机的转子回路中接入适当的电阻（使转子回路总电阻增大），不仅可以使启动电流减小，而且可以使启动转矩增大。如果使转子回路的总电阻（包括串入电阻）R_2 与电动机漏感抗 X_{20} 相等，则启动转矩可达到最大值。

启动时，先将变阻器调到最大位置，然后合上电源开关，转子便转动起来。随着转速的升高，电磁转矩将沿着 $T_{em}=f(n)$ 曲线而变化，如图 2-29 所示。例如，启动后转速沿曲线 4

变化，转速由零升到某值时，切除一段电阻，此时电动机的转速由于机械惯性不能跳变（由 a 点到 A 点），使转矩沿曲线 3 变化。之后，将串入的电阻逐渐切除，直到全部切除为止，转速上升到正常转速，此时电动机稳定运行于 D 点（曲线 1）。启动完毕后，要用举刷装置把电刷举起，同时把集电环短接。当电动机停止时，应把电刷放下，且将电阻全部接入，为下次再启动做好准备。

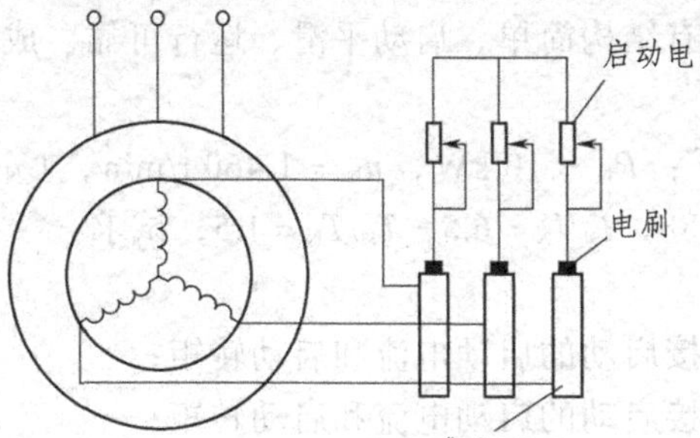

图 2-28 绕线转子异步电动机的启动

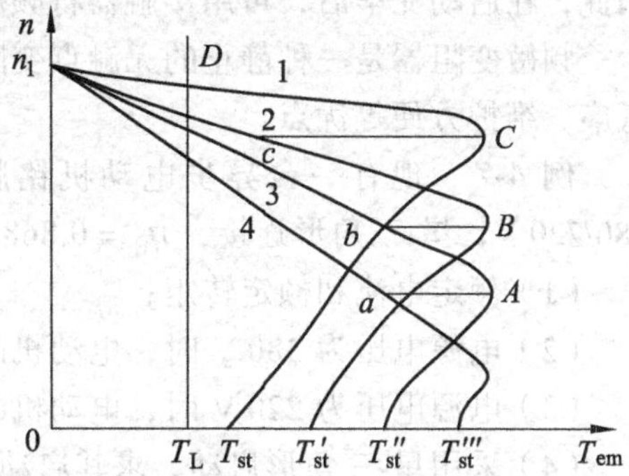

图 2-29 绕线转子异步电动机的机械特性曲线

绕线转子异步电动机不仅能在转子回路串入电阻减小启动电流，增大启动转矩，而且还可以在小范围内进行调速，因此，它广泛地应用于启动较困难的机械（如起重吊车、卷扬机等）上。但它的结构比笼形异步电动机复杂、造价高，效率也稍低。在启动过程中，当切除电阻时，转矩突然增大，会在机械部件上产生冲击。当电动机容量较大时，转子电流很大，启动设备也将变得庞大，操作和维护工作量大。为了克服这些缺点，目前多采用频敏变阻器作为启动电阻。

(二) 绕线转子电路串接频敏变阻器启动

频敏变阻器是一个三相铁心绕组（三相绕组接成星形），铁心一般做成三柱式，由几片或几十片较厚（30 ~ 50 mm）的 E 形钢板或铁板叠装制成，其结构和启动线路如图 2-30 所示。

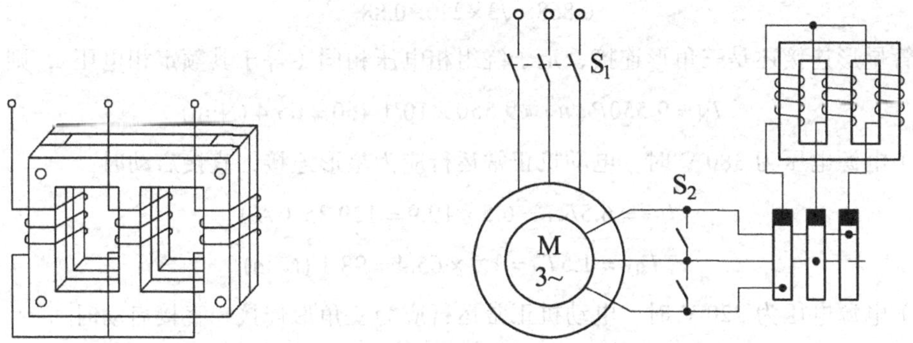

（a）频敏变阻器的结构　（b）接线图

图 2-30 转子回路串频敏变阻器降压启动

电动机启动时，电阻绕组中的三相交流电通过频敏变阻器，在铁心中便产生交变磁通，该磁通在铁心中产生很强的涡流，使铁心发热，产生涡流损耗，频敏变阻器线圈的等效电阻随着频率的增大而增加。由于涡流损耗与频率的平方成正比，当电动机启动时（s=1），转子电流（即频敏变阻器线圈中通过的电流）频率最高（$f_2 = f_1$），因此频敏变阻器的电阻和感抗最大。启动后，随着转子转速的逐渐升高，转子电流频率（$f_2 = sf_1$）便逐渐降低，于是频敏变阻器铁心中的涡流损耗及等效电阻也随之减小。实际上频敏电阻器相当于一个电抗器，它的电阻是随交变电流的频率而变化的，故称为频敏变阻器，它正好满足了绕线转子异步电动机启动的要求。

由于频敏变阻器在工作时总存在着一定的阻抗，使得机械特性比固有机械特性软一些，因此，在启动完毕后，可用接触器将频敏变阻器短接，使电动机在固有特性上运行。

频敏变阻器是一种静止的无触点变阻器，它具有结构简单、启动平滑、运行可靠、成本低廉、维护方便等优点。

例 4-7 现有一台异步电动机铭牌数据如下：$P_N = 10$ kW，$n_N = 1\ 460$ r/min，$U_N =$ 380/220 V，星-三角形连接，$\eta_N = 0.868$，$\cos_{1N} = 0.88$，$I_{st}/I_N = 6.5$，$T_{st}/T_N = 1.5$，试求：

（1）额定电流和额定转矩；

（2）电源电压为 380 V 时，电动机的接法及直接启动的启动电流和启动转矩；

（3）电源电压为 220 V 时，电动机的接法及直接启动的启动电流和启动转矩；

（4）采用星-三角形启动，求其启动电流和启动转矩，此时能否带动 60%T_N 和 25%T_N 的负载？

解

（1）
$$I_N = \frac{P_N}{\eta_N \sqrt{3} U_N \cos\varphi_N \times 10^{-3}}$$

星形连接时，$U_N = 380$ V，故相应额定电流为：

$$I_{NY} = \frac{10\times10^3}{0.868\times\sqrt{3}\times380\times0.88} = 19.9\ (\text{A})$$

三角形连接时，$U_N = 220$ V，则相应额定电流为：

$$I_{ND} = \frac{10\times10^3}{0.868\times\sqrt{3}\times220\times0.88} = 34.4\ (\text{A})$$

不管星形连接还是三角形连接，定子绕组相电压相同（等于其额定相电压），则

$$T_N = 9\ 550 P_N/n_N = 9\ 550 \times 10/1\ 460 = 65.4\ (\text{N·m})$$

（2）电源电压为 380 V 时，电动机正常运行应为星形连接，直接启动时

$$I_{stY} = 6.5 I_{NY} = 6.5 \times 19.9 = 129.35\ (\text{A})$$

$$T_{stY} = 1.5 T_N = 1.5 \times 65.4 = 98.1\ (\text{N·m})$$

（3）电源电压为 220 V 时，电动机正常运行应为三角形连接，直接启动时

$$I_{stD} = 6.5 I_{ND} = 6.5 \times 34.4 = 224\ (\text{A})$$

$$T_{ND} = 1.5 T_N = 1.5 \times 65.4 = 98.1\ (\text{N·m})$$

（4）星-三角形启动只适用于正常运行为三角形连接的电动机，故正常运行应为三角形连接，相应电源电压为 220 V。启动时为星形连接，定子绕组相电压等于其额定相电压的 $1/\sqrt{3}$，即 127 V。所以

$$I_{stY}=\frac{1}{3}\times I_{stD}=1/3\times 224=76.6\ (A)$$

$$T_{stY}=\frac{1}{3}\times T_{stY}=1/3\times 98.1=32.7\ (N\cdot m)$$

60%T_N 负载下启动时的反抗转矩 $T_L = 0.6T_N = 0.6\times 65.4 = 39.2$ (N·m)，由于 $T_L>T_{st}$，故不能启动。

25%T_N 负载下启动时的反抗转矩 $T_L = 0.25T_N = 0.25\times 65.4 = 16.4$ (N·m)，由于 $T_L<T_{st}$，故能启动。

通过以上计算可知，采用不同的启动方法时，其启动电流及启动转矩的大小是不同的。如要使电动机带负载启动，必须使启动转矩大于反抗转矩。

小　结

1. 笼形异步电动机的启动

（1）直接启动。对于小容量异步电动机，由于对电网和电动机本身都不会造成影响。因此，可以直接启动，但必须根据电源的容量来限制直接启动电动机的容量。直接启动可按下列公式核定

$$\frac{I_{st}}{I_N}\leqslant\frac{3}{4}+\frac{S_N}{4P_N}$$

（2）降压启动。对中、大型笼形异步电动机，可采用降压启动方法以限制启动电流。待电动机启动完毕，再恢复全压工作。常用的降压启动方法有：① 定子电路串接电阻启动；② Y-△ 降压启动；③ 自耦变压器降压启动。

（3）深槽式及双笼形异步电动机。直接启动时，启动电流太大；降压启动时，虽然减小了启动电流，但启动转矩也随之减小。深槽式和双笼形异步电动机都具有较大的转子电阻，而在正常运行时转子电阻又自动减小，不仅可以减小启动电流，还可以增大启动转矩，因此可以改善启动性能，提高电动机的效率。

2. 绕线转子异步电动机的启动

对于笼形异步电动机，若采用降压启动方法来减小启动电流，电动机的启动转矩会随着减小。所以，通常绕线转子异步电动机采用以下方法实现启动：

（1）绕线转子电路串接电阻器启动。

（2）绕线转子电路串接频敏变阻器启动。

第六节　三相异步电动机的调速

【学习目标】

1. 掌握三相交流异步电动机的调速原理。
2. 掌握三相交流异步电动机的调速方法。
3. 了解电磁调速异步电动机。

一、三相交流异步电动机的调速原理

三相异步电动机投入运行以后，为满足生产机械的需要，有时要人为地改变电动机的转速，这个过程称为电动机的速度调节，简称调速。异步电动机转速公式为：

$$n = \frac{60f}{p}(1-s) \tag{2-43}$$

从式（2-43）可以看出，异步电动机的调速有三种方法：

（1）改变定子绕组磁极对数 p——变极调速。

（2）改变转差率 s——改变转子电阻或改变定子绕组上的电压。

（3）改变供给电动机的电源频率 f——变频调速。

二、三相交流异步电动机的调速方法

要调整电动机转速，可通过改变定子绕组的磁极对数 p、转差率 s 和电源频率 f 来实现。

(一) 变极调速

变极调速是通过改变定子绕组的接线方式，使一半绕组中的电流方向改变，从而改变极对数进行调速的一种方法。接线图如图 2-31 所示。

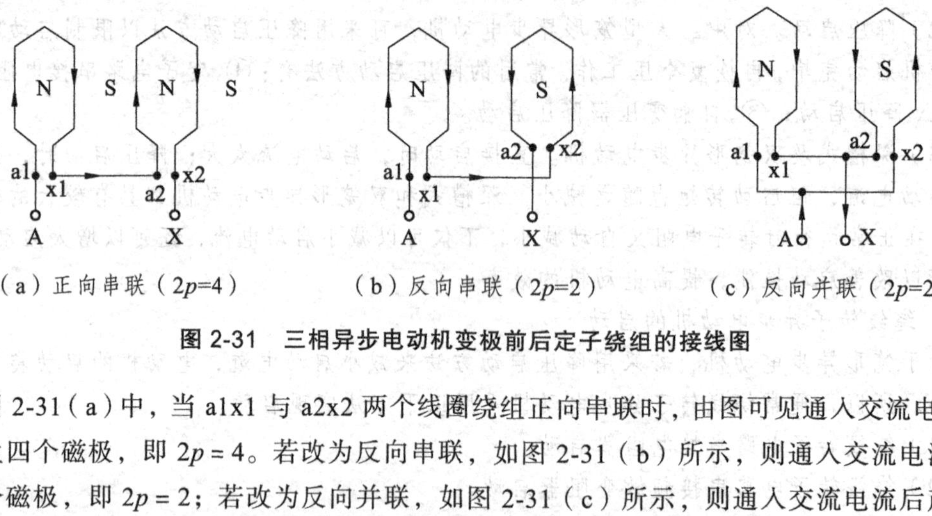

（a）正向串联（$2p=4$）　（b）反向串联（$2p=2$）　（c）反向并联（$2p=2$）

图 2-31 三相异步电动机变极前后定子绕组的接线图

图 2-31（a）中，当 a1x1 与 a2x2 两个线圈绕组正向串联时，由图可见通入交流电流后，将产生四个磁极，即 $2p=4$。若改为反向串联，如图 2-31（b）所示，则通入交流电流后产生两个磁极，即 $2p=2$；若改为反向并联，如图 2-31（c）所示，则通入交流电流后产生两个磁极，即 $2p=2$。这种变极调速的方法只适用于三相笼形异步电动机，不适用于绕线转子式异步电动机。因为笼形电动机转子的磁极数可以随定子极数的改变而改变，而绕线电动机的转子绕组在嵌线时就已确定了磁极对数，一般情况下很难改变磁极对数。

变极调速的优点是所需设备简单；其缺点是电动机绕组引出线头较多，调速极数少。变极调速只用于笼形异步电动机中。对于三相异步电动机，为了确保变极前后转子的转向不变，变极的同时必须改变三相绕组的相序。

(二) 变频调速

变频调速就是改变电源电压的频率，从而改变电动机的转速。由于异步电动机的转速 n 与电源频率 f 成正比，因此改变电动机供电频率即可实现调速。一般变频调速都要求电动机主磁通保持不变，这样在调速范围内可保持转矩 T 不变，根据公式：

$$\Phi = \frac{U_1}{4.44 f_1 N_1 K} \tag{2-44}$$

为了保持主磁通 Φ 不变，在改变电源频率 f_1 的同时，还必须改变电源电压 U_1，并保持 U_1 / f_1 比值不变，这是变频调速的特点。目前主要采用图 2-32 所示的变频装置。

从图 2-32 中可以看出，整流器先将 50Hz 的交流电变换成直流电，再由逆变器变换成频率可调、电压有效值也可调的三相交流电，供给三相异步电动机。

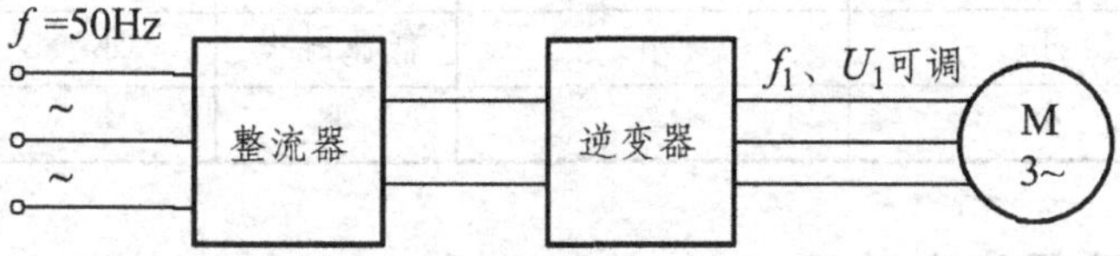

图 2-32　变频调速装置

变频调速的调速性能良好，具有较大的调速范围，调速平滑，机械特性较硬，但必须使用专门的调频电源。由于设备投资大，其实际应用并不多。随着电子技术的不断发展，已能较为方便地获得变频电源。晶闸管变频调速器的应用为变频调速开辟了广阔的前景。

(三) 变转差率调速

变转差率调速是绕线式电动机特有的一种调速方法。只要在绕线式电动机的转子电路中接入一个调速电阻，改变电阻的大小，就可以得到平滑调速。增大调速电阻，转差率上升，而转速下降。这种调速方法的优点是设备简单、投资少；缺点是机械特性曲线较软，负载有较小的变化都会引起很大的转速波动；另外，在转子电路上串接的电阻要消耗功率，导致电动机效率较低。这种调速方法主要应用于起重运输机械的调速。接线方法如图 2-33 所示。

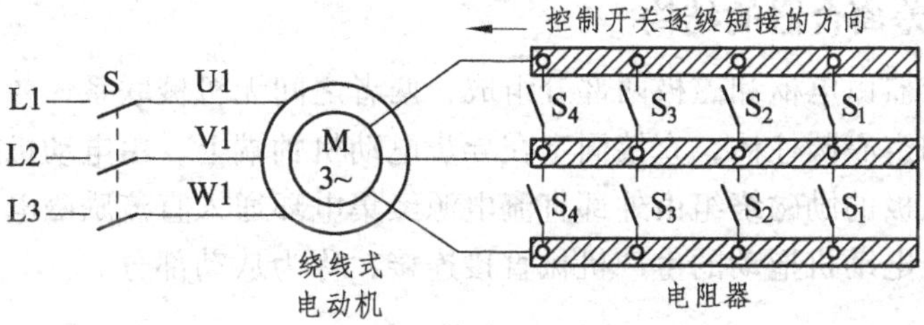

图 2-33　变转差率调速接线图

三相异步电动机的各种调速方案比较如表 2-5 所示。

表 2-5 三相异步电动机的调速方案比较

调速方法 调速指标	改变同步转速		调节转差率			采用转差离合器
	改变极对数	改变电源频率	转子串电阻（绕线式）	串级（绕线式）	改变定子电压	
调速方向	上调、下调	下调	下调		下调	下调
调速范围	不宽	宽	不宽	宽	较宽	较宽
调速平滑性	差	好	差	好	好	好
调速相对稳定性	好	好	差	好	较好	较好
适合的负载类型	恒转矩 Y—YY 恒功率△—YY、 顺串 Y—反串 Y	恒转矩（f_N以下） 恒功率（f_N以上）	恒转矩	恒转矩恒功率	恒转矩通风机类	恒转矩通风机类
电能损耗	小	小	低速时大	小	低速时大	低速时大
设备投资	少	多	少	多	较多	较多

三、电磁调速异步电动机

电磁调速异步电动机也称电磁滑差电动机。它实际上就是一台带有电磁滑差离合器的鼠笼式异步电动机，其原理如图 2-34 所示。

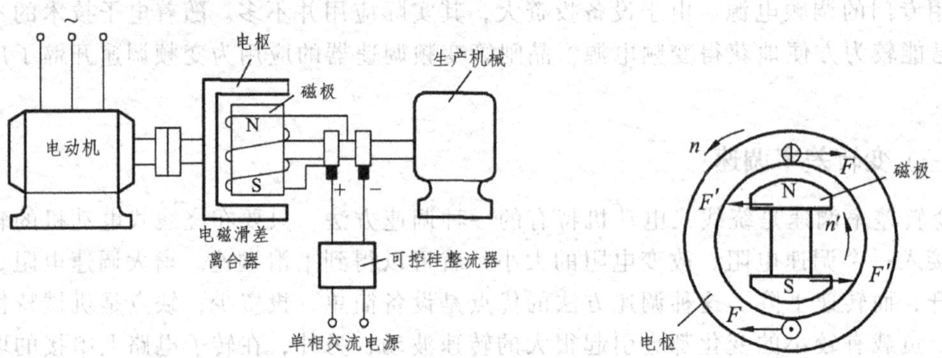

（a）接线图 （b）原理图

图 2-34 电磁调速异步电动机

（一）电磁滑差离合器的结构

电磁滑差离合器由电枢和磁极两部分组成，两者之间无机械联系，各自能独立旋转。电枢是由铸钢制成的空心圆柱体，直接固定在异步电动机轴端上，由电动机拖动旋转，是离合器的主动部分。磁极的励磁绕组由外部直流电源经集电环通入直流励磁电流进行励磁。磁极通过联轴器与异步电动机拖动的生产机械直接连接，称为从动部分。

（二）电磁滑差离合器的工作原理

磁极的励磁绕组通入直流电后形成磁场。异步电动机带动离合器电枢以转速 n 旋转，电枢便切割磁场产生涡流，方向如图 2-34（b）所示。电枢中的涡流与磁场相互作用产生电磁力和电磁转矩，电枢受到的力 F 的方向可用左手定则判定，对电枢而言，F 产生的是一个制动转矩，需要依靠异步电动机的输出机械转矩来克服此制动转矩，从而维持电枢的转动。根据作用力与反作用力大小相等、方向相反的原则，可知离合器磁极所受电磁力 F' 的方向，与 F 方向相反。在 F' 产生的电磁转矩的作用下，磁极转子带动生产机械沿电枢旋转的方向以 n' 的速度旋转，$n' < n$。由此可见，电磁滑差离合器的工作原理和异步电动机的工作原理相同。电磁转矩的大小由磁极磁场的强弱和电枢与磁极之间的转速差决定。当励磁电流为零，磁通为零，无电磁转矩；当电枢与磁极间无相对运动时，涡流为零，电磁转矩也为零。故电磁离合器必须有滑差才能工作，所以电磁调速异步电动机又称为滑差电动机。

当负载转矩一定时，调节励磁电流的大小，磁场强弱、电磁转矩随之改变，从而达到调节转速的目的。

（三）电磁调速异步电动机的特点

电磁调速异步电动机的主要优点是：调速范围广，可达 10∶1，调速平滑，可实现无级调速，且结构简单，操作维护方便，适用于恒转矩负载。

其缺点是：由于离合器是利用电枢中的涡流与磁场相互作用而工作的，故涡流损耗大，效率较低；另一方面由于其机械特性较软，特别是在低转速下，其转速随负载变化很大，不能满足恒转速生产机械的需要，为此，电磁调速异步电动机一般都配有能根据负载变化而自动调节励磁电流的控制装置。

电磁离合器的结构有多种形式。目前我国生产较多的是电枢为圆筒形铁心，磁极为爪形磁极。

小　结

1. 三相交流异步电动机的调速原理

根据异步电动机转速公式：

$$n = \frac{60f}{p}(1-s)$$

可以看出，要调整电动机转速，可通过改变定子绕组的磁极对数 p、转差率 s 和电源频率 f 来实现。因此异步电动机的调速有三种方法：① 变极调速；② 改变转差率调速；③ 变频调速。

2. 三相交流异步电动机的调速方法

（1）变极调速：通过改变电动机的磁极对数 p 实现调速。此法调速级数少、级差大，不能实现无级调速。

（2）变频调速：通过改变电动机的电源频率 f 实现调速。此法属于无级调速，具有良好的调速性能，可与直流电动机媲美。

（3）改变转差率调速：通过改变电动机的转差率 s 实现调速。此法只适用于绕线式异步电动机。

3. 电磁调速异步电动机

电磁调速异步电动机是在异步电动机轴上装上一个电磁转差离合器，通过控制电磁转差离合器励磁绕组中的电流，达到调节离合器的输出转速的目的。

第七节 三相异步电动机的制动

【学习目标】

1. 掌握电磁抱闸机械制动原理。
2. 掌握反接制动、能耗制动、再生发电制动等电气制动方法和原理。

在实际工作中，电动机断电后不是立刻停止转动，而是由于机械惯性的存在，总要经过一段时间后才停止转动。实际生产中为了提高生产效率，很多机械设备都要求电动机在断电后能够实现快速、准确地停车。所以就需要采取一些措施使电动机在切断电源后能够迅速停车，这些措施就称为电动机的制动。

三相异步电动机的制动措施有机械制动和电气制动两类。

机械制动是利用制动装置在电动机断电后迫使电动机迅速停车的方法。常用的机械制动装置是电磁抱闸，它有断电制动型和通电制动型两种，主要用于机床等设备中，在电动机未通电时，可以用手扳动主轴进行调整和对刀。

电气制动是在电动机停车时，产生一个与原来转动方向相反的制动转矩，迫使电动机转速迅速下降。电气制动又分为反接制动、能耗制动和再生发电制动。

一、机械制动

机械制动是利用机械装置使电动机在切断电源后迅速停止转动的一种控制方法。机械制动装置有电磁离合器和电磁抱闸。

(一) 断电抱闸的工作原理

电磁抱闸分为通电抱闸与断电抱闸两种。它主要由两部分构成：电磁铁和闸瓦制动器。

图 2-35 所示为断电抱闸结构示意图。电动机通电启动时，同时给电磁抱闸的电磁铁线圈通电，电磁铁的动铁心被吸引与静铁心合拢，通过一系列杠杆作用，动铁心克服弹簧拉力，迫使闸瓦和闸轮分开，闸轮可以自由转动，电动机就实现正常运转。当切断电动机电源时，电磁铁的线圈电源也同时被切断，动铁心和静铁心无吸引力，使闸瓦在弹簧作用下把闸轮紧紧抱住，摩擦力矩将使闸轮迅速停止转动，电动机也就停止转动了。制动器的抱紧和松开由弹簧和电磁铁配合完成。调节弹簧可在一定范围内调节制动力矩，以便控制制动时间的长短。由于电磁铁和电动机共用一个电源和一个控制电路，只要电动机不通电，闸瓦就总是把闸轮紧紧抱住，电动机总是被制动的。

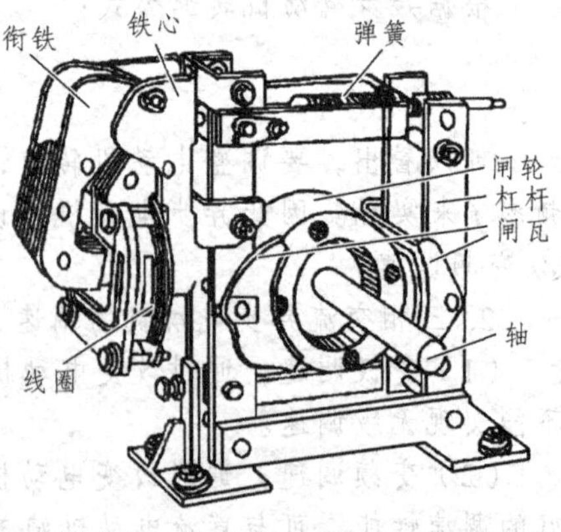

图 2-35 断电抱闸结构示意图

(二) 机械制动的特点及适用范围

电磁抱闸制动产生的制动力矩大，广泛应用在起重设备上。它安全可靠，不会因突然断电而发生事故；不足之处是制动器磨损严重，快速制动时产生振动；另外，电磁抱闸体积较大。

二、电气制动

电气制动是电动机在停转过程中，产生一个与电动机实际旋转方向相反的电磁力矩作为制动力矩，从而使电动机停止转动。电气制动的方法很多，如反接制动、能耗制动、再生发电制动。

(一) 反接制动

反接制动是依靠改变电动机定子绕组的电源相序来产生制动力矩，迫使电动机迅速停转的方法。

在电动机脱离电源后，立即改变定子绕组中的电源相序，即将三相电源中任意两根对调，则定子旋转磁场的方向立即与原来方向相反，使转子切割磁场的方向、感应电流的方向及电磁场转矩的方向都随之相反，但转子由于机械惯性还在按原来方向旋转，故与电磁转矩方向相反，则电磁转矩成为制动转矩，使电动机进入反接制动状态，电动机转速迅速降低，直至转速为零。其原理接线图如图 2-36 所示。

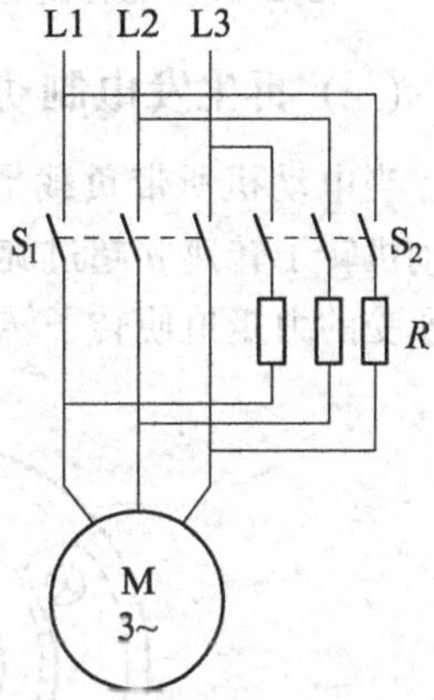

图 2-36　反接制动接线图

反接制动瞬间，由于转子以接近 2 倍同步转速切割旋转磁场，因此，制动转矩大，同时制动电流也很大，一般为额定电流的 10 倍。反接制动时应注意的是：当电动机转速接近零值时，应立即切断电动机的电源，否则电动机将反转。

反接制动的优点是制动力强、制动迅速，设备简易；缺点是制动准确性差。制动过程中冲击强烈、易损坏传动零件、制动能量消耗较大、不宜经常制动。因此反接制动一般适用于制动要求迅速、系统惯性较大、不经常启动与制动的小型电动机。

(二) 能耗制动

能耗制动是当电动机切断交流电源后，立即在定子绕组的任意两相中通入直流电，迫使电动机迅速停转的方法。这种方法是在定子绕组中通入直流电以消耗转子惯性运转的功能来进行制动的，所以称为能耗制动，又称动能制动。

能耗制动的线路图如图 2-37 所示，假定电动机是顺时针旋转，S_1 断开时，电动机脱离三相电源，但由于惯性的作用，转子仍沿着顺时针方向继续转动。立即闭合 S_2，直流电源通过电阻 R 加在定子其中两相绕组上，通入的直流电流大小应为（1.5 ~ 2）I_N，直流电流在定子绕组其中两相流过，产生一个固定的磁场。如图 2-38 所示为能耗制动原理示意图。

惯性运动的转子导体切割固定磁场的磁通，产生感应电动势及电流（用右手定则判别），这个电流又与一磁场作用产生电磁力矩，其方向与转子方向相反（用左手定则判别），使转子较快地停止转动。这种制动方法是利用转子惯性转动切割磁通而产生制动转矩，把转子的动能消耗在转子回路的电阻上，所以称为能耗制动。

能耗制动优点是制动力较强，能耗少，制动较平稳，对电网及机械设备冲击小；但在低速时制动力矩也随之减小，不易制停，需要直流电源。能耗制动常用于机床设备中。

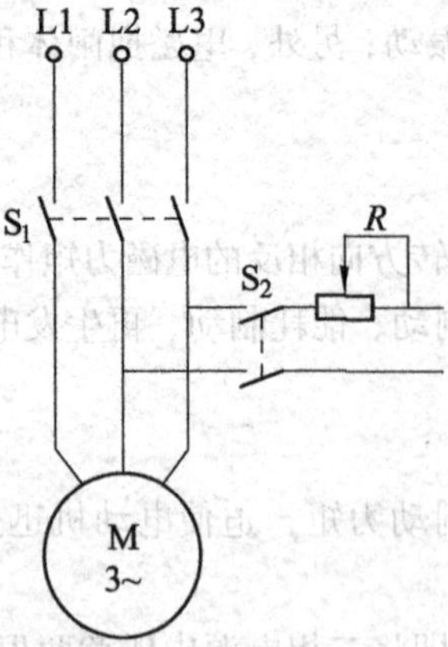

图 2-37 能耗制动接线图

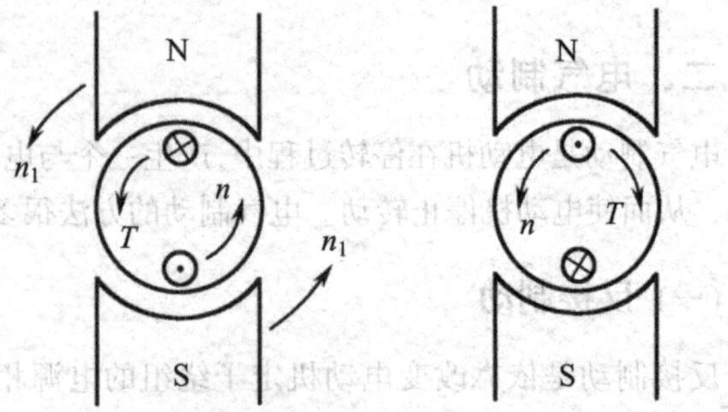

（a）电动状态 （b）能耗制动状态

图 2-38 能耗制动原理示意图

(三) 再生发电制动

当电动机所带负载是位能负载时(如起重机)，由于外力的作用(如起重机在下放重物时)，电动机转子转速 n 超过旋转磁场转速 n_1 时，电动机处于发电机状态，向电网反馈能量，此时转子所受的力矩迫使转子转速下降，从而起到制动作用。如图 2-39 所示为再生发电制动示意图。

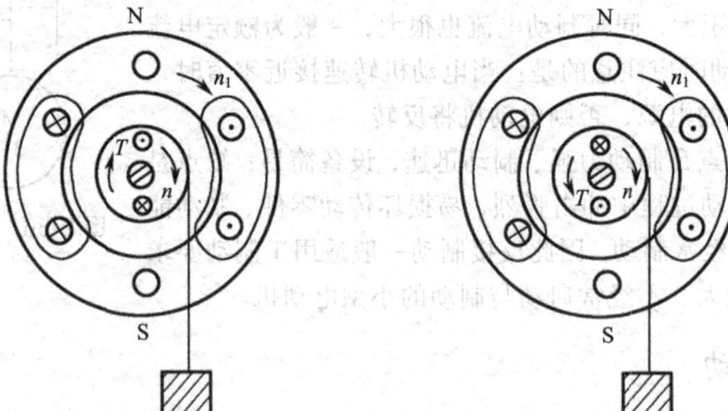

（a）电动状态 （b）再生发电制动状态

图 2-39 再生发电制动原理示意图

再生发电制动的特点：经济性好，将负载的机械能转换为电能反送电网，但应用范围不广，常用于起重机、电力机车和多速电动机中。

小 结

1. 电动机的制动：是指在电动机切断电源后采取措施使电动机迅速停车。三相异步电动机的制动方法有机械制动和电气制动两类。

2. 机械制动：是指利用机械装置使电动机在切断电源后迅速停止转动。机械制动装置有电磁离合器和电磁抱闸，应用较普遍的是电磁抱闸，电磁抱闸分为通电抱闸与断电抱闸两种。

3. 电气制动：电动机在停转过程中，产生一个与电动机实际旋转方向相反的电磁力矩作为制动力矩，从而使电动机停止转动。电气制动的方法主要有：反接制动、能耗制动、再生发电制动。

第八节　三相异步电动机的运行与维护

实际经验表明，合理地选择电动机及其安装和接线方式，以及对其运行进行监视、维护和定期检查是消除故障隐患、提高电动机寿命的重要手段。

一、三相异步电动机启动前的准备

为了保证电动机正常、安全的启动，一般启动前应做好下述准备：

（1）检查电源是否有电，电压是否正常，若电源电压过高或过低，都不宜启动。

（2）检查启动装置是否完好，如零部件有无损坏，使用是否灵活，触头接触是否良好，接线是否正确、牢固等。

（3）熔丝规格大小是否合适，安装是否牢固，有无熔断或损伤。

（4）电动机接线盒上接头有无松动或氧化。

（5）检查传动装置，如皮带松紧是否合适，连接是否牢固，联轴器的螺丝、销子是否牢固等。

（6）转动电动机转子和负载机械的转轴，看其转动是否灵活，有无摩擦声或其他异声。

（7）用 500 V 兆欧表测量电动机相间及对地的绝缘电阻，所测得的绝缘电阻值应不小于 0.5 MΩ，若小于 0.5 MΩ 时，电动机必须经过干燥处理或进行返修后方能使用。

（8）检查电动机及启动电器外壳是否接地，接地线有无断路，接地螺丝是否松动、脱落等。

（9）搬开电动机周围的杂物并清除机座表面灰尘、油垢等。

（10）检查负载机械是否妥善地做好了启动准备。

（11）详细核对电动机铭牌上所载各项数据，如功率、电压、转速等，是否和实际使用要求相符；检查电动机定子绕组的连接方法是否正确。

（12）核对启动设备的规格、容量是否和电动机使用的要求相符。

（13）应先做空载运转检查，检查旋转方向是否正确。若旋转方向反了，应立即切断电源，将三相电源中任意两相对调，即可改变电动机转向。

二、三相异步电动机启动中的注意事项

（1）电动机在通电试运行时必须提醒在场人员注意，不应站在电动机及被拖动设备的两侧，以免旋转物切向飞出造成人身伤害。

（2）接通电源后，若电动机出现启动缓慢、异常声音、不能启动等不正常情况，应立即切断电源，绝不能迟疑等待，更不能带电检查电动机故障，否则将会烧毁电动机和发生危险。

（3）启动时应注意观察电动机、传动装置、负载机械的工作情况，以及线路上的电流表和电压表的指示，若有异常现象，应立即断电检查，待故障排除后，再进行启动。

（4）使用双投闸刀启动、星-三角形启动器或自耦降压启动器时，特别要注意操作顺序。一定要先将手柄推到启动位置，待电动机转速稳定后再拉到运转位置，防止误操作造成设备和人身事故。

（5）同一线路上的电动机不应同时启动，一般应由大到小逐台启动，以免多台电动机同时启动引起线路上电流太大，电压降低过多，造成电动机启动困难或使开关设备跳闸。

（6）一台电动机多次连续启动时，应按制造厂规定，保持适当的间隔时间，以防止电动机过热，连续启动一般不宜超过 3～5 次。

三、三相异步电动机运行中的监视

电动机在运行时，值班工作人员可以通过仪表和感觉器官监视其运行情况，以便及早发现问题，减少或避免故障的发生。

（1）监视电动机的温度，检查电动机的通风是否良好。电动机正常运行时会发热，使电动机温度升高，但不应超出允许温升。如果电动机负载过大，使用环境温度过高，通风不畅或运行中发生故障，就会使其温度超出允许温升，导致绕组过热烧毁，因此在电动机运行过程中要经常检查，发现电动机过热应立即停机检查，等查明原因，排除故障后再进行使用。

（2）监视电动机的电流。一般容量较大的电动机应装设电流表，随时对其电流进行监视。若电流大小超过了允许值或三相电流不平衡，应立即停机检查。容量较小的电动机一般不装电流表，应经常用钳形表测量。

（3）监视电源电压。电动机的电源上最好装设一只电压表和转换开关，以便对其三相电源电压进行监视。电动机的电源电压过高、过低或三相电压不平衡，特别是三相电源缺相，都会带来不良后果。如发现这种情况应立即停机，待查明原因，排除故障后使用。

（4）注意电动机的振动、响声和气味。电动机正常运行时，应平稳、轻快、无异常气味和响声。若发生剧烈振动，出现噪声和焦臭气味，应停机进行检查修理。

（5）传动装置的检查。电动机运行时要随时注意查看皮带轮或联轴器有无松动的现象等，如果有，应停机上紧或进行调整。传动皮带是否有过紧、放松的现象等，如果有，应停机上紧或进行调整。

（6）注意轴承的工作情况。电动机运行中应注意轴承声响和发热情况。若轴承声音不正常或轴承温度过热，应检查润滑情况是否良好和有无磨损。

（7）注意绕线式电动机电刷与集电环之间出现的火花。如果所发生的火花大于某一规定限度，必须及时加以调整。

四、三相异步电动机的定期检查和保养

为了保证电动机正常工作，除了应按操作规程正确使用，运行过程中注意监视和维护外，还应进行定期检查和保养。间隔时间可根据电动机的类型、使用环境决定。主要检查和保养项目如下：

（1）及时清除电动机机座外部的灰尘、油泥，如使用环境灰尘较多，最好每天清扫一次。

（2）经常检查接线板螺丝是否松动或烧伤。

（3）定期测量电动机的绝缘电阻，若使用环境比较潮湿，更应经常测量。

（4）定期用煤油清洗轴承，并更换新润滑油。

（5）定期检查启动设备，查看触头和接线有无烧伤、氧化，接触是否良好等。

（6）绝缘情况的检查。电动机在使用中，应经常检查绝缘电阻，注意查看电动机机壳接地是否可靠。

（7）除了按上述几项内容对电动机定期维护外，运行一年后要大修一次。

五、三相异步电动机的常见故障及排除方法

三相异步电动机的故障现象有多种形式，其原因也很多，而且可能出现不同原因造成的故障现象很相似，或同一故障有不同的外观表现。所以，使用中一旦电动机发生故障，为保证生产和安全，必须迅速而准确地分析、判断电动机故障的原因，及时排除。

异步电动机故障可分为机械故障和电气故障。机械故障如轴承、风扇、机座、转轴等故障，一般比较容易观察与发现。电气故障主要是定子绕组、转子绕组、电刷等导电部分出现的故障。

电动机出现了故障，首先要了解其型号结构、使用情况，旧的电动机还要了解其维修情况，同时还要注意观察或询问运行情况及故障现象，如启动情况、所带负荷的大小，有无振动、噪声、发热、冒烟、焦臭气味等异常现象。从故障的主要现象入手，通过观察了解、仪表测量，必要时可让电动机通电短时运行，分析判断确定故障原因。异步电动机的常见故障现象、原因及处理方法如表 2-6 所示。

表 2-6 三相异步电动机的常见故障现象、原因及处理方法

故障现象	可能原因	处理方法
电动机不能启动，且没有任何声响	电源没电	接通电源
	熔丝熔断两相以上	更换熔丝
	电源线有两相或三相断线或接触不良	找出故障处，重新刮净、接好
	开关或启动设备有两相以上接触不良	查出接触不良处，予以修复
电动机不能启动且有“嗡嗡”声响	电源线有一相断线	检查绕组断线处，重新修好
	熔丝熔断一相	更换熔丝
	Y 形接法电机绕组有一相断线，△形接法绕组有一相或两相断线	查出断线处，重新接好
	定、转子互相摩擦	找出摩擦原因，予以排除
	负载机械卡死	检查负载机械及传动装置
	轴承损坏	更换轴承
	电压太低	电源线太细，启动压降太大，应更换为粗电线，设法提高电压
电动机启动时熔丝熔断	定子绕组一相反接	分清三相首尾，重新接好
	定子绕组有短路或接地故障	检查绕组短路和接地处，重新修好
	负载机械卡住	检查负载机械和传动装置
	启动设备操作不当	纠正操作方法
	传动皮带太紧	把皮带调整得松紧适当
	轴承损坏	更换轴承
	熔丝过细	合理选用熔丝
	单相启动	检查线路或绕组的断线或接触不良处，并重新接好
电动机启动困难，启动后转速较低	电源电压过低	调整电压或等线路电压正常时再使用电动机
	定子绕组有短路或接地	检查绕组短路、接地处，予以修复
	转子笼条或端环断裂	重新铸铝或另换转子
	电动机过载	减轻负载
	将 △ 形接法的电动机错接为 Y 形接法	按正确接法改接过来

续表

故障现象	可能原因	处理方法
电动机三相电流同时增大，温度过高，甚至冒烟	电源电压不平衡	查出线路电压不平衡的原因，予以排除
	绕组有短路和接地	检查短路、接地处，并予以修复
	重换绕组后，部分绕组接线错误	查出接错处，改接过来
	电动机单相运转	检查线路或绕组的断线或接触不良处，并重新接好
电动机三相电流同时增大，温度过高，甚至冒烟	电源电压过高	调整线路电压或等电压正常时再工作
	电动机过载	减轻负载
	接法错误	改接过来
	启动频繁	减少启动次数或改用其他合适类型的电动机
电流没有超过额定值，但电动机温度过高	环境温度过高	设法降低环境温度或降低电机容量使用
	电动机受太阳直接曝晒	应增加遮阳设施
	通风不畅	清理风道或搬开影响通风的障碍物
	电动机灰尘、油泥过多，影响散热	清除灰尘、油泥
电动机有不正常的振动	电动机基础不稳固或校正不好	加固基础或重新校正
	风扇叶片损坏造成转子不平衡	更换风扇或设法校正转子
	轴弯或有裂纹	更换新轴或校正弯轴
	传动皮带接头不好	重新接好
	电动机单相运转	查找线路或绕组的断线和接触不良处，予以修复
	绕组有短路或接地	查找短路和接地处，予以修复
	并联绕组有支路断路	查出断线处，予以修复
	转子笼条或端环断裂	重新铸铝或另换转子
电动机运行时声音不正常	轴承损坏或润滑油严重缺少、油中有杂质等	更换或清洗轴承并换新油
	定、转子相互摩擦	找出摩擦原因，予以排除
	风罩内有杂物	清除杂物
	风罩或转轴上零件（风扇、联轴器等）松动	紧固风罩或其他零件
	轴承内圈和轴配合太松	堆焊转轴轴承挡，并按规定尺寸装好，使其配合紧密
	绕组有接错	检查线路、绕组断线或接触不良处，予以排除
	电动机单相运转	检查短路、接地处，重新修好
	绕组有短路或接地	改接过来
	并联绕组中有支路断路	检查断路点，重新接好
	电源电压过低	减轻负载
	电动机过载	设法调整电压或等线路电压正常时再使用
	转子笼条和端环断裂	转子重新铸铝或更换转子

续表

故障现象	可　能　原　因	处　理　方　法
轴承过热	传动皮带过紧	调整皮带使之松紧适当
	轴弯	校正弯轴或更换新轴
	端盖松动或没有装好	上紧螺栓，合严止口
	轴堆损坏	更换轴承
	润滑油太脏或变质	更换新油
	润滑油过多或过少	润滑油应加到油腔的2/3处
	润滑油牌号不符	按要求牌号更换润滑油
	端盖轴承室太紧	按正常尺寸扩大轴承室
机壳带电	引出线或接线盒接头的绝缘损坏碰地	套绝缘套管或包扎绝缘布
	定子槽两端的U形槽绝缘损坏	耐心找出绝缘损坏处，然后垫上绝缘纸再涂上绝缘漆
	定子槽内有铁屑等杂物未除尽，导线嵌入后即通地	拆开每个绕组接头，用淘汰法找出接地绕组，进行局部修理
	外壳没有可靠接地	将外壳可靠接地
绝缘电阻降低	潮气浸入或雨水滴入电动机内	用摇表检查后，进行烘干处理
	绕组上灰尘污垢太多	清除灰尘、油污后，浸渍处理
	引出线和接线盒接头的绝缘损坏	重新包扎引出线接头
	电动机过热后绝缘老化	7 kW以下电动机可重新浸渍处理

习　题

一、填空题

1. 电动机按其功能可分为________电动机和________电动机。

2. 电动机按用电类型可分为________电动机和________电动机。

3. 电动机按其转速与电网电源频率之间的关系可分为________电动机和______电动机。

4. 电动机的工作原理是建立在________定律和________定律及电磁力定律等基础上的。

5. 产生旋转磁场的必要条件是在三相对称________中通入________。

6. 电动机的转动方向与________的转动方向相同，它由通入三相定子绕组的交流电流的________决定。

7. 电动机工作在________时，铁心中的磁通处于临界饱和状态，这样可以减少电动机铁心的________损耗。

8. 工作制是指三相电动机的运转状态，即允许连续使用的时间，分为________、________和周期断续三种。

9. 三相电动机定子绕组的连接方法有________和________两种。

10. 根据获得启动转矩的方法不同，电动机的结构也存在较大差异，主要分为________电动机和________电动机两大类。

11. 电动机发热故障的机械方面原因主要有________、________、________、________、________等。

12. 三相异步电动机固有机械特性是在________、________、

________条件下的特性。

13. 固有机械特性曲线上的四个特殊点是________、________、________、________。

14. 常用的人为机械特性曲线是________和________。

15. 常用的降压启动方法有________、________、________等。

16. 降压启动在启动电流________的同时________也减小了。

17. 绕线式异步电动机的启动方法有________和________两种，其中控制简单的是________方法。

18. 能耗制动实现时应断开定子的________电源，在________加上________电源，同时串________。

19. 电源两相反接制动的制动能源来自________和________，其制动力较能耗制动更________。

20. 最常见的出现回馈制动的情况是________和________。

21. 变极调速的调速范围________，调速的平滑性________，最突出的优点是________，所以常被用于________。

22. 变频调速的优点有________。

二、判断题（在括号内打“√”或打“×”）

1. 三相异步电动机的定子是用来产生旋转磁场的。（ ）
2. 三相异步电动机的转子铁心可以用整块铸铁来制成。（ ）
3. 三相定子绕组在空间上互差 120° 电角度。（ ）
4. “异步”是指三相异步电动机的转速与旋转磁场的转速有差值。（ ）
5. 三相异步电动机没有转差也能转动。（ ）
6. 负载增加时，三相异步电动机的定子电流不会增大。（ ）
7. 不能将三相异步电动机的最大转矩确定为额定转矩。（ ）
8. 电动机工作在额定状态时，铁心中的磁通处于临界饱和状态。（ ）
9. 电动机电源电压越低，定子电流就越小。（ ）
10. 异步电动机转速越快则磁极对数越多。（ ）
11. 额定功率是指三相电动机工作在额定状态时转轴上所输出的机械功率。（ ）
12. 额定电压是指接到电动机绕组上的相电压。（ ）
13. 额定转速表示三相电动机在额定工作情况下运行时每秒钟的转数。（ ）
14. 转子串电阻人为机械特性的同步转速比固有机械特性的同步转速低。（ ）
15. 定子串电阻降压启动由于可以减小启动电流，所以得到广泛应用。（ ）
16. 转子串电阻启动既可以减小启动电流，又可以增大启动转矩。（ ）
17. 转子串频敏变阻器启动适用于只有启动要求，而对调速要求不高的场所。（ ）
18. 能耗制动可以用于限制反抗性负载的快速停车。（ ）
19. 反接制动一般只用于小型电动机，且不常用于停车制动的场合。（ ）
20. 反接制动准确平稳。（ ）
21. 能耗制动力大，制动迅速。（ ）
22. 回馈制动广泛应用于机床设备。（ ）
23. 电动机的维护就是通过听、看、闻、摸等手段随时注意电动机的运行状态。（ ）

24. 电动机绕组短路或接地是电动机转动时噪声大或振动大的原因之一。　(　　)

三、选择题（将正确答案的序号填入括号内）

1. 开启式电动机适用于（　　）的工作环境。

A. 清洁、干燥　B. 灰尘多、潮湿、易受风雨　C. 有易燃、易爆气体

2. 转速不随负载变化的是（　　）电动机。

A. 异步　B. 同步　C. 异步或同步

3. 能用转子串电阻调速的是（　　）异步电动机。

A. 普通笼形　B. 绕线式　C. 多速笼形

4. 适用于有易燃、易爆气体工作环境的是（　　）电动机。

A. 防爆式　B. 防护式　C. 开启式

5. 用兆欧表测量电机、电气设备的绝缘电阻时，（　　）。

A. 只需要将弱电部分断开即可

B. 既要测量三相之间的绝缘，还要测量强、弱电之间的绝缘

C. 被测设备先切断电源，并将绕组导线与大地接通放电

6. 下列选项中不满足三相异步电动机直接启动条件的是（　　）。

A. 电动机容量在 7.5 kW 以下

B. 满足经验公式 $\frac{I_{st}}{I_N}<\frac{3}{4}+\frac{S_N}{4P_N}$

C. 电动机在启动瞬间造成的电网电压波动小于 20%

7. Y-△降压启动适用于正常运行时为（　　）的电动机。

A. △连接　B. Y 连接　C. Y 连接和△连接

8. 功率消耗较大的启动方法是（　　）。

A. Y-△降压启动　B. 自耦变压器降压启动　C. 定子绕组串电阻降压启动

9. 反抗性负载采用能耗制动停车后，（　　）。

A. 立即断掉直流电源　B. 断开直流电又重新加上交流电　C. 可以不做其他电气操作

10. 能实现无级调速的调速方法是（　　）。

A. 变级调速　B. 改变转差率调速　C. 变频调速

11. 转子串电阻调速适用于（　　）异步电动机。

A. 笼形　B. 绕线式　C. 滑差

12. 改变电源电压调速只适用于（　　）负载。

A. 风机型　B. 恒转矩

13. 下列方法中属于改变转差率调速的是（　　）调速。

A. 改变电源电压　B. 变频　C. 起重机械　D. 变磁极对数

四、简答题

1. 三相笼形异步电动机主要由哪些部分组成？各部分的作用是什么？

2. 三相异步电动机的定子绕组在结构上有什么要求？

3. 常用的笼形转子有哪两种？为什么笼形转子的导电条都做成斜的？

4. 绕线转子的结构是怎样的？绕线电动机启动完毕而又不需调速时，如何减少电刷磨损和摩擦损耗？

5. 简述三相异步电动机的工作原理。

6. 当异步电动机的机械负载增加时，为什么定子电流会随着转子电流的增加而增加？

7. 三相异步电动机旋转磁场的转速由什么决定？试问两极、四极、六极三相异步电动机的同步速度各为多少？若转子电路开路时会产生旋转磁场吗？转子是否会转动？为什么？

8. 三相异步电动机转子电路中的电动势、电流、频率、感抗和功率因数与转差率有何关系？说明在 $s=1$ 和 $s=s_N$ 两种情况下，以上各量的对应大小。

9. 简述电动机定期小修的期限和项目。

10. 电动机节能的主要措施有哪些？

11. 增加三相异步电动机的转子电阻对电动机的机械特性有什么影响？

12. 三相异步电动机 Y-△降压启动的特点是什么？适用于什么场合？

13. 三相异步电动机自耦变压器降压启动的特点是什么？适用于什么场合？

14. 简述绕线式异步电动机转子串频敏变阻器启动的工作原理。

15. 三相笼形异步电动机有哪几种调速方法？各有哪些优缺点？

16. 简述绕线式异步电动机转子串电阻调速的特点。

17. 变频调速有什么优点？

18. 简述转差离合器调速的特点。

19. 简述三相异步电动机反接制动的特点及适用场合。

20. 什么是负载倒拉反接制动？

21. 简述能耗制动的工作原理、特点及适用场合。

22. 回馈制动有什么优点？适用于什么场合？

23. 三相异步电动机的电磁转矩与电源电压有什么关系？如果电源电压下降 20%，电动机的最大转矩和启动转矩将变为多大？

24. 笼形异步电动机全压启动时，为何启动电流大，而启动转矩并不大？

五、计算题

1. 一台三相异步电动机的 $f_N = 50$ Hz，$n_N = 960$ r/min，该电动机的额定转差率是多少？另有一台 4 极三相异步电动机，其转差率 $s_N = 0.03$，那么它的额定转速是多少？

2. 某三相异步电动机的铭牌数据如下：$U_N = 380$ V，$I_N = 15$ A，$P_N = 7.5$ kW，$\cos\varphi_N = 0.83$，$n_N = 960$ r/min。试求电动机的额定效率 η_N。

3. 一台三角形连接的 Y132M-4 型三相异步电动机的额定数据如下：$P_N = 7.5$ kW，$U_N = 380$ V，$\eta_N = 1\,440$ r/min，$\cos\varphi_N = 0.82$，$n_N = 88.2\%$。试求该电动机的额定电流和对应的相电流。

4. 一台 20 kW 电动机，其启动电流与额定电流之比为 6∶5，变压器容量为 5 690 kV·A，能否全压启动？另有一台 75 kW 电动机，其启动电流与额定电流之比为 7∶1，问它能否全压启动？

5. 一台绕线形异步电动机，$P_N = 7.5$ kW，$U_N = 380$ V，$I_N = 15.7$ A，$n_N = 1\,460$ r/min，$\lambda_m = 3.0$，$T_0 = 0$。求：

（1）临界转差率 s_m 和最大转矩 T_{max}。

（2）写出固有机械特性的实用表达式并绘出固有机械特性。

6. 一台三相绕线式异步电动机，$P_N = 75$ kW，$U_N = 380$ V，$I_N = 148$ A，$n_N = 720$ r/min，$\eta_N = 90.5\%$，$\cos\varphi_N = 0.85$，$\lambda_m = 2.4$，$E_{2N} = 213$ V，$I_{2N} = 220$ A。求：

（1）额定转矩。

（2）最大转矩。

（3）临界转差率。

（4）求出固有机械特性曲线上的四个特殊点，并绘制固有机械特性曲线。

第三章　单相异步电动机

交流电机中除了在生产中广泛使用的三相异步电动机外，还有采用单相交流电源供电的单相异步电动机。

单相异步电动机是指用单相交流电源供电的异步电动机。单相异步电动机具有结构简单、成本低、噪声小、运行可靠等优点，因此，广泛应用在家用电器、医疗器械、电动工具、自动控制系统等领域。

单相异步电动机与同容量的三相异步电动机比较，其体积较大，运行性能较差。因此，一般只制成小容量的电动机。我国现有单相异步电动机产品的功率从几瓦到几千瓦都有。

单相异步电动机功率一般功率较小，主要制成小型电机。它的应用非常广泛，除电冰箱外，还广泛用于其他家用电器，如洗衣机、电风扇、空调等；电动工具（如手电钻）、医用器械、自动化仪表等。

第一节　单相异步电动机的结构和铭牌

【学习目标】

1. 掌握单相异步电动机的结构组成。
2. 了解单相异步电动机的铭牌和额定参数。

在单相交流电源下工作的电动机称为单相电动机。按其工作原理、结构、转速等的不同可分为三大类，即单相异步电动机、单相同步电动机和单相串励电动机。

单相异步电动机是接单相交流电源运行的异步电动机，其结构简单、成本低廉，只需单相电源，广泛应用于家用电器、电动工具、医疗器械等方面，在工、农业生产及其他领域中，单相异步电动机的应用也越来越广泛，如台扇、吊扇、电冰箱、吸尘器、洗衣机、电钻、小型鼓风机、医疗器械等均需要单相异步电动机驱动，其外形如图 3-1 所示。

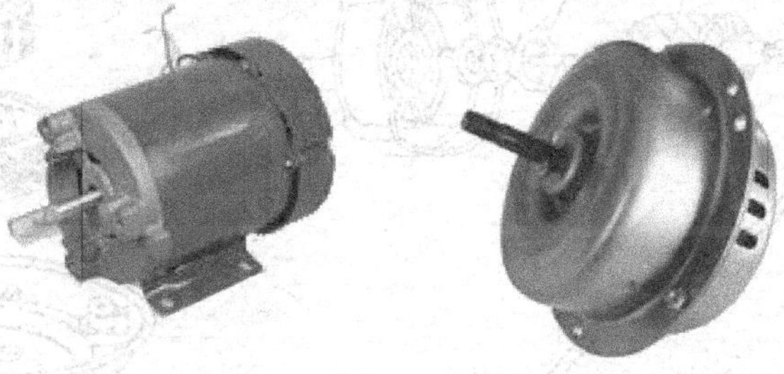

（a）水泵电动机　　（b）抽油烟机电动机

图 3-1　单相异步电动机外形

单相异步电动机的功率从几瓦到几千瓦，一般只制成小型和微型系列。与同容量的三相异步电动机相比，体积较大，运行性能较差，效率和功率因数稍低，由于容量不大，故此缺点并不突出。

一、单相异步电动机的结构

单相异步电动机的结构和三相异步电动机大体相似，一般来讲也由定子和转子两大部分组成，如图 3-2 所示。

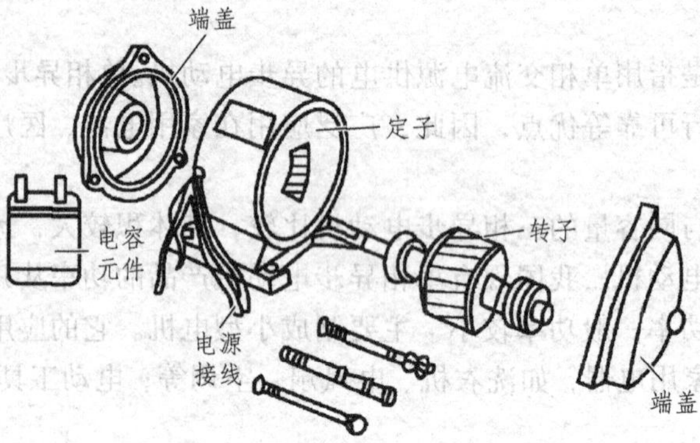

图 3-2 单相异步电动机结构图

(一) 定子

单相异步电动机的定子部分由定子铁心、定子绕组、机座、端盖等部分组成，其主要作用是通入交流电，产生旋转磁场。

1. 定子铁心

定子铁心大多用厚 0.35 mm 的硅钢片冲槽后叠压而成，片与片之间涂有绝缘漆，槽形一般为半闭口槽，槽内则用以嵌放定子绕组，如图 3-3 及图 3-4 所示。定子铁心的作用是作为磁通的通路。

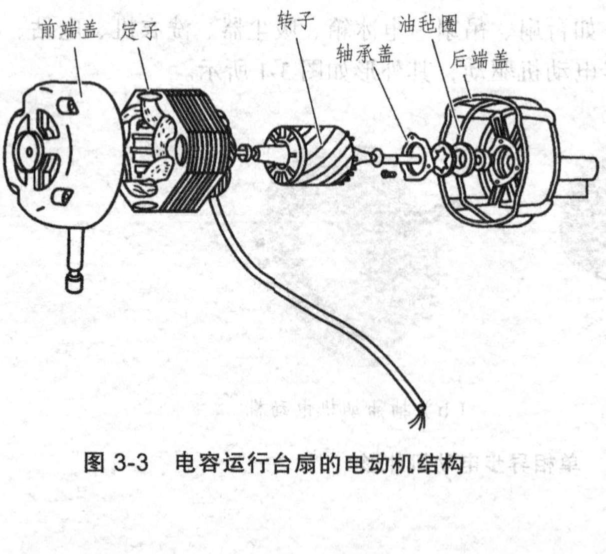

图 3-3 电容运行台扇的电动机结构

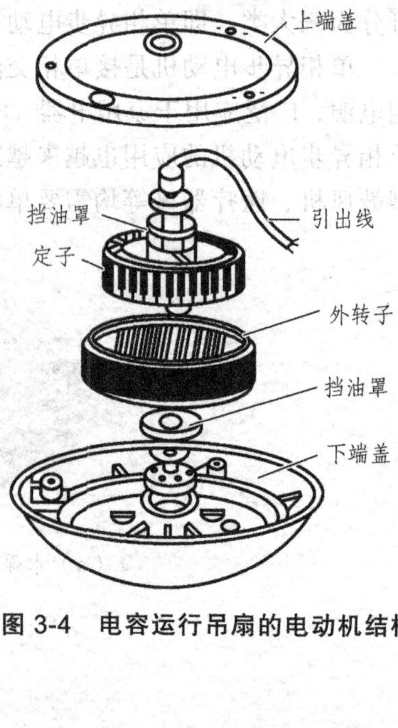

图 3-4 电容运行吊扇的电动机结构

2. 定子绕组

单相异步电动机的定子绕组一般都采用两相绕组的形式，即定子上有两相绕组，在空间中互差 90° 电角度，一相为主绕组，又称为运行绕组；另一相为副绕组，又称为启动绕组。两相绕组的槽数和绕组匝数可以相同，也可以不同，视不同种类的电动机而定。定子绕组的作用是通入交流电，在定子、转子及空气隙中形成旋转磁场。

单相异步电动机中常用的定子绕组形式主要有单层同心式绕组、单层链式绕组和正弦绕组，这类绕组均属于分布绕组。而单相罩极式电动机的定子绕组则多采用集中绕组。

定子绕组一般均由高强度聚酯漆包线事先在绕线模上绕好后，再嵌放在定子铁心槽内，并需进行浸漆、烘干等绝缘处理。

3. 机座与端盖

机座一般由铸铁、铸铝或钢板制成，其作用是固定定子铁心，并借助两端端盖与转子连成一个整体，使转轴上输出机械能。单相异步电动机机座通常有开启式、防护式、封闭式等几种。

开启式结构和防护式结构，其定子铁心和绕组外露，由周围空气直接通风冷却，多用于与整机装成一体的场合使用，如图 3-3 所示的电容运行台扇以及洗衣机电动机等。

封闭式结构则是整个电机均采用密闭方式，电机内部与外界完全隔绝，以防止外界水滴、灰尘等侵入，电机内部散发的热量由机座散出，有时为了加强散热，可再加风扇冷却。

(二) 转子

转子部分由转子铁心、转子绕组、转轴等组成，其作用是导体切割旋转磁场，产生电磁转矩，拖动机械负载工作。

转子铁心与定子铁心一样用厚 0.35 mm 的硅钢片冲槽后叠压而成，槽内放置转子绕组，最后将铁心及绕组整体压入转轴。

单相异步电动机的转子绕组均采用笼形结构，一般均用铝或铝合金压力铸造而成。

用碳钢或合金钢加工而成，轴上压装转子铁心，两端压上轴承，常用的有滚动轴承和含油滑动轴承。

二、单相异步电动机的铭牌

每台单相异步电动机的机座上都有一个铭牌，它标记着电动机的型号、各种额定值等，如图 3-5 所示。

单相电容运行异步电动机			
型号	DO2-6314	电流	0.94 A
电压	220 V	转速	1 400 r/min
频率	50 Hz	工作方式	连续
功率	90 W	标准号	
编号、出厂日期　××××		×××电机厂	

图 3-5 单相电容运行异步电动机的铭牌

下面以 DO2-6314 型单相电容运行异步电动机的铭牌为例来说明各参数的含义：

（1）型号：是代表电动机的产品代号、规格代号、使用环境等。例如，DO2-6314 型号的意义如下：

D（系列代号）——小功率单相电容运行异步电动机。
O（系列代号）——封闭式。
2（设计代号）——第二次改型设计。
6（机座代号）——轴中心高 63 mm。
3（规格代号）——1 号铁心长。
4（规格代号）——4 极。

（2）额定电压：是指电动机在额定状态下运行时加在定子绕组上的电压，单位为 V。根据国家规定，电源电压在 ± 5% 范围内变动时，电动机应能正常工作。电动机使用的电压一般均为标准电压，我国单相异步电动机的标准电压有 12 V、24 V、36 V、42 V 和 220 V。

（3）额定频率：是指加在电动机上的交流电源的频率，单位为 Hz。由单相异步电动机的工作原理可知，电动机的转速与交流电源的频率直接有关，频率高，电动机的转速就高，因此电动机应接在规定频率的交流电源上使用。

（4）额定功率：是指单相异步电动机轴上输出的机械功率，单位为 W。铭牌上标出的功率是指电动机在额定电压、额定频率和额定转速下运行时输出的功率，即额定功率。我国常用的单相异步电动机的标准额定功率为 6 W、10 W、16 W、25 W、40 W、60 W、90 W、120 W、180 W、250 W、370 W、550 W 和 750 W。

（5）额定电流：在额定电压、额定功率和额定转速下运行的电动机，流过定子绕组的电流值，称为额定电流，单位为 A。电动机在长期运行时电流不允许超过该电流值。

（6）额定转速：电动机在额定状态下运行时的转速，单位为 r/min。每台电动机在额定运行时的实际转速与铭牌规定的额定转速有一定的偏差。

（7）工作方式：是指电动机的工作是连续式还是间断式。连续运行的电动机可以间断工作，但间断运行的电动机不能连续工作，否则会烧毁电动机。

小　结

1. 单相异步电动机由定子和转子两大部分组成，定子部分包括：定子铁心、定子绕组以及端盖和机座；转子部分包括：转子铁心、转子绕组以及转轴。

2. 单相异步电动机的铭牌标记了型号、额定值等参数数据。

第二节　单相异步电动机的工作原理

【学习目标】

1. 理解单相异步电动机的工作原理。
2. 理解单相异步电动机的旋转磁场产生原理。

一、单相绕组的脉动磁场

首先来分析在单相定子绕组中通入单相交流电后产生磁场的情况。

如图 3-6 所示，假设在单相交流电的正半周时，电流从单相定子绕组的左半侧流入，从右半侧流出，则由电流产生的磁场如图 3-6（b）所示，该磁场的大小随电流的大小而变化，方向则保持不变。当电流过零时，磁场也为零。当电流变为负半周时，则产生的磁场方向也随之发生变化，如图 3-6（c）所示。

由此可见，向单相异步电动机定子绕组通入单相交流电后，产生的磁场大小及方向在不断地变化，但磁场的轴线（图中纵轴）固定不变，把这种磁场称为脉动磁场。

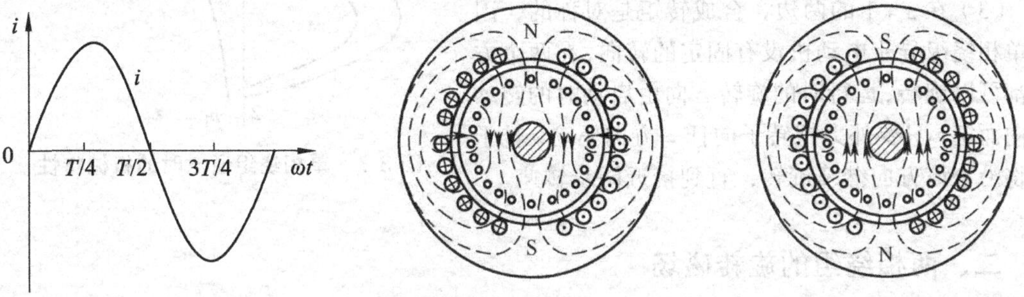

（a）交流电流波形　（b）电流正半周产生的磁场　（c）电流负半周产生的磁场

图 3-6　单相脉动磁场的产生

由于磁场只是脉动而不是旋转，因此单相异步电动机的转子如果原来静止不动的话，则在脉动磁场的作用下，转子导体因与磁场之间没有相对运动，而不产生恒定方向的感应电动势和电流，也就不会产生恒定方向的电磁力的作用，因此转子仍然静止不动。也就是说，单相异步电动机（一个定子绕组）没有启动转矩，不能自行启动。这是单相异步电动机的一个主要缺点。

如果用外力去拨动一下电动机的转子，则转子导体切割定子脉动磁场，从而有恒定方向的电动势和电流产生，并将在磁场中受到力的作用，与三相异步电动机的转动原理相同，转子将顺着拨动的方向转动起来。因此，要使单相异步电动机具有实际使用价值，就必须解决电动机的启动问题。

单相异步电动机的转动原理可用双旋转磁场理论来解释。当仅将单相异步电动机的一相绕组接通单相交流电源，流过交流电流时，电动机中产生的磁动势为脉振磁动势。由于一个脉振磁动势可以分解为两个转向相反、转速相同、幅值相等的旋转磁动势 F_+ 和 F_-，所以单相异步电动机的转子在脉振磁动势作用下产生的电磁转矩 T_{em}，应该等于正转磁动势 F_+和反转磁动势 F_- 分别作用下产生的电磁转矩之和。

鼠笼式转子在旋转磁动势作用下产生的电磁转矩在三相异步电动机中已经分析过，并且得出了相应的机械特性。单相异步电动机的鼠笼式转子是在正转磁动势和反转磁动势分别作用下产生的电磁转矩，因此，可以直接利用三相异步电动机的机械特性来分析单相异步电动机。设在正转磁动势作用下单相异步电动机的电磁转矩为 T_+，机械特性 $T_+=f(s)$ 或 $T_+=f(n)$ 如图 3-7 中的曲线 3 所示，同步转速为 n_1。在反转磁动势作用下单相异步电动机的电磁转矩为 T_-，机械特性 $T_-=f(s)$ 或 $T_-=f(n)$ 如图 3-7 中的曲线 2 所示，同步转速为 n_1。由于 $F_+=F_-$，两条特性曲线是对称的。合成转矩 $T_{em}=f(s)$ 或 $T_{em}=f(n)$ 就是一相绕组单独通电时的机械特性，如图 3-7 中的曲线 1 所示。从合成机械特性 $T_{em}=f(n)$ 可以看出以下几点：

（1）当转速 $n=0$ 时，电磁转矩 $T_{em}=0$，即一相绕组单独通电时，没有启动转矩，不能自行启动。

（2）当 $n>0$ 时，$T_{em}>0$，即只要电机已经正转，而且在此转速下的电磁转矩大于轴上的负载转矩，就能在电磁转矩的作用下升速至接近于同步转速的某点稳定运行。因此，单相异步电动机如果只有一相绕组，可以运行但不能自行启动。

（3）在 $s=1$ 的两边，合成转矩是对称的，因此单相绕组异步电动机没有固定的转向，在两个方向都可以旋转，运行时的旋转方向由启动时的转动方向而定。只要外力把转子向任一方向驱动，转子就将沿着该方向继续旋转，直到接近同步转速。

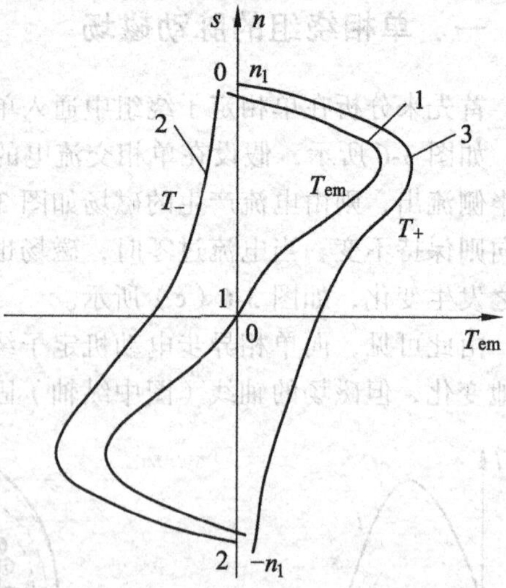

图 3-7　单相绕组通电时的机械特性

二、两相绕组的旋转磁场

前面已介绍单绕组单相异步电动机本身没有启动转矩，转子不能自行启动。为了解决启动问题，应该加强正向磁场，抑制反向磁场，使电动机在启动时气隙中能够形成一个旋转磁场。为达此目的，可在定子上另装一个空间上与工作绕组不同相、阻抗不同的启动绕组。

如图 3-8 所示，在单相异步电动机定子上放置空间上相差 90° 的两相定子绕组 U1U2 和 Z1Z2，向这两相定子绕组中通入在时间上相差约 90° 的两相交流电 I_Z 和 I_U，用前面学习过的三相绕组中通入三相交流电产生旋转磁场的相同方法进行分析，可知此时产生的也是旋转磁场。由此可以得出结论：向空间上相差 90° 的两相定子绕组中通入在时间上相差一定角度的两相交流电，则其合成磁场也是沿定子和转子空气隙旋转的旋转磁场。

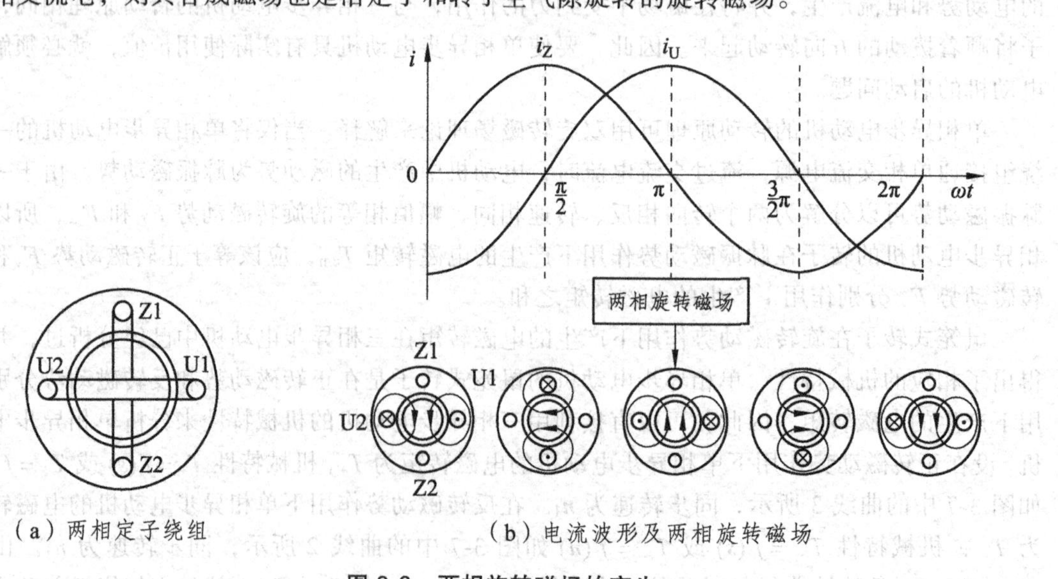

（a）两相定子绕组　　（b）电流波形及两相旋转磁场

图 3-8　两相旋转磁场的产生

单相异步电动机的运行绕组和启动绕组同时通入相位不同的交流电流时，一般产生椭圆旋转磁动势，可以分解为两个转向相反、转速相同、幅值不等的旋转磁动势。设正转磁动势的幅值为 F_+，大于幅值为 F_- 的反转磁动势，则 F_+ 单独作用于转子时的机械特性 $T_+=f(s)$ 如图 3-9 中的曲线 1 所示；F_- 单独作用于转子时的机械特性 $T_-=f(s)$ 如图 3-9 中的曲线 2 所示，转子所产生的合成转矩 $T_{em}=T_++T_-$，合成机械特性 $T_{em}=f(s)$ 如图 3-9 中的曲线 3 所示。从该机械特性看出：$F_+>F_-$，以及椭圆旋转磁动势正转的情况下，n=0 时，$T_{em}>0$，电动机有启动转矩，能自行启动，并正向运行。显然，如果 $F_+<F_-$，即椭圆旋转磁动势反转的情况下，电动机能够反方向启动，并反方向运行。

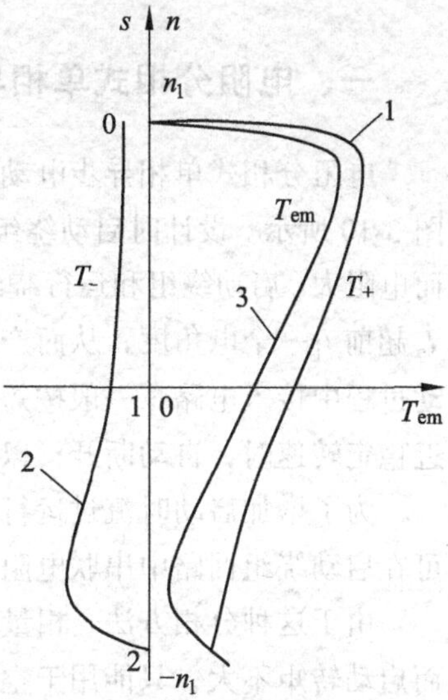

图 3-9　椭圆旋转磁动势时的机械特性

如果电动机中产生的是圆形旋转磁动势，则单相异步电动机的机械特性与三相异步电动机情况相同。

以上分析表明，单相异步电动机自行启动的条件是电动机启动时的磁动势是椭圆或圆形旋转磁动势，为此，一般应有启动绕组，并且要使启动绕组与运行绕组中的电流相位不同。

启动后的单相异步电动机，可以将启动绕组断开，也可以不断开。若需断开，可在启动绕组回路串联一个开关，当转速上升到同步转速的 75%～80%时，使开关自动打开，切除启动绕组电路。此开关可采用装在电动机轴上的离心开关，当转速升至一定程度靠离心力打开；也可以采用电流继电器的触点作此开关，启动开始电流大，触点吸合，转速上升至一定程度时电流减小，触点打开。

单相异步电动机的启动绕组和运行绕组由同一单相电源供电，如何把这两个绕组中的电流相位分开，即所谓“分相”是很重要的。单相异步电动机也因分相方法不同而分为不同的类型。

小　结

1. 单相工作绕组通电后，产生脉动磁场，脉动磁场是由两个大小相等、转速相同、转向相反的旋转磁场组成，因此单绕组单相异步电动机本身没有启动转矩，转子不能自行启动。

2. 具有工作绕组、启动绕组的单相异步电动机，在气隙中建立一个旋转磁场，产生启动转矩驱动电机转动，从而解决单相异步电动机不能自行启动的问题。

第三节　单相异步电动机的基本形式

【学习目标】

1. 掌握电阻分相式单相异步电动机的分相原理。
2. 掌握电容分相式单相异步电动机的分相原理。
3. 掌握罩极式单相异步电动机的结构和工作原理。

根据启动方法或运行方法的不同，单相异步电动机一般可分为电阻分相式、电容分相式和罩极式，下面分别进行介绍。

一、电阻分相式单相异步电动机

电阻分相式单相异步电动机的定子铁心上嵌放有两套绕组，即运行绕组和启动绕组，如图 3-10 所示。设计时启动绕组的匝数较少，导线截面取得较小，与运行绕组相比，其电抗小而电阻大。启动绕组和运行绕组并联接电源时，启动绕组电流 $\dot{I}_2$ 与运行绕组电流 $\dot{I}_1$ 便不同相，$\dot{I}_2$ 超前 $\dot{I}_1$ 一个电角度，从而产生椭圆旋转磁动势，使电动机能够自行启动。启动绕组只在启动过程中接入电路，一般按短时工作设计，这时启动绕组回路串有开关 K，当转速上升到接近稳定转速时，自动断开，以保护启动绕组和减少损耗，由运行绕组维持运行。

为了增加启动时流过运行绕组和启动绕组之间电流的相位差（希望为 90° 电角度），通常可在启动绕组回路中串联电阻 R 或增加启动绕组本身的电阻（启动绕组用细导线绕制）。

由于这种分相方法，相量 $\dot{I}_2$ 与 $\dot{I}_1$ 位于电压相量 $\dot{U}$ 的同一侧，它们之间的相位差不大，因而启动转矩不大，只能用于空载和轻载启动的场合，如小型机床、鼓风机、电冰箱压缩机、医疗器械等设备中。

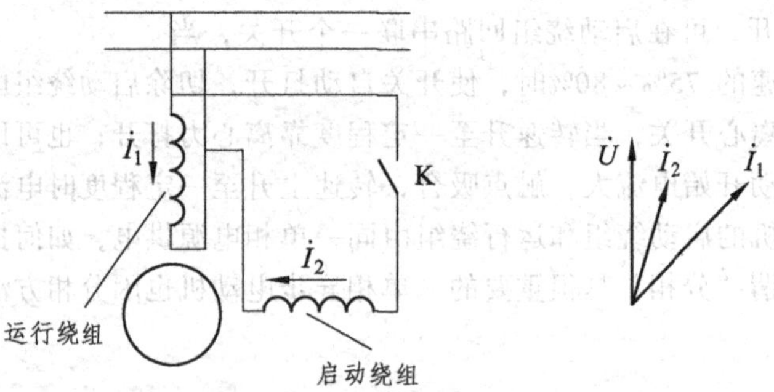

（a）（b）

图 3-10 电阻分相式单相异步电动机原理图

二、电容分相式单相异步电动机

电容分相式异步电动机是在启动绕组回路中串联一电容器，使启动绕组中的电流 $\dot{I}_2$ 超前于电压 $\dot{U}$，从而与 $\dot{I}_1$ 之间产生较大的相位差，其启动性能和运行性能均优于电阻分相式电动机。根据性能要求的不同，电容分相式单相异步电动机分为以下 3 种。

（一）电容启动单相异步电动机

图 3-11（a）所示为电容启动单相异步电动机的原理图，启动绕组串联一个电容器 C 和一个启动开关 K，再与运行绕组并联接单相电源。电容器的大小合适时，启动绕组的电流相位差接近 90° 电角度，其相量图如图 3-11（b）所示。这样可使启动时电动机中的磁动势接

近于圆形，这种电动机的机械特性如图 3-11（c）所示，其中曲线 1 为接入启动绕组启动时的机械特性，曲线 2 的实线部分为启动开关断开、启动绕组切除以后的机械特性。

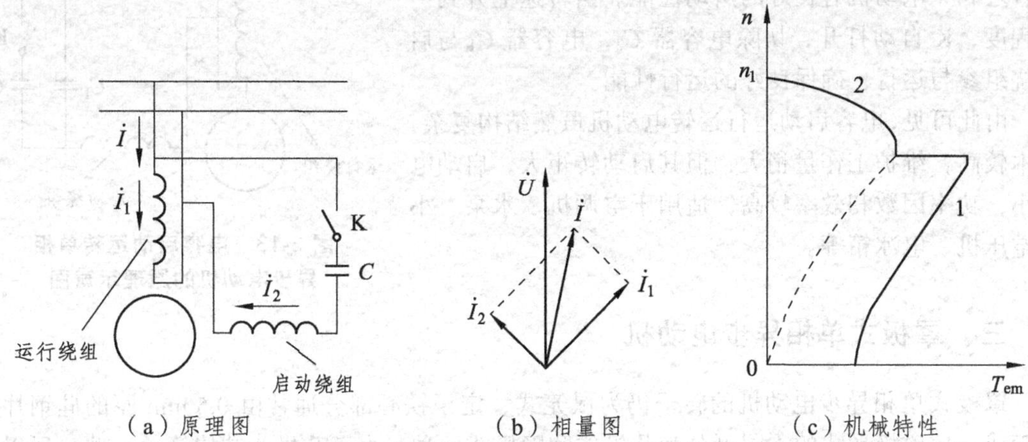

图 3-11　电容启动单相异步电动机的原理及机械特性

启动绕组是按短时运行方式设计的，如果长期通过电流，会因过热而烧坏。因此，启动过程中，当电动机的转速达到同步转速的 75% ~ 85% 时，由离心开关 K 把启动绕组从电源断开，电动机便作为单绕组异步电动机运行。

电容启动单相异步电动机有较大的启动转矩，但启动电流也较大，适用于各种满载启动的机械，如小型空气压缩机，在部分电冰箱压缩机中也使用它。

(二) 电容运转单相异步电动机

电容运转单相异步电动机是指启动绕组及电容始终参与工作的电动机，其电路如图 3-12 所示。与电容启动单相异步电动机相比，仅将启动开关去掉，使启动绕组和电容器不仅启动时起作用，运行时也起作用，这样可以提高电动机的功率因数和效率，所以这种电动机的运行性能优于电容启动电动机。

电容运转电动机启动绕组所串联的电容器 C 的电容量，主要是根据运行性能要求而确定的，比根据启动性能要求而确定的电容量要小，为此，这种电动机的启动性能不如电容启动电动机好。电容运转电动机不需要启动开关，所以结构比较简单，价格也比较便宜，使用维护方便，只要任意改变启动绕组（或运行绕组）首端和末端与电源的接线，即可改变旋转磁场的转向，从而实现电动机的反转。电容运转单相异步电动机常用于吊扇、台扇、洗衣机、复印机、吸尘器、通风机等。

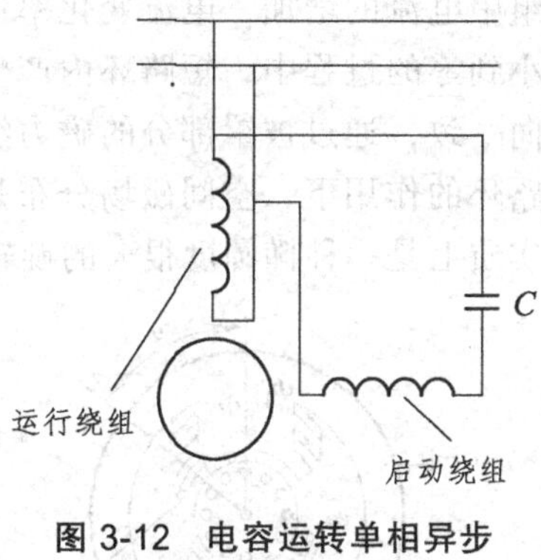

图 3-12　电容运转单相异步电动机的原理示意图

电容运转单相异步电动机是应用最普遍的单相异步电动机。

(三) 电容启动运转单相异步电动机

图 3-13 所示为电容启动运转单相异步电动机的原理示意图，在启动绕组回路中串入两个

并联的电容器 C_1 和 C_2，其中电容器 C_2 串接启动开关 K。启动时，K 闭合，两个电容器同时作用，电容量为两者之和，电动机有良好的启动性能。当转速上升到一定程度，K 自动打开，切除电容器 C_2，电容器 C_1 与启动绕组参与运行，确保良好的运行性能。

由此可见，电容启动运行运转电动机虽然结构复杂，成本较高，维护工作量稍大，但其启动转矩大，启动电流小，功率因数和效率较高，适用于空调机、水泵、小型空压机、电冰箱等。

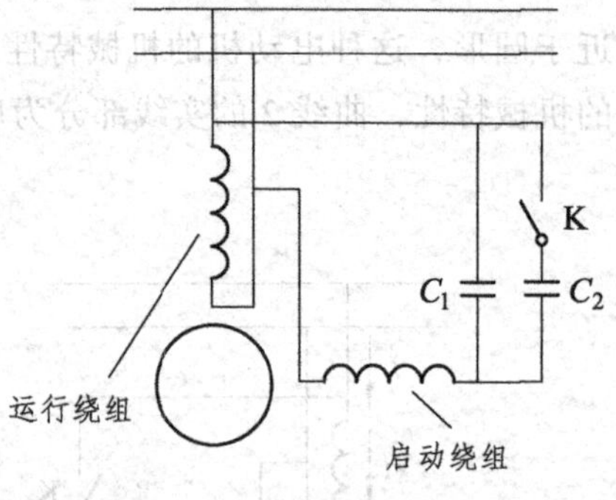

图 3-13 电容启动运转单相异步电动机的原理示意图

三、罩极式单相异步电动机

罩极式单相异步电动机的转子仍为鼠笼式，定子铁心部分通常由 0.5 mm 厚的硅钢片叠压而成，按磁极形式的不同可分为凸极式和隐极式两种。由于凸极式结构简单一些，所以罩极式单相异步电动机的定子铁心一般都做成凸极式的。如图 3-14（a）、（b）所示，在每个极上装有集中绕组，称为主绕组（工作绕组），极面上开有小槽，以便嵌入短路铜环，一般短路环罩住约 1/4～1/3 的极面，这部分磁极叫作被罩部分，其余部分称为未罩部分，当工作绕组通以单相交流电时，产生一脉振磁通，一部分通过磁极未罩部分，一部分通过短路环，后者必然在短路环中发生电磁感应，产生感应电动势及电流，根据楞次定律，感应电流产生的磁通阻止铁心中原磁通变化，这就使通过短路环部分的磁通 Φ_2 与通过磁极未罩部分的磁通 Φ_1 在时间上不同相，并且总要滞后一个角度，而且两者在数量上也有差别，于是在电动机内产生了一个移动磁场。如图 3-14（c）所示，定子绕组通入单相交流电，当电流由零开始增大时，铁心中磁通也随之增大，短路环中感应电流产生磁通阻止铁心中原磁通的增加，使通过被罩部分的磁力线较未罩部分铁心中磁力线要稀疏，磁场中心偏于极面一侧，随着绕组中电流的增加，电流变化率逐渐减小，磁场分布逐渐均匀。当主绕组中电流从最大值减小到零的过程中，短路环内产生与刚才相反的感应电流，它产生的磁通与铁心中原磁通方向一致，通过被罩部分的磁力线较未罩部分稠密，磁场中心偏于极面另一侧。可见，在短路环的作用下，空间磁场分布是连续移动的，由磁极未罩部分向被罩部分移动，这种磁场实质上是一种椭圆度很大的旋转磁场，从而使电动机获得一定启动转矩而转动起来。

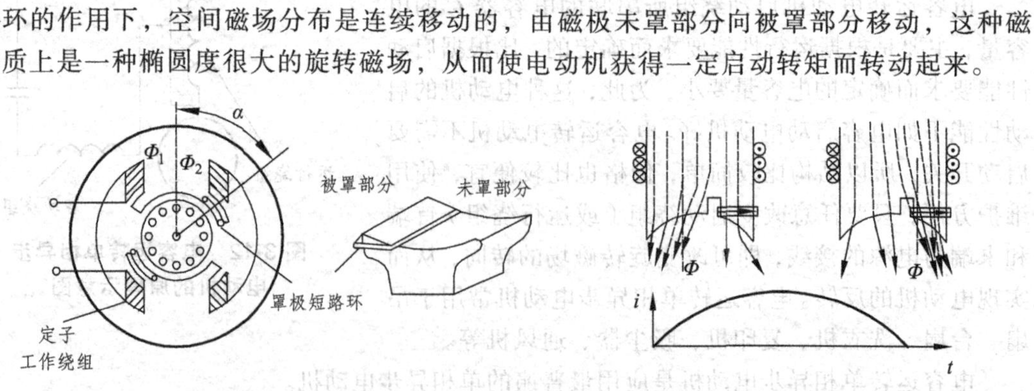

（a）结构示意图 （b）定子磁极 （c）短路环的作用使磁场中心偏移

图 3-14 凸极式罩极单相异步电动机结构原理图

罩极式电动机依靠其结构上的特殊性产生了旋转磁场，由于该磁场椭圆度大、波形差，故其启动性能、运行性能、效率和功率因数都较低，因此不适宜做成大功率电动机。

罩极式电动机的主要优点是结构简单、成本低，运行时噪声小，经久耐用，容易维修，在录音机、电钟、电动模型、小型电扇等需要小功率电动机的器械中常被采用。

小　结

1. 为了解决单相异步电动机不能自行启动的问题，常采用分相启动和罩极启动，两种启动方法的共同点是：在气隙中建立一个旋转磁场。

2. 单相异步电动机的类型主要有：电容分相电动机、电容运转电动机、罩极式电动机。前两种采用分相启动，后一种采用罩极启动。

第四节　单相异步电动机的调速及反转

【学习目标】

1. 掌握单相异步电动机的调速方法。
2. 掌握单相异步电动机的正反转方法。

一、单相异步电动机的调速

单相异步电动机的调速原理与三相异步电动机一样，可以采用改变电源频率（变频调速）、改变电源电压（调压调速）、改变绕组的磁极对数（变极调速）等多种方法。目前，使用最普遍的是改变电源电压的调压调速。

调压调速有两个特点：一是电源电压只能从额定电压往下调，因此电动机的转速也只能是从额定转速往低调；二是因为异步电动机的电磁转矩与电源电压的平方成正比，因此电压降低时，电动机的转矩和转速都下降，所以这种调速方法只适用于转矩随转速的下降而下降的负载（称为风机负载），如风扇、鼓风机等。常用的调压调速又分为串电抗器调速、自耦变压器调速、串电容调速、绕组抽头法调速、晶闸管调压调速、PTC 元件调速等多种，下面分别予以介绍。

(一) 串电抗器调速

将电抗器与电动机定子绕组串联，通电时，利用在电抗上产生的电压降施加到电动机定子绕组上的电压低于电源电压，从而达到降低转速的目的。因此，用串电抗器调速时，电动机的转速只能由额定转速往低调。图 3-15（a）所示为罩极电动机串电抗器调速电路图，图 3-15（b）所示为电容运转电动机带有指示灯的电路。

这种调速方法线路简单、操作方便。缺点是电压降低后，电动机的输出转矩和功率明显降低。因此，该方法只适用于转矩及功率都允许随转速降低而降低的场合，目前主要用于吊扇及台扇上。

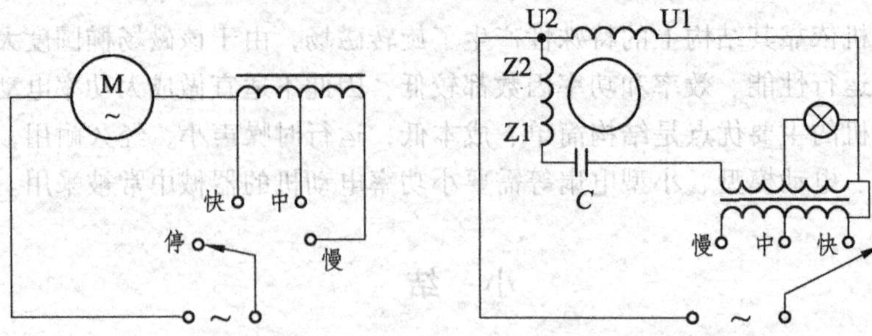

（a）罩极电动机　　（b）电容运转电动机（带指示灯）

图 3-15　单相异步电动机串电抗器调速电路

(二) 自耦变压器调速

加在单相异步电动机上的电压调节可通过自耦变压器来实现，如图 3-16 所示。图 3-16（a）所示电路在调速时是使整台电动机降压运行，因此在低速挡时启动性能较差。图 3-16（b）所示电路在调速时仅使工作绕组降压运行，所以它的低速挡启动性能较好，但接线较复杂。

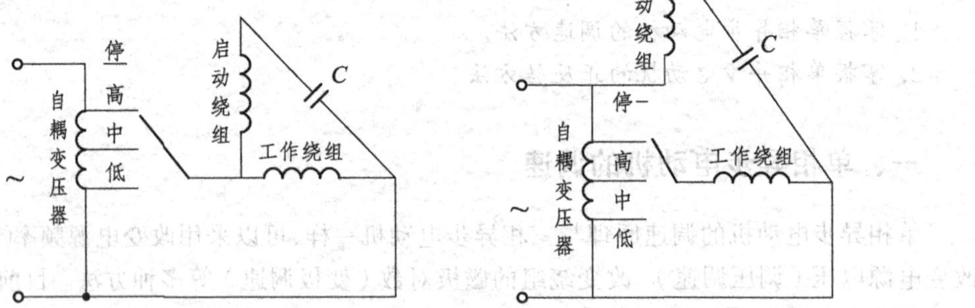

（a）　　（b）

图 3-16　自耦变压器的调速电路

(三) 串电容调速

将不同容量的电容器串入单相异步电动机电路中，也可调节电动机的转速。由于电容器容抗与电容量成反比，故电容量越大，容抗就越小，相应的电压降也小，电动机转速就高；反之，电容量越小，容抗就越大，电动机转速就低。图 3-17 所示为具有 3 挡速度的串电容调速风扇电路，图中电阻器 R_1 及 R_2 为泄放电阻，在断电时将电容器中的电能泄放掉。

由于电容器具有两端电压不能突变的特点，因此在电动机启动瞬间，调速电容器两端电压为零，即电动机上的电压为电源电压，因此，电动机启动性能好。正常运行时电容器上无功率损耗，故效率较高。

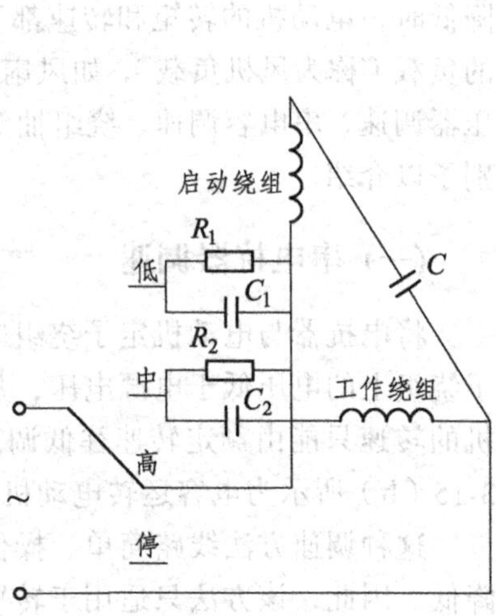

图 3-17　串电容器调速电路

(四) 绕组抽头法调速

这种调速方法是在单相异步电动机的定子铁心上再嵌放一个中间绕组（又称调速绕组），如图 3-18 所示。此时电动机定子铁心槽中嵌有工作绕组 U1U2，启动绕组 Z1Z2 和中间绕组 D1D2。通过调速开关改变中间绕组与启动绕组及工作绕组的接线方法，从而达到改变电动机内部气隙磁场的大小，达到调节电动机转速的目的。

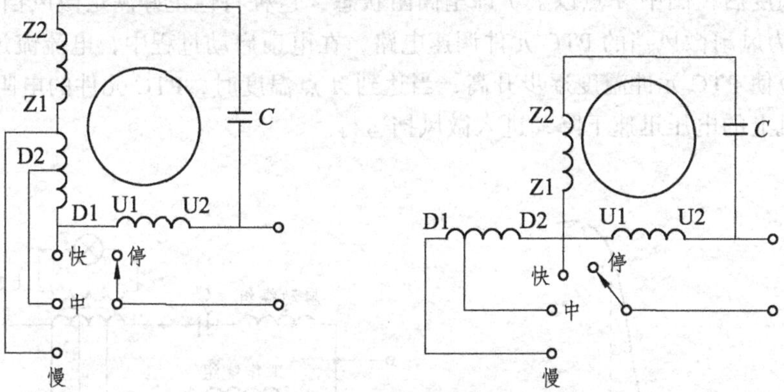

（a）L 形接线法　　（b）T 形接线法

图 3-18　电容电动机的绕组抽头法调速电路

这种调速方法通常有 L 形接法和 T 形接法两种，其中 L 形接法调速时，在低速挡中间绕组只与工作绕组串联，启动绕组直接加电源电压，因此低速挡时启动性能较好，目前使用较多。T 形接法低速挡的启动性能较差，且流过中间绕组中的电流较大。

与串电抗调速比较，用绕组内部抽头调速无须电抗器，故材料省、耗电少；缺点是绕组嵌线和接线比较复杂，电动机与调速开关的接线较多。

(五) 晶闸管调压调速

前面介绍的各种调压调速电路都是有级调速，目前采用晶闸管调压的无级调速已越来越多。图 3-19 所示为吊扇晶闸管调压调速电路，整个电路只用了双向晶闸管、双向二极管、带电源开关的电位器、电阻器和电容器 5 个元件，电路结构简单，调速效果好。

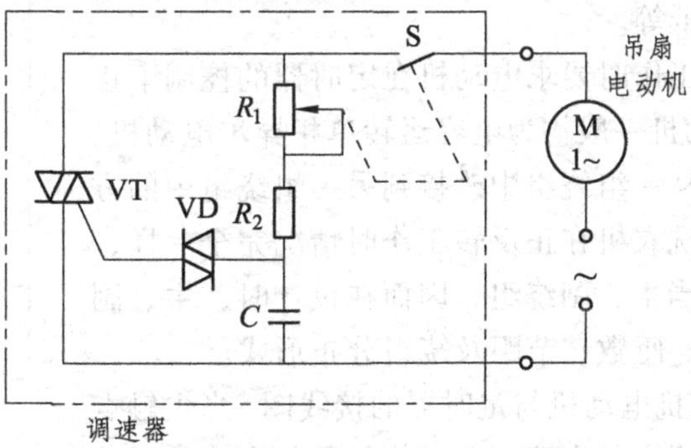

图 3-19　吊扇晶闸管调压调速电路

(六) PTC 元件调速

在需要有微风挡的电风扇中，常采用 PTC 元件调速电路。所谓微风，是指电扇转速在 500 r/min 以下送出的风，如果采用一般的调速方法，电扇电动机在这样低的转速下往往难以启动，较为简单的方法就是利用 PTC 元件的特性来解决这一问题。

图 3-20 所示为 PTC 元件的工作特性，当温度 t 较低时，PTC 元件本身的电阻值很小，当高于一定温度后（图中 A 点以上）即呈高阻状态，这种特性正好满足微风挡的调速要求。图 3-21 所示为风扇微风挡的 PTC 元件调速电路，在电扇启动过程中，电流流过 PTC 元件，电流的热效应使 PTC 元件温度逐步升高，当达到 A 点温度时，PTC 元件的电阻值迅速增大，使电扇电动机上的电压迅速下降，进入微风挡运行。

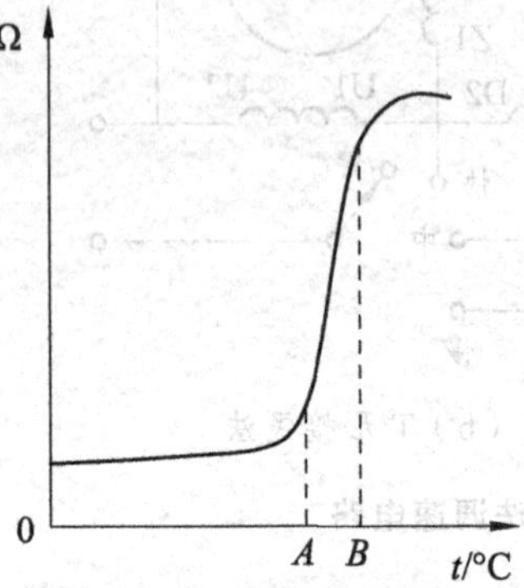

图 3-20 PTC 元件的工作特性

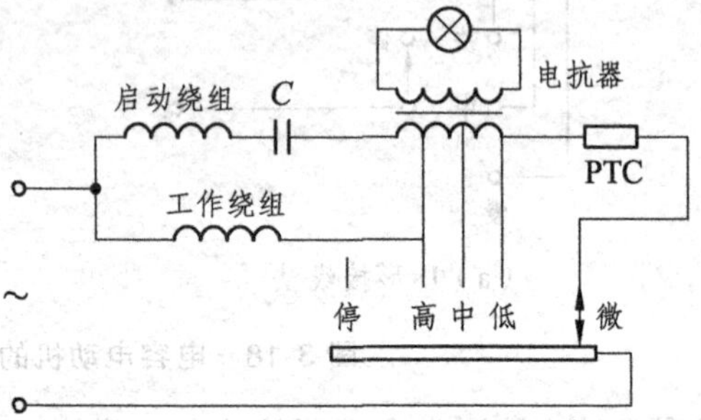

图 3-21 风扇微风挡的 PTC 元件调速电路

二、单相异步电动机的正反转

单相异步电动机的转向与旋转磁场的转向相同，因此要使单相异步电动机反转就必须改变旋转磁场的转向，其方法有两种：一种是把工作绕组（或启动绕组）的首端和末端与电源的接线对调，就改变了旋转磁场的方向，从而使电动机反转；另一种是把电容器从一组绕组中改接到另一组绕组中（此法只适用于电容运转单相异步电动机），从而改变旋转磁场和转子的转向。

洗衣机用电动机是驱动家用洗衣机的动力源。对洗衣机用电动机的主要要求是出力大，启动好，耗电少，温升低，噪声小，绝缘性能好，成本低等。

洗衣机的洗涤桶在工作时要求电动机在定时器的控制下正反交替运转，由于其电动机一般均为电容运转单相异步电动机，故一般均采用将电容器从一组绕组中改接到另一组绕组中的方法来实现正反转。因为洗衣机在正反转工作时情况完全一样，所以两相绕组可轮流充当主、副绕组，因而在设计时，主、副绕组应具有相同的线径、匝数、节距及绕组分布形式。

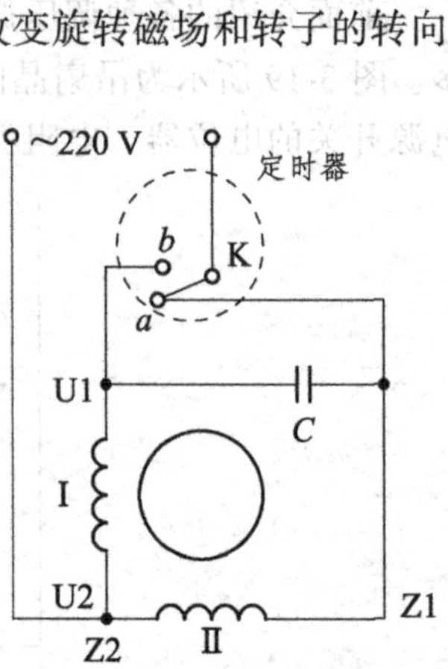

图 3-22 洗衣机用电容运转电动机的正、反转控制

图 3-22 所示为洗衣机电动机与定时器的接线图，当主触点 K 与 a 接触时，流进绕组 I 的电流超前于绕组 II 的电流某一角度。假如这时电动机按顺时针方向旋转，那么当 K 切换到 b

点，流进绕组Ⅱ的电流超前绕组Ⅰ的电流一个电角度，电动机便逆时针旋转。

洗衣机脱水用电动机也是采用电容运转式电动机，它的原理和结构同一般单相电容运转电动机相同。由于脱水时一般不需要正反转，故脱水用电动机按一般单相电容运转异步电动机接线，即主绕组直接接电源，副绕组和移相电容串联后再接入电源。由于脱水用电动机只要求单方向运转，所以主、副绕组采用不同的线径和匝数绕制。

小 结

1. 单相异步电动机的调速方法有：串电抗器调速、自耦变压器调速、串电容调速、绕组抽头法调速、晶闸管调压调速和 PTC 元件调速。

2. 单相异步电动机的正反转方法有两种：一种是对调工作绕组（或启动绕组）的首端和末端与电源的接线；另一种是把电容器从一组绕组中改接到另一组绕组中（此法只适用于电容运转单相异步电动机）。

习 题

一、填空题

1. 单相异步电动机的主要结构包括________、________、________以及________等。

2. 单相异步电动机负责启动的绕组有使主、副绕组中的电流____________的作用。

3. 单相分相式异步电动机包括________、________、________、________。

4. 罩极式异步电动机分为________________和________________两种。

5. 单相异步电动机的调速有__________、__________、__________三大类。

6. 电容分相式单相交流电动机的旋转方向与______绕组和_______绕组的接法有关，在这两个绕组在__________的作用下，其相位相差______，形成近似于圆形的旋转磁场。

7. 单相异步电动机串电抗器调速有两种方式：一种是主、副绕组并联后与电抗器相串联，一种是____。

8. 单相异步电动机采用晶闸管调速，只要改变______________，就可以改变电动机____________、实现____________。

二、判断题（在括号内打“√”或打“×”）

1. 电阻分相式异步电动机的主绕组和副绕组中的阻抗都是感性的，两相电流的相位差不可能达到 90° 电角度，而且其值也不大。 (　　)

2. 单相异步电动机的体积较同容量的三相异步电动机大，但功率因数、效率和过载能力都比同容量的三相绕组异步电动机低。 (　　)

3. 单相异步电动机的容量一般都很小，它的绕组有集中式和分布式。例如集中式绕组每个磁极只有一个工作绕组，一个启动绕组通以正弦交流电，它的磁场波形也是正弦波形，只不过不旋转而已。 (　　)

4. 单相双值电容电动机启动时，采用两个电容并联以增大电容值，达到增大启动转矩的目的。启动后，切除一个电容，减少电容值的目的是为了提高功率因数，有较好的工作性能。 (　　)

三、选择题（将正确答案的序号填入括号内）

1. 分相式单相异步电动机在运行时，若两绕组之一断开，则电动机（ ）。

A. 立即停转　　B. 继续转动　　C. 有可能继续转动

2. 分相式单相异步电动机改变转向的具体方法是（ ）。

A. 对调两绕组之一的首末端

B. 同时对调两绕组的首末端

C. 对调电源的极性

3. 单相异步电动机的基本类型有（ ）。

A. 分相式电动机、罩极式电动机

B. 分相启动电动机.电容运转电动机、双值电容电动机、罩极式电动机

C. 电阻启动电动机、电容启动电动机、电容运转电动机、电容启动和运转电动机

4. 单相异步电动机的绕组基本结构类型有（ ）。

A. 主绕组、副绕组　　B. 集中绕组、分布绕组

C. 单层绕组、双层绕组　　D. 正弦绕组、非正弦绕组

四、问答题

1. 为什么单相异步电动机不能自行启动？怎样才能使它启动？

2. 怎样改变单相电容式电动机和罩极式电动机的旋转方向？

3. 单相异步电动机的优点是什么？

4. 电容启动单相异步电动机的启动原理是什么？

5. 电阻启动单相异步电动机的启动原理是什么？

6. 单相电容启动异步电动机与单相电容运行异步电动机有什么相同点和不同点？各有哪些优越性？

7. 简述罩极电动机中短路环的作用原理。

8. 单相异步电动机的集中绕组和分布绕组各有哪些优越性？

9. 单相异步电动机的单层绕组和双层绕组各有哪些优缺点？

10. 单相异步电动机的正弦绕组有哪些优缺点？

11. 你家的电风扇、吊式电风扇或换气扇用的调速方法是哪一种？画出调速控制线路图。

第四章　直流电机

直流电机是实现直流电能与机械能之间相互转换的电力机械，按照用途可以分为直流电动机和直流发电机两类。将机械能转换成直流电能的电机称为直流发电机；将直流电能转换成机械能的电机称为直流电动机。熟悉直流电机的结构、工作原理和性能特点，掌握其主要参数的分析计算，正确并熟练地操作使用直流电机是电气技术工作的重要内容。

直流电动机拖动性能良好，所以它是工矿、交通、建筑等行业中比较常见的动力机械，是机电行业人员的重要工作对象之一。直流发电机主要用作各种直流电源，如直流电动机电源、化学工业中所需的低电压大电流的直流电源、直流电焊机电源等。

直流电机有以下优点：

（1）直流电动机与交流电动机相比，具有优良的调速性能和启动性能。直流电动机具有宽广的调速范围，平滑的无级调速特性，可实现频繁的无级快速启动、制动和反转。

（2）过载能力强，能承受频繁的冲击负载；能满足自动化生产系统各种不同的特殊运行要求。

（3）直流发电机能提供无脉动的大功率直流电源，且输出电压可以精确地调节和控制。

直流电动机也有它显著的缺点：一是制造工艺复杂，消耗有色金属较多，生产成本高；二是运行时由于电刷与换向器之间容易产生火花，因而可靠性较差，维护比较困难。所以在一些对调速性能要求不高的领域中已被交流变频调速系统所取代。但是在某些要求调速范围大、快速启动要求高、精密度好、控制性能优异的场合，直流电动机的应用目前仍占有较大的比重。

由于直流电动机具有良好的启动和调速性能，常应用于对启动和调速有较高要求的场合，如大型可逆式轧钢机、矿井提升机、宾馆高速电梯、龙门刨床、电力机车、内燃机车、城市电车、地铁列车、电动自行车、造纸和印刷机械、船舶机械、大型精密机床和大型起重机等生产机械。

第一节　直流电机的结构

【学习目标】

1. 掌握直流电机的基本结构。
2. 了解直流电机各组成部分的作用。

直流电机的结构由两个主要部分组成：① 静止部分（称为定子），主要用来产生磁场；② 转动部分（称为转子，通称电枢），是机械能变为电能（发电机）或电能变为机械能（电动机）的枢纽。在定、转子之间有一定的间隙称为气隙。直流电动机的结构如图 4-1 所示。

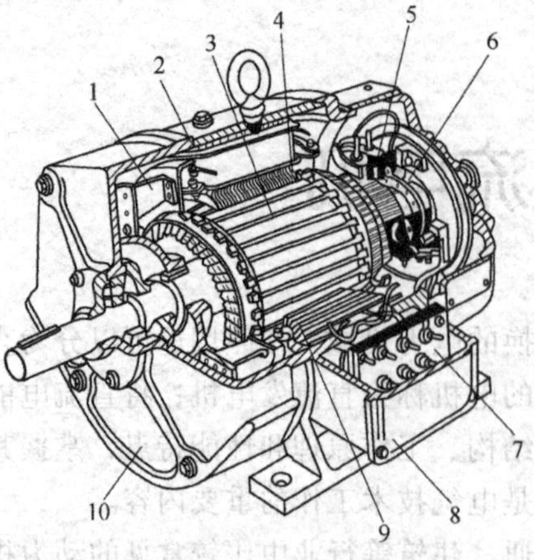

1—风扇；2—机座；3—电枢；4—主磁极；
5—刷架；6—换向器；7—接线板；
8—出线盒；9—换向极；10—端盖。

（a）主要结构图

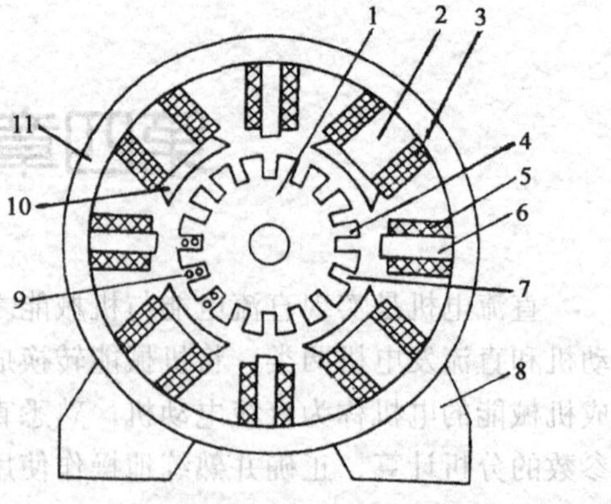

1—电枢铁心；2—主磁极铁心；3—励磁绕组；4—电枢齿；
5—换向极绕组；6—换向极铁心；7—电枢槽；8—底座；
9—电枢绕组；10—极掌（极靴）；11—磁轭（机座）。

（b）径向剖面图

图 4-1 直流电动机的结构示意图

一、定子部分

定子的主要作用是产生磁场和机械支撑，由主磁极、换向极、机座、端盖、轴承、电刷装置等组成。

(一) 主磁极

主磁极叫主极，是电机磁路的一部分，如图 4-2 所示，它由主磁极铁心和励磁绕组组成，其作用是产生主磁场。只有小型直流电机的主磁极才用永久磁铁，这种电机叫永磁直流电机。主磁极铁心一般用 1 ~ 1.5 mm 厚的钢板冲片叠压铆接而成，套绕组的部分称为极身，靠近气隙的部分称为极靴，极靴比极身要宽，以使励磁绕组牢固地套在主磁极铁心上。励磁绕组由绝缘导线制成，套在主磁极铁心外面，各主磁极上励磁绕组的连接通常是串联，通电时要保证相邻的极性呈 N 极和 S 极交替排列。整个主磁极用螺钉固定在机座上。

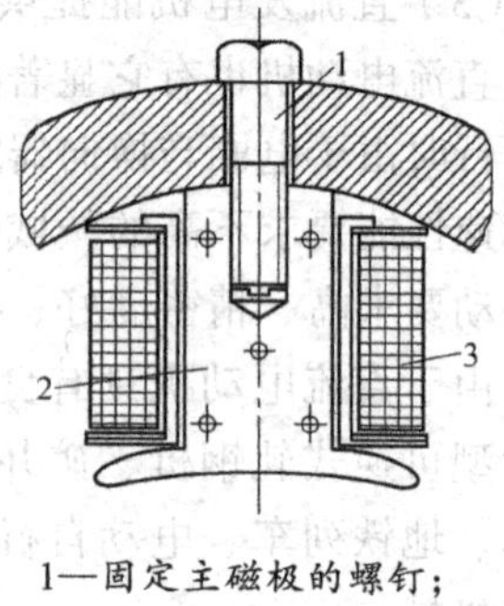

1—固定主磁极的螺钉；
2—主磁极铁心；3—励磁绕组。

图 4-2 主磁极的结构示意图

(二) 换向极

换向极由铁心和绕组组成，装在两相邻主磁极之间，如图 4-3 所示。其作用是产生换向磁场，改善电动机的换向，使电刷与换向片之间的火花减少。换向极铁心一般用整块钢或钢板制成，对换向性能要求高的电动机，采用 1 ~ 1.5 mm 的钢板叠压而成。换向极绕组由绝缘导线绕制而成，且其与电枢绕组串联。整个换向极用螺钉固定在机座上，换向极数目和主磁极数目相等。

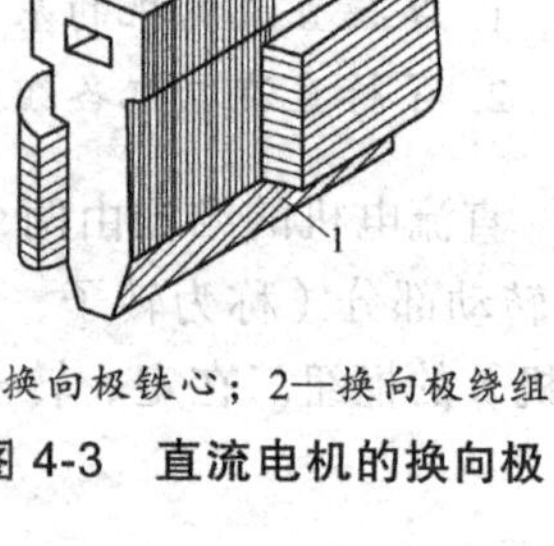

1—换向极铁心；2—换向极绕组。

图 4-3 直流电机的换向极

(三) 电刷装置

电刷装置由电刷、刷握、刷杆、压紧弹簧和铜丝辫等组成，如图 4-4 所示。其作用是将直流电压、直流电流引入或引出电枢绕组。电刷由石墨制成，放在刷握内，用弹簧压紧在换向片表面。刷握固定在刷杆上，刷杆装在刷架上，它们彼此之间绝缘。整个电刷装置的位置调整好后，将其固定。一般电刷装置的组数与电动机的主磁极极数相等。

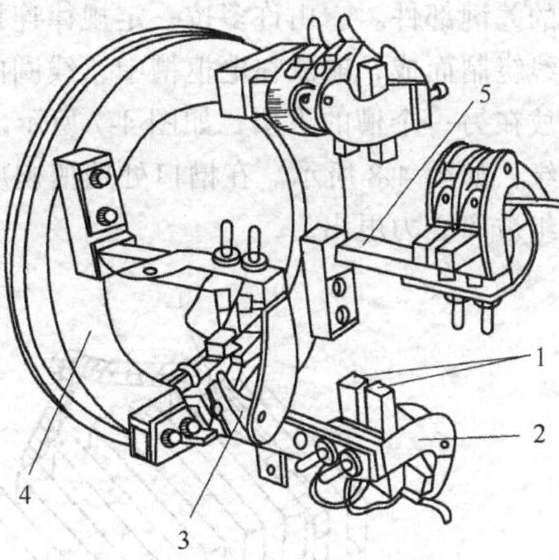

1—电刷；2—刷握；3—弹簧压板；
4—座圈；5—刷杆。

图 4-4　直流电机的电刷装置

(四) 机座

机座是电动机的机械支撑，用来固定主磁极、换向极和端盖等零件。一般直流电机都用整体机座。所谓整体机座，就是一个机座同时起两方面的作用：　一方面起导磁的作用；一方面起机械支撑的作用。由于机座要起导磁的作用，所以它是主磁路的一部分，叫定子磁轭，一般多用导磁效果较好的铸钢材料制成，在小型直流电机中也有采用厚钢板的。主磁极、换向极以及两个端盖（中、小型电机）都固定在电机的机座上，所以机座又起到了机械支撑的作用。

二、转子部分

转子的作用是感应电动势并产生电磁转矩，从而实现机电能量转换。它包括电枢铁心、电枢绕组、换向器、轴和风扇等。

(一) 电枢铁心

电枢铁心是电动机磁路的一部分，铁心中嵌放着电枢绕组，如图 4-5 所示。为减少电动机中的铁损耗，常将电枢铁心用 0.5 mm 厚的硅钢片叠压而成，冲片圆周外缘均匀地冲有许多齿和槽，槽内嵌放电枢绕组；冲片上一般还冲有许多圆孔，以形成改善散热效果的轴向通风孔，如图 4-6 所示。

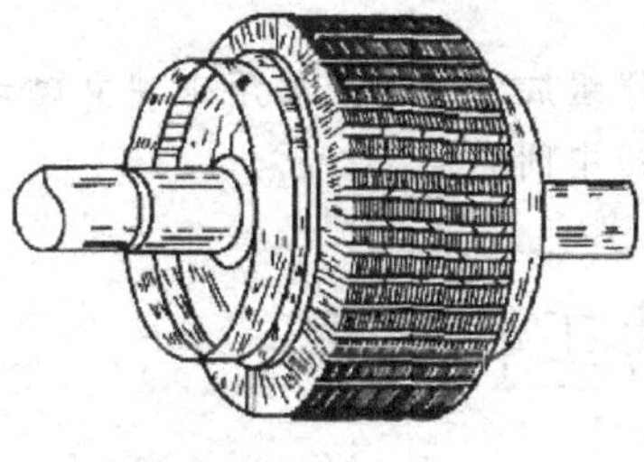

图 4-5　电枢铁心

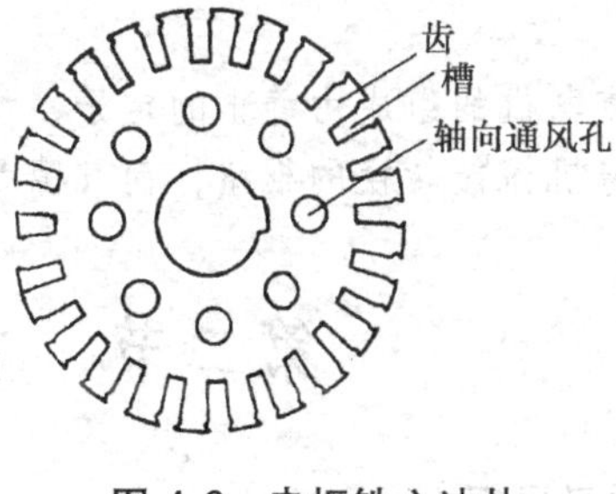

图 4-6　电枢铁心冲片

(二) 电枢绕组

电枢绕组是电动机的电路部分，其作用是产生电磁转矩和感应电势，是实现机电能量转换的关键部件。它由许多按一定规律连接的线圈组成，线圈一般用带绝缘的圆形或矩形截面导线绕制而成，嵌放在电枢槽中，线圈的一条有效边嵌放在某个槽的上层，另一条有效边则嵌放在另一个槽的下层，如图 4-7 所示。槽内的线圈上、下层之间及线圈与铁心之间均包有绝缘，如图 4-8 所示。在槽口处用槽楔压紧绕组，端部用钢丝或无纬玻璃丝带扎紧，以防止绕组被离心力甩出。

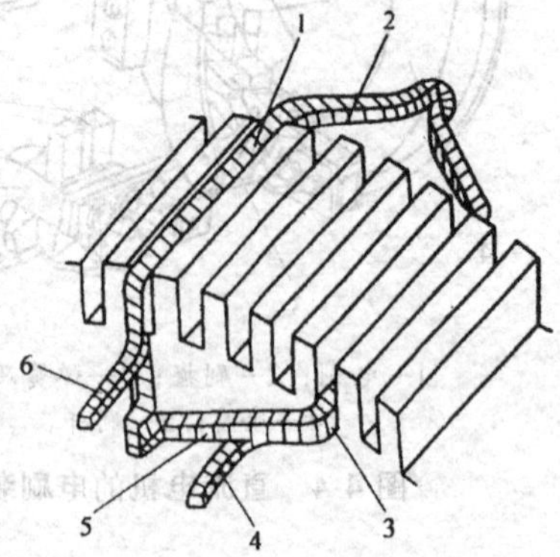

1—上层有效边；2，5—端接部分；
3—下层有效边；4—线圈尾端；6—线圈首端。

图 4-7 线圈在槽内安放示意图

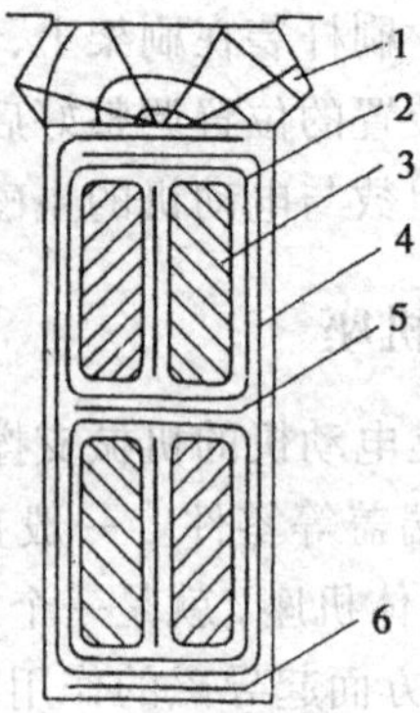

1—槽楔；2—线圈绝缘；3—导体；
4—层间绝缘；5—槽绝缘；6—槽底绝缘。

图 4-8 电枢槽内的导体和绝缘

(三) 换向器

换向器是直流电动机的关键部件。其作用是：在电动机中和电刷一起将电动机外部的直流转换成绕组内的交流，起到“逆变”作用；在发电机中和电刷一起将发电机内部的交流转换成外部的直流，起到“整流”作用。换向器由许多彼此绝缘的换向片组成，换向片之间用 0.4 ~ 1.2 mm 的云母片绝缘，电枢绕组每个线圈的两端分别焊接在两个换向片上，如图 4-9 所示。

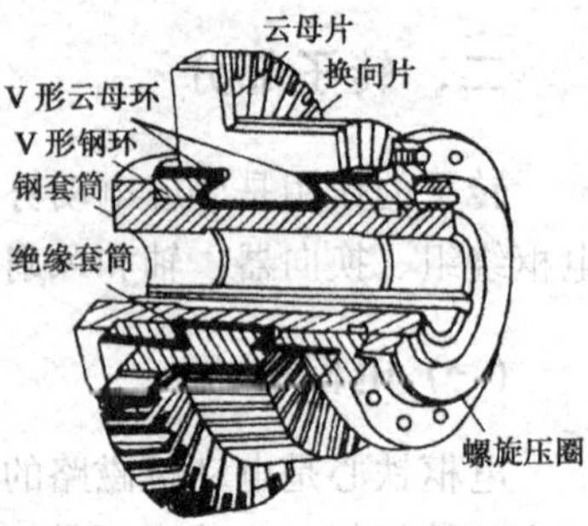

图 4-9 换向器

小 结

直流电机的组成由静止的定子、旋转的转子及气隙组成。定子主要用来建立磁场，转子是电能与机械能转换的枢纽，而气隙是传递磁场能量的中间介质。

第二节 直流电机的工作原理

【学习目标】

1. 掌握直流电动机的工作原理。
2. 掌握直流发电机的工作原理。

从能量转换的角度可以将直流电机分为直流电动机和直流发电机两大类，其工作原理可通过直流电机的简化模型进行说明。

一、直流发电机的工作原理

图 4-10 所示为直流发电机的简化模型。图中，N、S 为固定不动的定子磁极，*abcd* 是固定在可旋转的导磁圆柱体上的转子线圈，线圈的首端 *a*，末端 *d* 连接到两个相互绝缘并可随线圈一同转动的导电换向片上。转子线圈与外电路的连接是通过放置在换向片上固定不动的电刷来实现的。在定子与转子间有间隙存在，称为气隙。当有原动机拖动转子以一定的转速逆时针旋转时，根据电磁感应定律可知，在切割磁场的线圈 *abcd* 中将产生感应电动势。

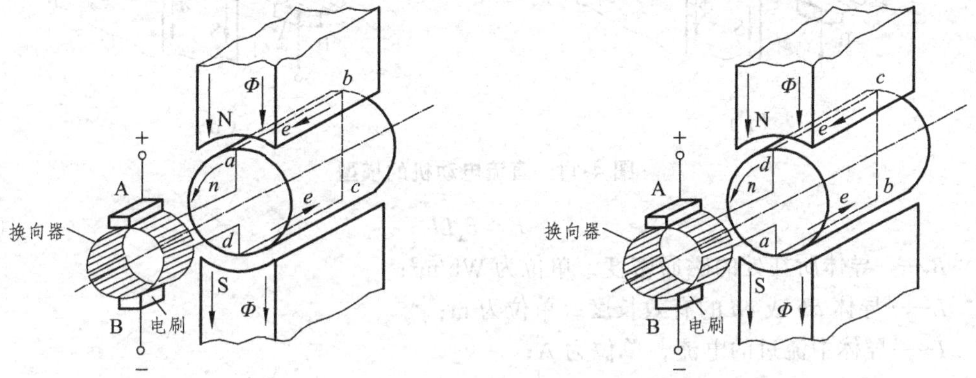

（a）　（b）

图 4-10　直流发电机的模型

两条有效边（*ab*、*cd*）导体中产生的感应电动势大小应为：

$$e = B_x L v \tag{4-1}$$

式中　B_x——导体所在处的磁通密度，单位为 Wb/m^2；

L——导体 *ab* 或 *cd* 的有效长度，单位为 m；

v——导体 *ab* 或 *cd* 与 B_x 间的相对线速度，单位为 m/s；

e——导体感应电动势，单位为 V。

导体中感应电动势的方向可用右手定则确定。在逆时针旋转情况下，如图 4-10（a）所示，导体 *ab* 在 N 极下，产生的感应电动势方向为由 *b* 点指向 *a* 点；导体 *cd* 在 S 极下，产生的感应电动势的方向为由 *d* 点指向 *c* 点，在此状态下电刷 A 的极性为正，电刷 B 的极性为负。当线圈旋转 180° 时，如图 4-10（b）所示，导体 *ab* 在 S 极下，产生的感应电动势的方向为由 *a* 点指向 *b* 点；而导体 *cd* 则在 N 极下，产生的感应电动势的方向为由 *c* 点指向 *d* 点，此时虽然导体中的感应电动势方向已改变，但由于原来与电刷 A 接触的换向片已经与电刷 B 接触，而与电刷 B 接触的换向片同时换到与电刷 A 接触，因此电刷 A 的极性仍为正，电刷 B 的极性仍为负。

从图 4-10 中可以看出，导体 *ab* 和 *cd* 中感应电动势的方向是交变的，而与电刷 A 接触的导体总是位于 N 极下，与电刷 B 接触的导体总是在 S 极下，因此电刷 A 的极性总为正，而电刷 B 的极性总为负，在电刷两端可获得直流电动势输出。

二、直流电动机的工作原理

若把电刷 A、B 接到一直流电源上，电刷 A 接电源的正极，电刷 B 接电源的负极，此时在电枢线圈中将有电流流过。如图 4-11（a）所示，设线圈的 *ab* 边位于 N 极下，线圈的 *cd* 边位于 S 极下，则导体每边所受电磁力的大小为：

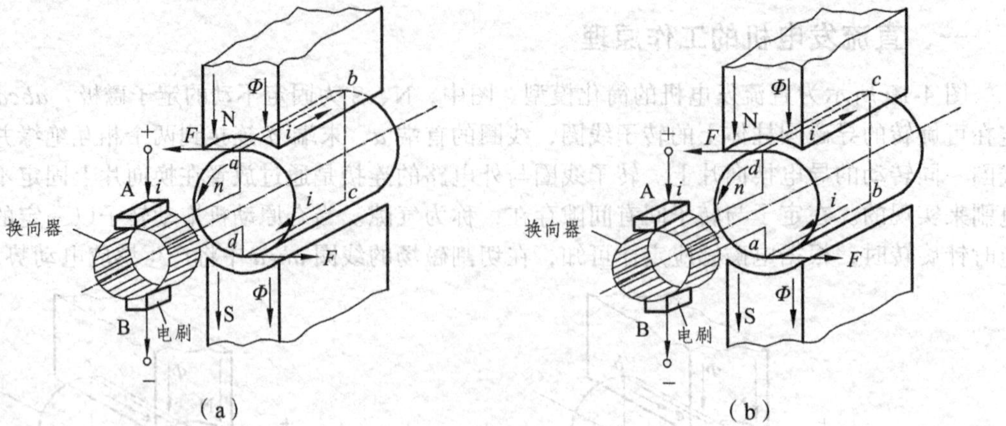

图 4-11 直流电动机的模型

$$F = B_x LI \tag{4-2}$$

式中 B_x——导体所在处的磁通密度，单位为 Wb/m^2；

L——导体 *ab* 或 *cd* 的有效长度，单位为 m；

I——导体中流过的电流，单位为 A；

F——电磁力，单位为 N。

导体受力方向由左手定则确定。在图 4-11（a）的情况下，位于 N 极下的导体 *ab* 的受力方向为从右向左，而位于 S 极下的导体 *cd* 的受力方向为从左向右。该电磁力与转子半径的乘积即为电磁转矩，该转矩的方向为逆时针。当电磁转矩大于阻转矩时，线圈按逆时针方向旋转。当电枢旋转到图 4-11（b）所示的位置时，原来位于 S 极下的导体 *cd* 转到 N 极下，其受力方向变为从右向左；而原来位于 N 极下的导体 *ab* 转到 S 极下，其受力方向变为从左向右，该转矩的方向仍为逆时针方向，线圈在此转矩作用下继续按逆时针方向旋转。这样虽然导体中流通的电流为交变的，但 N 极下导体的受力方向和 S 极下导体的受力方向并未发生变化，电动机在此方向不变的转矩作用下转动。

实际直流电动机的电枢根据实际应用情况有多个线圈，线圈分布于电枢铁心表面的不同位置上，并按照一定的规律连接起来，构成电机的电枢绕组。磁极 N、S 也是根据需要交替放置多对。

小 结

1. 直流电机的工作原理建立在电磁感应定律和电磁力定律的基础上。在不同的外部条件下，电机中能量转换的方向是可逆的。

2. 如果从轴上输入机械能，电枢绕组中感应电动势并产生电流，则电机运行于发电机状态；如果从电枢输入电能，从轴上输出机械能，则电机运行于电动机状态。

3. 虽然绕组元件中的感应电动势和电流都是交变的，但由于换向器和电刷的作用，使电刷间的外电路上电动势、电压和电流都是直流的。

第三节　直流电动机的铭牌、分类和用途

【学习目标】

1. 了解直流电动机的铭牌和额定值。
2. 掌握直流电动机的种类。
3. 了解直流电动机的用途。

一、直流电动机的铭牌和额定值

每台直流电动机的外壳上都有一个铭牌，上面标有该电动机的额定参数，额定参数是选择、安装、使用和维修直流电动机的重要依据。图 4-12 所示是直流电动机的铭牌。

直　流　电　动　机			
型　号	Z4-112/2-1	励磁方式	并励
额定功率	5.5 kW	励磁电压	180 V
额定电压	440 V	励磁电流	0.4 A
额定电流	15 A	额定效率	81.2%
额定转速	3 000 r/min	绝缘等级	B 级
定　额	连续	温　升	80 °C
产品编号	××××	出厂日期	××××年×月
××××电机厂			

图 4-12　直流电动机的铭牌

(一) 电机型号

电机型号表示电机的结构和主要特点，国产电机的型号一般用大写的汉语拼音字母和阿拉伯数字表示，现以老型号 Z3-42 及新型号 Z4-200-21 为例，说明其型号含义：

Z3-42：Z——产品代号，用大写汉语拼音表示，Z 表示直流电动机；3——设计序号，用阿拉伯数字表示，3 表示第 3 次设计；4——机座代号，用阿拉伯数字表示，4 表示 4 号机座；2——电枢铁心长度代号，用阿拉伯数字表示，2 表示 2 号电枢铁心。

Z4-200-21：Z4——产品代号，表示直流电动机，第 4 次设计；200——电机中心高（mm）；2——电枢铁心长度代号；1——端盖代号。

常见产品代号如下所示：

Z 系列—— 一般用途直流电动机。

ZJ 系列——精密机床用直流电动机。

ZT 系列——广调速直流电动机。

ZQ 系列——直流牵引电动机。

ZH 系列——船用直流电动机。

ZA 系列——防爆安全型直流电动机。

ZKJ 系列——挖掘机用直流电动机。

ZZJ 系列——冶金起重直流电动机。

(二) 额定值

额定值是电机制造厂对电机正常运行时的有关电量或机械量所规定的数据。额定值是正确选择和合理使用电机的依据。根据国家标准，直流电机的额定值有以下几个：

(1) 额定功率 P_N：是指在额定条件下电机所能供给的功率。额定功率对电动机和发电机的含义是不同的。对于电动机，额定功率是指电动机轴上输出的额定机械功率；对于发电机，额定功率是指电刷间输出的额定电功率。额定功率的单位为 kW。

(2) 额定电压 U_N：是指额定运行条件下，电机出线端的工作电压。对于电动机，是指输入额定电压；对于发电机，是指输出额定电压。额定电压的单位为 V 或 kV。

(3) 额定电流 I_N：是指电机在额定电压情况下，运行于额定功率的电流。对于电动机，是指在额定运行时从电源输入的电流；对于发电机，是指额定运行时供给负载的输出电流。额定电流的单位为 A 或 kA。

(4) 额定转速 n_N：是指对应于额定电压、额定电流，电机运行于额定功率时所对应的转速。额定转速的单位为 r/min。

(5) 额定励磁电压 U_{fN}：在额定情况下，励磁绕组所加的电压，单位为 V。

(6) 额定励磁电流 I_{fN}：是指对应于额定电压、额定电流、额定转速及额定功率时的励磁电流。

(7) 励磁方式：是指直流电动机的励磁绕组连接和供电方式。根据直流电动机电枢线圈与励磁线圈的连接方式不同，直流电动机的励磁方式可分为他励式、并励式、串励式、复励式。

(8) 定额：是指电动机在额定值条件下允许的持续运行时间。电动机定额一般分为连续、短时和断续三种工作方式，分别用 S1、S2、S3 表示。

连续定额 S1：表示电动机在额定工作状态下可以长期连续运行。

短时定额 S2：表示电动机在额定工作状态时，只能在规定时间内短期运行，我国规定的短时运行时间有 10 min、30 min、60 min 及 90 min 四种。

断续定额 S3：表示电动机运行一段时间后，就要停止一段时间，只能周期性地重复运行，每一周期为 10 min。我国规定的负载持续率有 15%、25%、40% 及 60% 四种。例如，持续率为 25% 时，2.5 min 为工作时间，7.5 min 为停车时间。

(9) 绝缘等级：是指电动机在额定运行时，电动机所允许的摄氏温度，即电动机允许的工作温度减去环境温度的数值，单位为 °C。

有些物理量虽然不标在铭牌上，但它们也是额定值，例如在额定运行状态时的转矩、效率分别称为额定转矩、额定效率等。若电机运行时，各物理量都与额定值一样，称为额定状态。电机在实际运行时，由于负载的变化，往往不是总在额定状态下运行。如果流过电机的电流小于额定电流，称为欠载运行；超过额定电流，称为过载运行。长期过载或欠载运行都不好。长期过载运行有可能因过热而烧坏电机；长期欠载运行，电机没有得到充分利用，效率降低，不经济。电机在接近额定状态下运行，才是最经济、合理的。

例 4-1 一台直流电动机的额定数据为：$P_N = 13$ kW，$U_N = 220$ V，$n_N = 1\,500$ r/min，$\eta_N = 87.6\%$，求额定输入功率 P_{1N}、额定电流 I_N。

解 已知额定输出功率 $P_N = 13$ kW，额定效率 $\eta_N = 87.6\%$，所以：

额定输入功率为：　$P_{1N}=\frac{P_N}{\eta_N}=\frac{13}{0.876}=14.84\ (\text{kW})$

额定电流为：　$I_N=\frac{P_{1N}}{U_N}=\frac{14.84\times10^3}{220}=67.56\ (\text{A})$

二、直流电动机的种类

直流电动机的运行特性与它的励磁方式有很大的关系。直流电动机按励磁方式的不同，可分为以下几类。

(一) 他励电动机

他励电动机的励磁电流是由独立的直流电源供给的，它的励磁电流仅取决于励磁电源的电压和励磁回路的电阻，与电枢端电压无关，其结构示意图及电路图如图 4-13 所示。

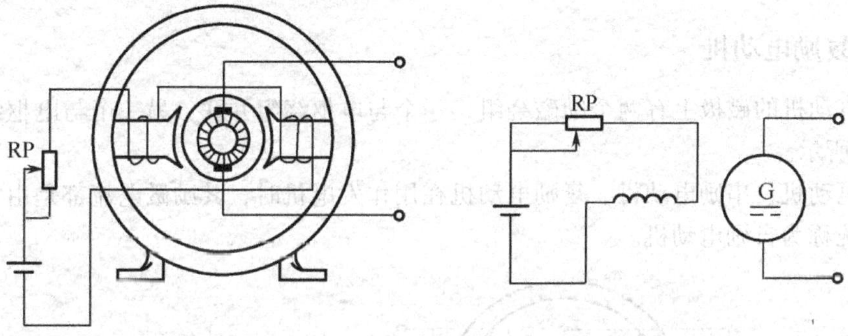

（a）结构示意图　（b）电路图

图 4-13　他励电动机

(二) 并励电动机

并励电动机的励磁绕组与电枢绕组并联，如图 4-14 所示。并励电动机的励磁电流不仅与励磁回路的电阻有关，而且还受电枢端电压的影响。由于并励绕组承受着电枢两端的全部电压，其值较高。为了减小绕组的铜损耗，并励绕组的匝数较多，并且用较细的导线绕成。

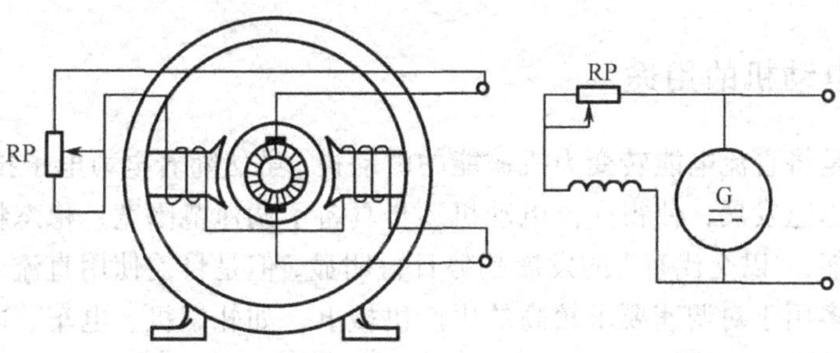

（a）结构示意图　（b）电路图

图 4-14　并励电动机

(三) 串励电动机

串励电动机的励磁绕组与电枢绕组串联。为了减小串励绕组的电压降及铜损耗，串励绕组用截面积较大的导线绕成，且匝数较少，如图 4-15 所示。

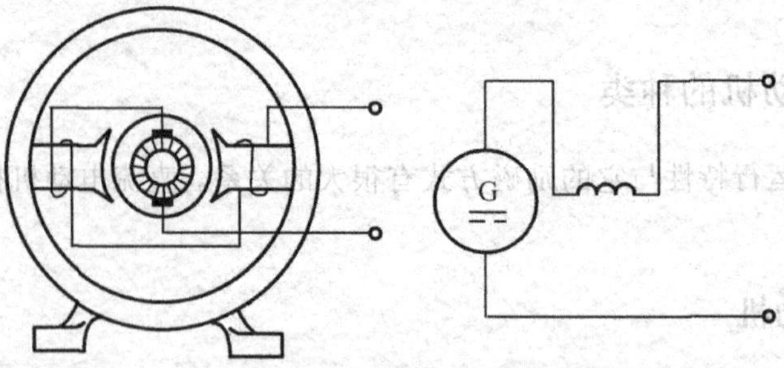

（a）结构示意图　　（b）电路图

图 4-15 串励电动机

(四) 复励电动机

复励电动机的磁极上有两个励磁绕组，一个与电枢绕组并联，另一个与电枢绕组串联，如图 4-16 所示。

并励电动机、串励电动机、复励电动机在用作发电机时，其励磁电流都是由它们自己供给的，故统称为自励电动机。

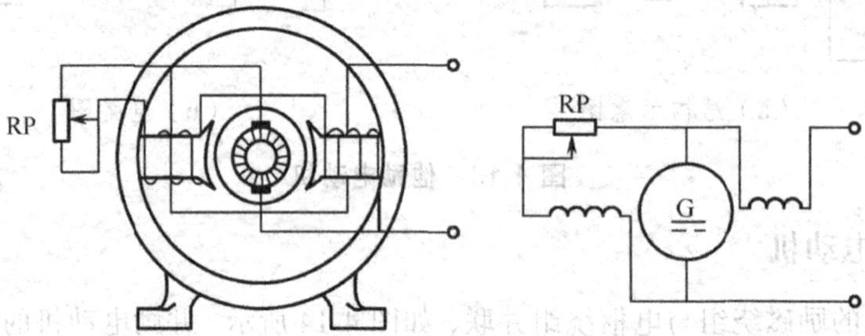

（a）结构示意图　　（b）电路图

图 4-16 复励电动机

三、直流电动机的用途

直流电动机是将直流电能转变为机械能的电动机。虽然随着电力电子技术、计算机技术、自动控制技术的迅速发展，使得交流电动机逐步具备了调速范围宽、稳态精度高、动态响应快等良好技术性能，“以交代直”的发展趋势日益明显，但是目前使用直流电动机的场合也很多。直流电动机多用于对调速要求较高的生产机械上，如轧钢机、电车、电气铁道牵引、挖掘机械、纺织机械等。直流发电机可用来作为直流电动机以及交流发电机的励磁直流电源。

直流电动机具有以下突出的优点：

（1）调速特性好，调速方便、平滑，调速范围广。

（2）启动、制动和过载转矩大。

（3）易于控制，能实现频繁快速启动、制动及正反转。

直流电机的主要缺点是换向问题，它限制了直流电机的极限容量，又增加了维护的工作量。为了克服这个缺点，人们开始在研究交流电动机的调速，也取得了一定的效果，在某些调速场合可以代替直流电动机，这是发展的方向。但是，由于利用了可控硅整流电源，使直流电动机的应用增加了一个有利因素。

小 结

1. 直流电动机的铭牌标有该电动机的额定参数，是正确使用该电动机的依据。额定值是电机制造厂对电机正常运行时的有关电量或机械量所规定的数据。额定值是正确选择和合理使用电机的依据。

2. 直流电机在进行能量转换时，无论是将机械能转换为电能的发电机，还是将电能转换为机械能的电动机，都以气隙中的磁场作为媒介。除了采用硅钢制成主磁极的永磁式直流电机以外，直流电机都是在励磁绕组中通以励磁电流来产生磁场的。励磁绕组获得电流的方式称作励磁方式。根据直流电动机励磁绕组和电枢绕组与电源连接关系的不同，直流电动机可分为他励、并励、串励、复励电动机等类型。

第四节 直流电动机的基本性能分析

【学习目标】

1. 了解直流电动机的电磁转矩、电枢电动势和电磁功率。
2. 了解直流电动机的电枢功率、电压和转矩平衡方程式。

一、直流电动机的电磁转矩、电枢电动势和电磁功率

(一) 电磁转矩

根据电磁定律，当电枢绕组中有电枢电流流过时，在磁场内将受到电磁力的作用，该力与电动机电枢铁心半径之积称为电磁转矩，即

$$T = C_{\mathrm{T}}\Phi I_{\mathrm{a}} \tag{4-3}$$

式中 C_{T}——电动机的转矩常数，$C_{\mathrm{T}}=\dfrac{pN}{2\pi a}$，仅与电动机结构有关，其中，$p$ 为磁极对数，N 为电枢导体总数，a 为支路对数；

I_{a}——电枢电流，A；

Φ——气隙磁通，Wb。

从式（4-3）可看出：

（1）制造好的直流电动机的电磁转矩仅与电枢电流 I_{a} 和气隙磁通 Φ 成正比。

（2）电磁转矩是由电源供给电动机的电能转换而来的，是电动机的驱动转矩。

(二) 电枢电动势

直流电动机运行时，电枢绕组元件在磁场中运动切割磁力线产生电动势，称为电枢电动势。电枢电动势是指直流电动机正、负电刷之间的感应电动势，也就是每个支路里的感应电动势，其表达式为：

$$E_a = C_e \Phi n \tag{4-4}$$

式中 C_e——电枢电动势常数，$C_e = \dfrac{pN}{60a}$，仅与电动机结构有关，其中，p 为磁极对数，N 为电枢导体总数，a 为支路对数；

Φ——气隙磁通，Wb；

n——转速，r/min。

电枢电动势式（4-4）表明：

（1）直流电动机的感应电动势与电枢电动势常数 C_e、气隙磁通 Φ 和电动机转速 n 有关。当电动机制造好以后，与电动机结构有关的常数 C_e 不再变化，因此电枢电动势仅与气隙磁通和转速有关，改变转速和气隙磁通均可改变电枢电动势的大小。

（2）式（4-4）既适用于直流电动机，也适用于直流发电机。对于直流发电机，E_a 是电源电动势，向外供电，电流方向和电动势方向一致；对于直流电动机，E_a 是反电动势，与外加电源电流方向相反，用来与外加电压相平衡。

（3）从 C_T 与 C_e 的表达式可以看出：$C_T = 9.55C_e$。

(三) 电磁功率

一切能量形式的转换均遵守能量守恒原理，在直流电动机中也是一样。通过电磁转矩的传递实现机械能和电能的相互转换，通常把电磁转矩所传递的功率称为电磁功率。由力学知识可知，电动机的电磁功率为：

$$P = T\omega \tag{4-5}$$

式中 $\omega = \dfrac{2\pi n}{60}$——电枢转动的角速度。

由于 $T = C_T \Phi I_a$，$E_a = C_e \Phi n$，$C_T = \dfrac{pN}{2\pi a}$，$C_e = \dfrac{pN}{60a}$，因此电磁功率表示为：

$$P = E_a I_a \tag{4-6}$$

式（4-5）和式（4-6）表明，电磁功率这个物理量，从机械角度来讲是电磁转矩与角速度的乘积，从电的角度来讲是电枢电动势与电枢电流的乘积，这两者是同时存在且相互转换的。实际中的直流电动机是有功率损耗的，因此电磁功率总是小于输入功率而又大于输出功率。

二、直流电动机的电压、转矩和功率平衡方程式

直流电动机与电源接通，当负载恒定时，直流电动机将以恒定的速度旋转，即电动机处于稳定运行状态，在该状态下，电动机的电枢电动势、功率、转矩保持着平衡关系。

(一) 电压平衡方程

根据直流电动机他励、并励接线图的电路基本规律，可以得出他（并）励直流电动机的

电路平衡方程式为：

$$U = E_a + I_a R_a + 2\Delta U \tag{4-7}$$

忽略电刷压降 $2\Delta U$，则有：

$$U = E_a + I_a R_a \tag{4-8}$$

式中 U——电动机外加直流电压，单位 V；

E_a——电动机的反电动势，单位 V；

I_a——电动机的电枢电流，单位 A；

R_a——电动机的电枢电阻，单位 Ω。

（二）转矩平衡方程

根据牛顿力学定律，稳态运行时电动机应满足转矩平衡方程，即

$$T = T_2 + T_0 \tag{4-9}$$

式中 T——电动机的电磁转矩，为拖动性质；

T_2——电动机轴上输出的机械转矩，为制动性质；

T_0——空载时电动机损耗所形成的制动性转矩。

并励直流电动机，输入电流 I、电枢电流 I_a 和励磁电流 I_f 之间的关系为

$$I = I_a = I_f \tag{4-10}$$

（三）功率平衡方程

图 4-17 所示为他励直流电动机的功率流程图。电网输入直流电动机的电功率为 $P_1 = UI_a$，电功率 P_1 扣除在电枢回路电阻上的铜损耗 P_{Cua}，其余的功率成为电磁功率 $P_E = E_a I_a$，即通过电磁感应传递到电枢绕组的电功率，则有

$$P_1 = P_E + P_{Cua} \tag{4-11}$$

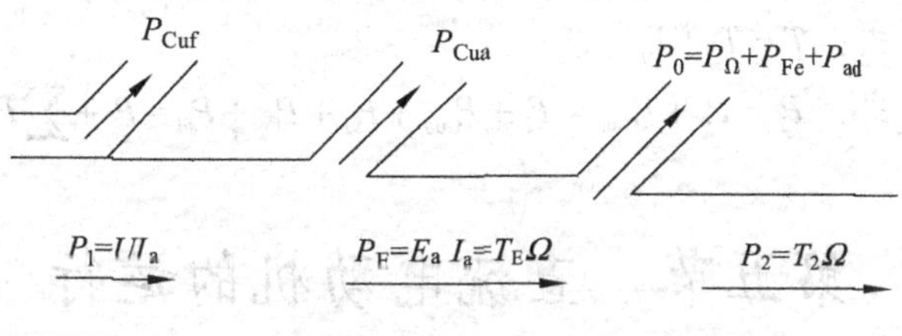

图 4-17 他励直流电动机功率流程图

对于直流电动机来讲，电磁功率 P_E 是指电能转变成机械能的这部分功率，即电磁功率是在电磁转矩 T_E 的作用下，电枢所输出的总机械功率，即

$$P_E = E_a I_a = \frac{pN}{60a}\Phi n I_a = \frac{pN}{2\pi a}\Phi I_a \frac{2\pi n}{60} = T_E \Omega \tag{4-12}$$

式中 Ω——电枢的机械角速度，$\Omega = \dfrac{2\pi n}{60} = \dfrac{n}{9.55}$，单位为 rad / s。

电磁功率转换成总机械功率后，扣除机械摩擦损耗 P_Ω、铁损耗 P_{Fe} 和附加损耗 P_{ad}，其余的功率就是电动机转轴上输出的功率 P_2，则

$$P_E = P_2 + P_\Omega + P_{Fe} + P_{ad} = P_2 + P_0 \tag{4-13}$$

式中 P_0——空载损耗，$P_0 = P_\Omega + P_{Fe} + P_{ad}$。

机械损耗 P_Ω 常产生于电刷与换向器之间以及旋转部分（轴承、风扇等处）与空气间的摩擦。铁损耗 P_{Fe} 存在于铁磁回路中，是由于磁滞和涡流引起的能量损耗。由于直流电动机只要通了电并且转动起来，不管它是否带负载，机械损耗、铁损耗和附加损耗都会存在，所以空载损耗是与负载大小基本无关的常量，空载损耗也叫不变损耗。

因此，他励直流电动机的功率平衡方程式为

$$P_1 = P_E + P_{Cua} = P_2 + P_{Cua} + P_\Omega + P_{Fe} + P_{ad} = P_2 + \sum P \quad (4\text{-}14)$$

式中 $\sum P$——总损耗，$\sum P = P_{Cua} + P_\Omega + P_{Fe} + P_{ad}$。

若为并励直流电动机，总损耗 $\sum P$ 中还应包括励磁损耗 P_{Cuf}。

式（4-14）说明，从电网输入直流电动机的电功率，在扣除各种损耗后才是电动机输出的机械功率。

直流电动机的效率为：

$$\eta = \frac{P_2}{P_1} \times 100\% = \frac{P_2}{P_2 + P_{Cua} + P_\Omega + P_{Fe} + P_{ad}} \times 100\%$$

小 结

1. 直流电动机的电磁转矩、电枢电动势和电磁功率：

电磁转矩： $T = C_T \Phi I_a$

电枢电动势： $E_a = C_e \Phi n$

电磁功率： $P = E_a I_a$

2. 直流电动机的功率、电压和转矩平衡方程式

电压平衡方程式：$U = E_a + I_a R_a + 2\Delta U$

转矩平衡方程式：$T = T_2 + T_0$

功率平衡方程式：$P_1 = P_E + P_{Cua} = P_2 + P_{Cua} + P_\Omega + P_{Fe} + P_{ad} = P_2 + \sum P$

第五节 直流电动机的运行

【学习目标】

1. 掌握直流电动机的启动方法。
2. 掌握直流电动机的正反转方法。
3. 掌握直流电动机的调速方法。
4. 掌握直流电动机的制动方法。

一、直流电动机的启动

直流电动机由静止状态加速达到正常运转的过程，称为启动过程。对直流电动机启动的要求是：① 启动电流 I_{st} 要小；② 最初启动转矩 T_{st} 要大；③ 启动设备要简单和可靠。

(一) 直接启动

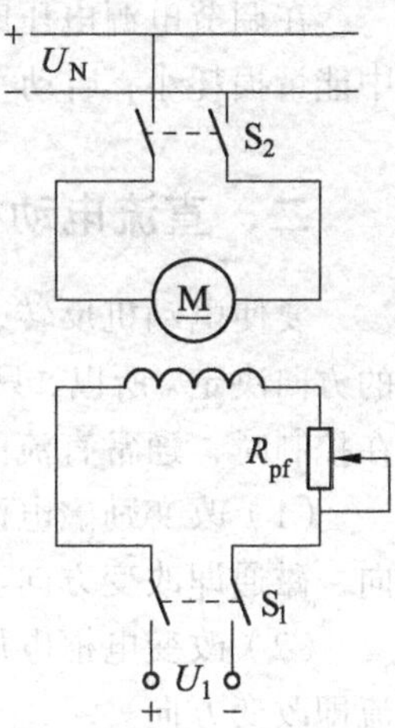

图 4-18　他励直流电动机直接启动

直接启动就是在他励直流电动机的电枢上直接加以额定电压的启动方式，如图 4-18 所示。启动时，先合 S_1 建立磁场，然后合 S_2 全压启动。

直流电动机启动开始瞬间，由于机械惯性，电动机转速 $n = 0$，电枢绕组感应电动势 $E_a = C_e\Phi n = 0$，此时电枢电流 I_a 为：

$$I_a = \frac{U - E_a}{R_a} = \frac{U}{R_a} \tag{4-15}$$

此时的电枢电流称为启动电流，用 I_{st} 表示：

$$I_{st} = I_a = \frac{U}{R_a} \tag{4-16}$$

启动转矩为：

$$T_{st} = C_T \Phi I_{st} \tag{4-17}$$

由于电枢绕组的电阻 R_a 很小，故启动电流必然很大，通常可达到额定电流的 10 ~ 20 倍，电枢将出现强烈的换向火花，造成换向困难，还可能引起过流保护装置的误动作或引起电网电压的下降，影响其他设备的正常运行；同时启动转矩也很大，造成强烈的机械冲击，易使设备受损。因此，除了个别容量很小的电动机外，一般直流电动机是不容许直接启动的，必须采取适当的措施限制启动电流。

对于一般的他励直流电动机，为了限制启动电流，可以采用电枢回路串联电阻或降低电枢电压启动的启动方法。

(二) 电枢回路串电阻启动

电枢回路串电阻启动即启动时在电枢回路串入电阻，以减小启动电流 I_{st}，电动机启动后，再逐渐切除电阻，以保证足够的启动转矩。图 4-19 所示为三级电阻启动控制接线示意图。

(三) 降低电枢电压启动

降低电枢电压启动，即启动前将施加在电动机电枢两端的电源电压降低，以减小启动电流 I_{st}，电动机启动后，再逐渐提高电源电压，使启动电磁转矩维持在一定数值，保证电动机按需要的加速度升速，其接线图和工作原理如图 4-20 所示。较早采用发电机-电动机组实现电压调节，现已被晶闸管可控整流电源所取代。

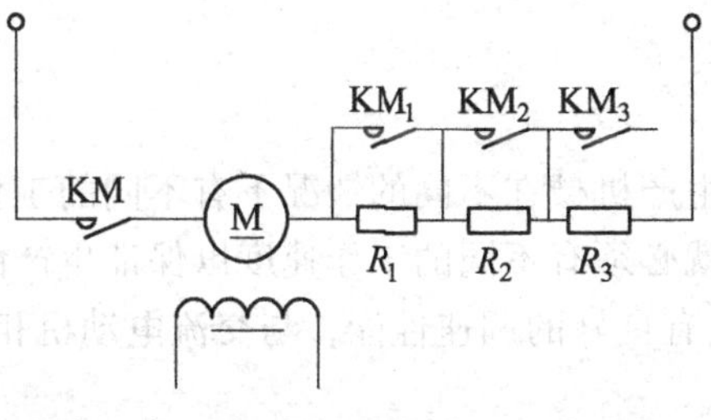

图 4-19　他励直流电动机串电阻启动

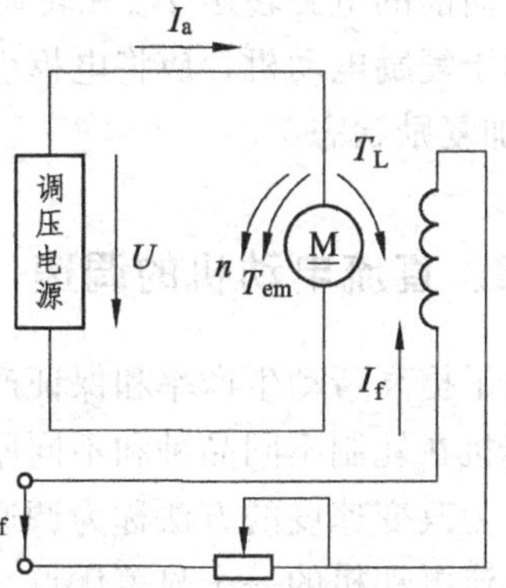

图 4-20　他励直流电动机降压启动

在调节电源电压时，不能升得太快，否则会引起过大的冲击。降压启动方法在启动过程中能量损耗小，启动平稳，便于实现自动化，但需要一套可调节的直流电源，增加了初投资。

二、直流电动机的正反转

要使电动机反转，必须改变电磁转矩的方向，而电磁转矩的方向由磁通方向和电枢电流的方向决定。所以，只要将磁通 Φ 或 I_a 任意一个参数改变方向，电磁转矩 T_{em} 即可改变方向。在控制时，通常直流电动机的正反转实现方法有两种：

（1）改变励磁电流方向。保持电枢两端电压极性不变，将励磁绕组反接，使励磁电流反向，磁通即改变方向。

（2）改变电枢电压极性。保持励磁绕组两端的电压极性不变，将电枢绕组反接，电枢电流即改变方向。

由于直流电动机的励磁绕组匝数多、电感大，励磁电流从正向额定值变到反向额定值的时间长，反向过程缓慢，而且在励磁绕组反接断开瞬间，绕组中将产生很大的自感电动势，可能造成绝缘击穿，所以实际应用中大多采用改变电枢电压极性的方法来实现电动机的反转。但在电动机容量很大、对反转速度变化要求不高的场合，为了减小控制电器的容量，可采用改变励磁绕组极性的方法来实现电动机的反转。图 4-21 所示为他励电动机正、反转原理电路示意图。

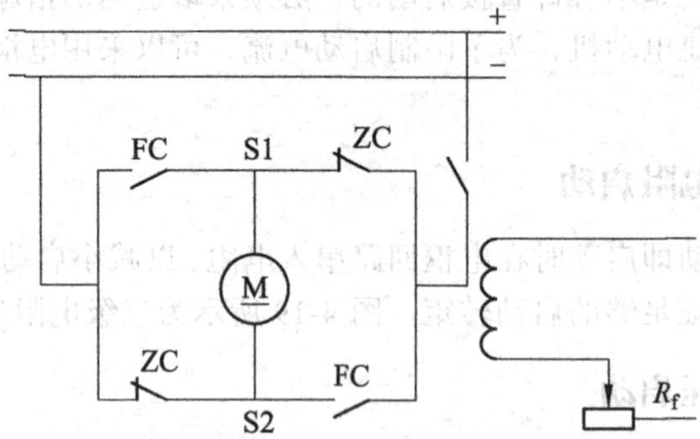

图 4-21 他励电动机正、反转原理示意图

当正向接触器 ZC 闭合时，反向接触器 FC 是断开的。电枢的 S1 端接正极；S2 端接负极。若将 ZC 断开、将 FC 闭合，则电枢电流反向，电磁转矩 T_{em} 和转速 n 的方向也随之改变。如果把反向前的电磁转矩 T_{em} 和转速 n 定为正值，反向后的 T_{em} 和 n 则为负值。

对于复励电动机，应将电枢引出端对调或者同时将并励绕组和串励绕组引出端分别对调（维持加复励状态）。

三、直流电动机的调速

为了提高劳动生产率和保证产品质量，要求生产机械在不同的情况下有不同的工作速度，如轧钢机在轧制不同品种和不同厚度的钢材时，就必须有不同的工作速度以保证生产的需要，这种人为改变速度的方法称为调速。直流电动机有良好的调速性能，与交流电动机相比，这也是直流电动机的一个显著优点。

直流电动机比较容易满足调速幅度宽广、调速连续平滑、损耗小、经济指标高等电动机调速的基本要求。直流电动机可以用机械方法或电气方法实现调速。这里只分析电气的调速方法及其性能特点。电气调速是人为地改变电气参数，有意识地使电动机工作点由一条机械特性曲线转换到另一条机械特性曲线上，为了生产需要而对电动机转速进行的一种控制，它与电动机在负载或电压随机波动时而引起的转速扰动变化是两个不同的概念。

根据直流电动机的转速公式：

$$n=\frac{U-I_a(R_a+R_{pa})}{C_e\Phi} \tag{4-18}$$

可见，当电枢电流 I_a 不变时（即负载不变），只要在电枢电压 U、电枢电路中的附加电阻 R_{pa} 和每个磁极磁通 Φ 三个参数中任意改变一个，都能控制转速的变化，即电枢回路串电阻调速法、改变励磁磁通调速法和改变电枢电压调速法。

(一) 电枢回路串电阻调速

实现方法：在直流电动机的电枢回路中串联一只调速变阻器来实现调速。图 4-22 为电枢回路串电阻调速电路图。

特点：

（1）设备简单，投资少，只需增加电阻和切换开关，操作方便。小功率电动机中用得较多，如起重机、电车等。

（2）属于恒转矩调速方式，转速只能由额定转速往下调。

（3）只能分级调速，调速平滑性差。

（4）低速时，机械特性很软，转速受负载影响变化大，电能损耗大，经济性能差。

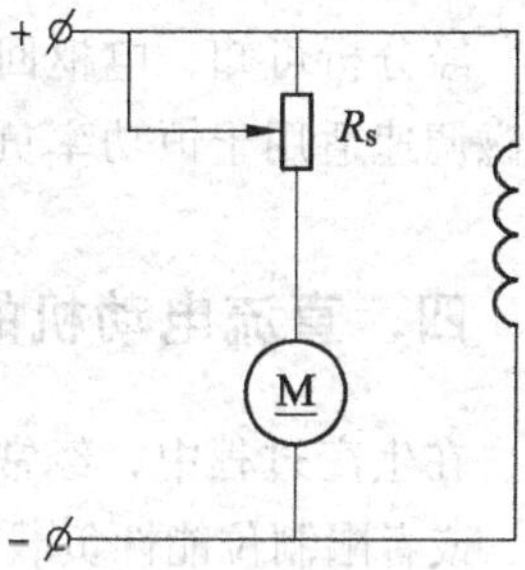

图 4-22　电枢回路串电阻调速电路

(二) 改变励磁磁通调速

实现方法：改变励磁电流的大小来实现调速。图 4-23 所示为改变励磁磁通调速电路图。

特点：

（1）调速在励磁回路中进行，功率较小，故能量损失小，控制方便。

（2）速度变化比较平滑，但转速只能往上调，不能在额定转速以下进行调节。

（3）调速的范围较窄，在磁通减少太多时，电枢磁场对主磁场的影响加大，会使电动机火花增大、换向困难。

（4）在减少励磁调速时，若负载转矩不变，电枢电流必然增大。要防止电流太大带来的问题，如发热、打火等。

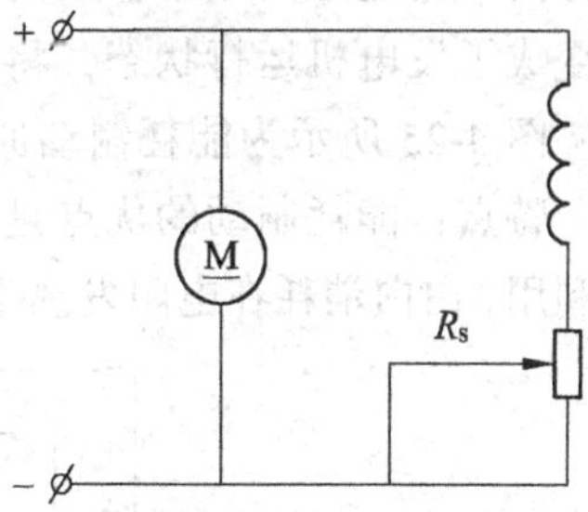

图 4-23　改变励磁磁通调速电路

(三) 改变电枢电压调速

实现方法：使用可变直流电源来改变电枢电压实现调速。图 4-24 所示为改变电枢电压调速电路图。

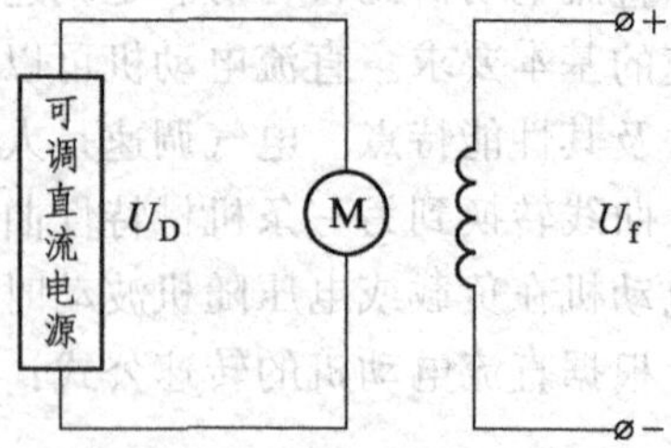

图 4-24　改变电枢电压调速电路

特点：

（1）改变电枢电压调速时，机械特性的斜率不变，调速的稳定性好。

（2）电压可做连续变化，调速的平滑性好，调速范围广。

（3）属于恒转矩调速，电动机不允许电压超过额定值，只能由额定值往下降低电压调速，即只能减速。

（4）电源设备的投资费用较大，但电能损耗小，效率高。还可用于降压启动。

一台电动机当采用不同的调速方法时，电动机容许输出的功率和转矩随转速变化的规律是不同的，但电动机实际输出的功率和转矩是由负载需要所决定的，而不同的负载，其所需要的功率和转矩随转速变化的规律也是不同的，因此在选择调速方法时，既要满足负载要求，又要尽可能使电动机得到充分利用。

经分析可知，电枢回路串电阻调速以及降低电枢电压调速适用于恒转矩负载的调速，而弱磁调速适用于恒功率负载的调速。

四、直流电动机的制动

在生产过程中，经常需要采取一些措施使电动机尽快停转，或者从某高速降到某低速运转，或者限制位能性负载在某一转速下稳定运转，这就是电动机的制动问题。直流电动机的制动可分为机械制动和电气制动，其中电气制动又可以分为能耗制动、反接制动和回馈制动等。

(一) 能耗制动

实现方法：利用双掷开关将正常运行的电动机电源切断，并将电枢回路串入适量电阻。进入制动状态后，电动机拖动系统，由于有惯性而继续旋转，电枢电流反向，转矩也反向，其方向和转速方向相反，成为制动转矩，使电动机能很快地停转。在能耗制动中，电动机实际变成了发电机运行状态，将系统中的机械动能转化为电能消耗在电枢回路的电阻中。

图 4-25 所示为能耗制动原理示意图。

特点：能耗制动的优点是所需设备简单、成本低、制动减速平稳可靠；其缺点是能量无法利用，白白消耗在电阻发热上；能耗制动的制动转矩随转速变慢而相应减少，制动时间较长。

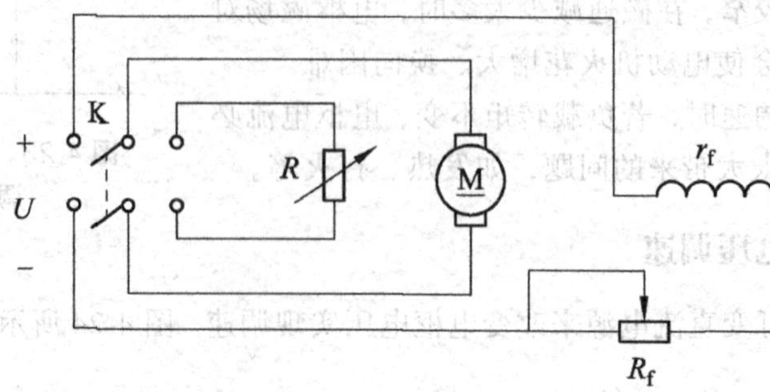

图 4-25　能耗制动原理示意图

(二) 反接制动

实现方法：改变电枢绕组上的电压方向（使 I_a 反向）或改变励磁电流的方向（使 Φ 反向），可以使电动机得到反力矩，产生制动作用。当电动机速度接近零时，迅速脱离电源，实现直流电动机的反接制动。图 4-26 所示为反接制动原理示意图。

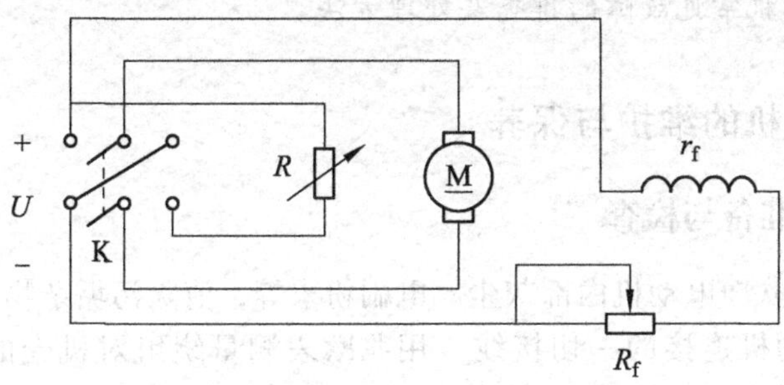

图 4-26 反接制动原理示意图

特点：反接制动的优点是制动转矩比较恒定、制动较强烈、操作比较方便；其缺点是需要从电网吸取大量的电能，而且对机械负载有较强的冲击作用。它一般应用在快速制动的小功率直流电动机上。

(三) 回馈制动

实现方法：如直流电动机拖动的是电车或电力机车，在电车下坡时，电车位能负载使电车加速，转速增加。当转速升高到一定值后，反向电动势 E 大于电网电压 U，电动机转变为发电机运行，向电网送出电流，电磁转矩变为制动转矩，把能量反馈给电网，以限制转速继续上升，电动机以稳定转速控制电车下坡，这时，电动机从电动机状态转变为发电机状态运行，把机械能转变成电能，向电源馈送，故称为回馈制动，也称为再生制动或发电制动。

特点：再生制动的优点是产生的电能可以反馈回电网中去，使电能获得利用，简便、可靠且经济；缺点是再生制动只能发生在 $n > n_0$ 的场合，限制了它的应用范围。

小 结

1. 直流电动机的启动问题主要是限制启动电流的大小。启动方法有三种：① 直接启动、② 电枢回路串电阻启动、③ 降压启动。

2. 调速问题实际上是用调节外加电压、调节励磁电流或调节电枢回路电阻的方法改变电动机的机械特性，使它与负载机械特性有不同的交点，从而获得不同的转速。直流电动机有三种调速方法：① 调压调速；② 调磁调速；③ 电枢回路串接电阻调速。

3. 使直流电动机正反转的方法有两种：① 电枢绕组反接法；② 励磁绕组反接法。

4. 若制动转矩是用机械制动闸产生的，称为机械制动；若制动转矩是电动机本身产生的电磁转矩，称为电气制动。电气制动是使电机本身产生的电磁转矩的方向与转子转向相反，使电机停转或限速运行。电气制动可分为以下三种：① 能耗制动；② 反接制动；③ 回馈制动。

第六节 直流电动机的维护保养与故障排查

【学习目标】

1. 了解直流电动机的维护和保养常识。
2. 了解直流电动机常见故障的排查及处理方法。

一、直流电动机的维护与保养

(一) 使用前的准备与检查

（1）用压缩空气吹净电动机内部灰尘、电刷粉末等，清除污垢杂物。

（2）拆除与电动机连接的一切接线，用兆欧表测量绕组对机壳的绝缘电阻，若小于 0.5 MΩ 时，应烘干后再测量。

（3）检查换向器的表面是否光洁，如发现有机械损伤或火花灼痕应按“换向器保养法”进行处理。

（4）检查电刷是否磨损得过短，刷架的压力是否适当，刷架的位置是否符合规定的标记。

（5）电动机在额定负载下，换向器上的电刷边缘只允许有小于 1.5 火花等级的轻微火花。电刷下火花等级见表 4-1。

表 4-1 电刷下火花等级

<table>
<tr><th>火花等级</th><th>电刷下的火花程度</th><th>换向器及电刷的状态</th><th>允许的运行方式</th></tr>
<tr><td>1</td><td>无火花</td><td rowspan="2">换向器上没有黑痕，电刷上没有灼痕</td><td rowspan="3">允许长期连续运行</td></tr>
<tr><td>$1\frac{1}{4}$</td><td>电刷边缘仅小部分有微弱的点状火花，或有非放电性的红色小火花</td></tr>
<tr><td>$1\frac{1}{2}$</td><td>电刷边缘大部分或全部有轻微的火花</td><td>换向器上有黑痕出现，但不发展，用汽油能擦去；在电刷上有轻微的灼痕</td></tr>
<tr><td>2</td><td>电刷边缘全部或大部分有较强烈的火花</td><td>换向器上有黑痕出现，用汽油不能擦去；同时电刷上有灼痕。如短时出现这一级火花，换向器上不出现灼痕，电刷不致被烧焦或损坏</td><td>仅在短时过载或短时冲击负载时允许出现</td></tr>
<tr><td>3</td><td>电刷的整个边缘有强烈的火花，即环火，同时有大火花飞出</td><td>换向器上的黑痕相当严重，用汽油不能擦去；同时电刷上有灼痕。如在这一级火花等级下短时运行，换向器上将出现灼痕，同时电刷将被烧焦或损坏</td><td>仅在直接启动或逆转的瞬间允许存在，但不得损坏换向器及电刷</td></tr>
</table>

（6）电动机运转时，应注意测量轴承温度，并听其转动有无异声，如有异声可按交流电动机维护中的轴承保养方法处理。

(二) 启动与停车

1. 启动

启动前要检查电动机的接线与测量仪表的连接等情况；检查启动器的弹簧是否灵活，转动臂是否在断开的位置。如果是变速电动机，应将调速器调节到最低转速位置。上述检查无误后，合上开关，在电动机有负载的情况下，开动启动器，在每个触点上停留约 2 s，直到最后一点，转动臂被低压释放器吸住为止。若为变速电动机，可调节调速器，使转速达到所需要的数值。

2. 停车

若为变速电动机，先调节调速器，将转速降到最低，切断电源开关，启动器转动臂应立即被弹到断开位置。

(三) 维护与保养

1. 换向器的保养

换向器的表面应保持光洁，不得有机械损伤和火花灼痕。若有轻微灼痕时，可用 0 号砂布在旋转着的换向器上仔细研磨。若换向器表面出现严重的灼痕或粗糙不平、表面不圆或有局部凸凹现象时，则应拆下重新车削。车削的速度不可大于 1.5 m/s，最后一刀切削的进刀量要小于 0.1 mm。车削完后将片间云母下刻 1 mm，并清除换向器表面的切屑及毛刺等，最后用压缩空气将整个电枢吹干净再装配。

换向器在负载下长期运行后，表面会产生一层坚硬的深褐色的薄膜。这层薄膜能保护换向器不受磨损，因此不应磨去，要保护这层薄膜。

2. 电刷的使用

电刷与换向器表面应有良好的接触，正常的电刷压力应为 0.015 ~ 0.025 MPa（0.15 ~ 0.25 kg·N/cm^2）（±10%），电刷的压力可用弹簧秤测量，如图 4-27 所示。电刷与刷握框的配合不宜过紧，而应有不大于 0.15 mm 左右的间隙。

电刷磨损或碎裂时，应调换牌号、尺寸规格都相同的电刷，新电刷装配好后应研磨光滑，以达到与换向器相吻合的接触面。

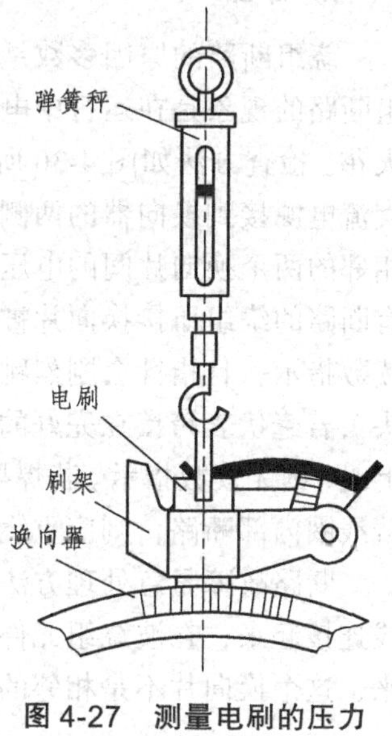

图 4-27　测量电刷的压力

二、直流电动机的故障排查

(一) 电枢绕组常见故障的排查

1. 短路

绕组短路的原因往往是绝缘损坏，使同槽线圈匝间短路或上下层线圈短路。电枢绕组由于短路故障而烧毁时，一般通过观察即可找到故障点，也可用短路测试器检查，也可用图 4-28 所示的方法检查，将 6 ~ 12 V 直流电源接到换向器两侧，用直流毫伏表测量各相邻的两个换向片的电压值，逐片检查，毫伏表的读数应是相同的。如果出现读数很小或近似于零，则接在这两个换向片上的线圈有短路故障存在，若读数为零，多为换向器片间短路。

若电动机使用不久，绝缘又未老化，且只有一、两个线圈短路，可采用切断短路线圈，在两个换向片上接以跨接线（见图 4-29），继续使用。若短路线圈过多，则应重绕。

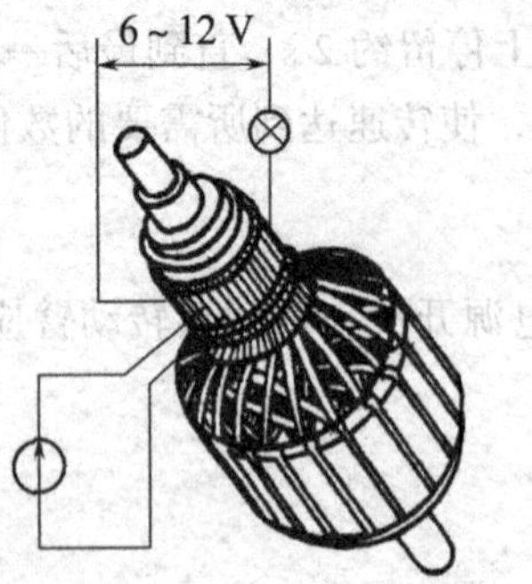

图 4-28 检查电枢绕组短路

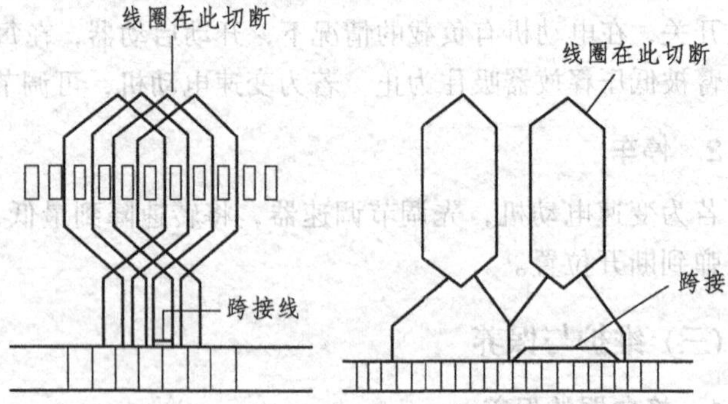

（a）迭绕组 （b）四极波绕组

图 4-29 一个线圈有短路的修理方法

2. 断路

绕组断路的原因多数是由于换向器片与导线接头处焊接不良，或个别线圈内部断线。绕组断路的现象是在运行中电刷下发生不正常的火花。检查方法如图 4-30 所示。将 6 ~ 12 V 的直流电源接到换向器的两侧，用毫伏表测量各相邻的两个换向片间的电压值，逐片依次测量。有断路的绕组所接换向片被毫伏表跨接时，有读数指示，且指针会剧烈跳动（要防止损坏表头），若毫伏表跨接在完好的绕组所接的换向片上时，则无读数指示。若焊接不良应重新焊接，若线圈内部断路，则应重绕。

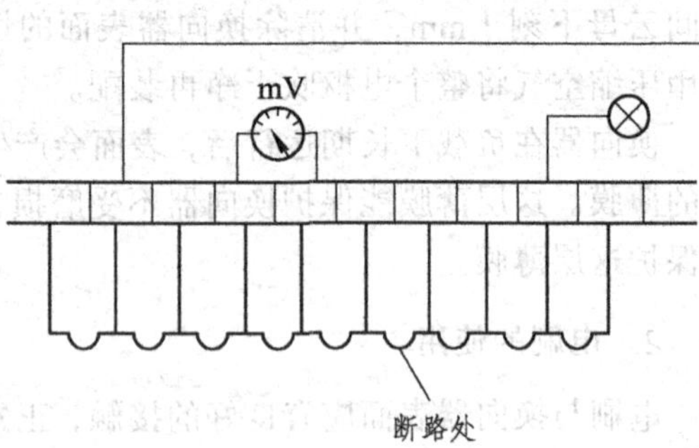

图 4-30 检查电枢绕组断路

断路故障紧急处理方法：在叠绕组中，将有断路绕组元件所接的两个相邻的换向片用导线连接起来；在波绕组元件中，也可用跨接导线将有断路绕组元件所接的两个换向片连接起来，这个换向片不是相邻的两片，而是隔一个节距的两片。

3. 接地

产生绕组接地的原因多数是由于槽绝缘及绕组绝缘损坏，一般是槽口或槽底对地击穿、导线与硅钢片短接所致。接地故障的检查可用图 4-31 所示的方法，将电源线的一根线串联一个灯泡接在换向片上，另一根线接在转轴上，如图 4-31（a）所示，若灯泡发亮，则说明线圈接地。要判断哪一槽的线圈接地，要用图 4-31（b）所示的毫伏表法检查，毫伏表一端接转轴，另一端与换向片依次接触，若是完好的线圈，毫伏表上有读数反映出来；当与接地绕组元件所连接的换向片接触时，毫伏表读数很小或没有读数。要判明是绕组元件接地还是换向片接地，应将该绕组元件的接线头从换向片上焊下来，分别测试便能确定。

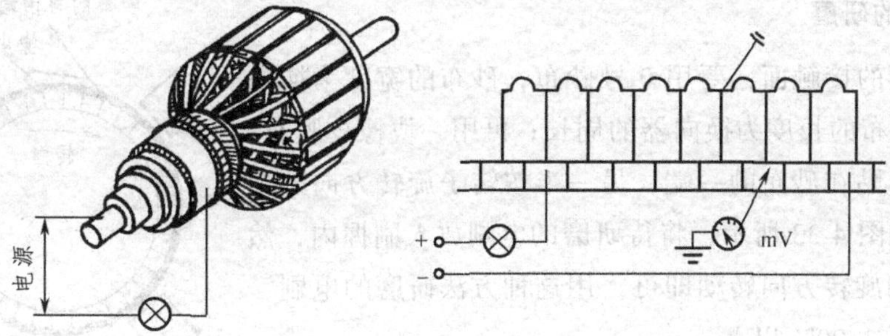

（a）校验灯法　　（b）毫伏表法

图 4-31　检查电枢绕组通地方法

临时补救的办法是在接地处垫入一块新的绝缘材料，把通地点隔开，或将通地线圈的两接线头从换向片上焊下来，再将该两线短接起来。

(二) 换向器的检修

1. 片间短路

可按图 4-31 所示的方法确定是否是换向器片间短路。若发现是片间表面发生短路或有火花烧灼伤痕，只要用图 4-32 所示的拉槽工具刮去片间短路的金属屑末、电刷粉末、腐蚀物质及尘污等，直至校验灯或万用表检查无短路即可，再用云母粉末或小块云母加上胶水填补孔洞，使其硬化干燥。若上述方法还不能消除片间短路，就要拆开换向器，检查其内表面。

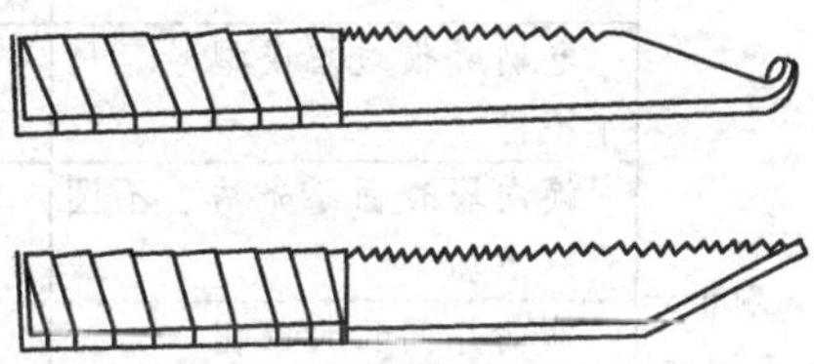

图 4-32　拉槽工具

2. 接地

接地故障经常发生在前面的云母环上，该环有一部分露在外面，由于灰尘、油污和其他碎屑堆积在上面，很容易造成接地故障。发生接地故障时，这部分的云母片大都已烧毁，寻找起来比较容易，再用校验灯或万用表进行检查。修理时，一般只要把击穿烧坏处的污物清除干净，用虫胶干漆和云母材料填补烧坏处，再用 0.25 mm 厚的可塑云母板覆盖 1 ~ 2 层。

3. 云母片凸出

由于换向器的换向片磨损比云母快，往往出现云母凸出，修理时，可用拉槽工具，把凸出的云母片刮削到比换向片低约 1 mm，刮削要平，不可使两边比中间高。

(三) 电刷中性线位置的确定及电刷研磨

1. 确定电刷中性线位置

常用的一种方法是感应法，励磁绕组通过开关接到 1.5 ~ 3 V 的直流电源上，毫伏表接到相邻两组的电刷上（电刷与换向器的接触一定要良好）。当打开或合上开关时，即交替接通和断开励磁绕组的电流，毫伏表的指针会左右摆动，这时将电刷架顺电动机旋转方向或逆电动机旋转方向缓慢移动，直到毫状表指针几乎不动时，刷架位置就是中性线位置。

2. 电刷的研磨

研磨电刷的接触面，要用 0 号砂布，砂布的宽度为换向器的长度，砂布的长度为换向器的周长；再用一块橡皮胶布，橡皮胶布一半贴在砂布的一端，另一半按转子旋转方向贴在换向器上，如图 4-33 所示，将待研磨的电刷放入刷握内，然后按电动机的旋转方向转动即可。用这种方法研磨的电刷，一般接触面可达 90% 以上。

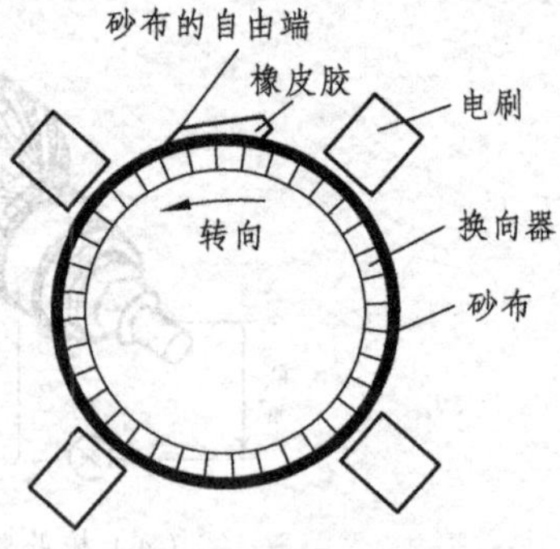

图 4-33 电刷的研磨

三、直流电动机常见故障分析

故障现象	故障产生原因分析	处理方法
电刷下火花过大	电刷与换向器接触不良	研磨电刷，并在轻载下运行 0.5 ~ 1 h
	刷盒松动或装置不正	紧固或纠正刷盒装置
	电刷与刷盒配合不当	不能过紧或过松，略微磨小电刷尺寸或更换新电刷
	电刷压力不当或不匀	适当调整弹簧压力，使电刷压力保持在 1.47 ~ 2.45 N/mm
	电刷位置不在中性线上	把刷杆座调整到原有记号的位置或参考换向片位置重新调整刷杆距离
	电刷磨损过短或型号、尺寸不符	更换电刷
	换向器表面不光洁、不圆或有污垢	清洁、研磨或加工换向器表面
	换向片间云母凸出	重新更换云母并研磨或加工
	过载	恢复正常负载
	电动机底脚螺钉松动发生震动	紧固底脚螺钉
	换向极绕组短路	查找短路部位，进行修复
	换向极绕组接反	检查换向极的极性，加以纠正
	电枢绕组短路或电枢绕组与换向片脱焊	检查断路或脱焊的部位，进行修复
	电枢绕组短路或换向器短路	检查短路的部位，进行修复
	电枢绕组中有部分接反	检查电枢绕组接线，加以纠正
	电枢平衡没校好	电枢重校平衡
不能启动	过载	减小负载
	接线板接线接错	检查接线，加以纠正
	电刷接触不良或换向器表面不清	研磨电刷或调整压力，清理换向器表面及片间云母
	电刷位置移动	重新校正中性线位置
	主磁极绕组断路	检查断路的部位，进行修复
	轴承损毁或有异物	清除异物或更换轴承
转速不正常	电刷不在正常位置	调整刷杆座位置，可逆转的电动机应使其在中性线上
	电枢或主磁极绕组短路	检查短路的部位，进行修复
	串励主磁极绕组接反	检查主磁极绕组接线，加以纠正
	并励主磁极绕组断线或接反	检查断线部位与接线，加以纠正

续表

故障现象	故障产生原因分析	处 理 方法
温度过高	电源电压高于额定值	降低电源电压到额定值
	电动机超载	降低负载或换一台容量较大的电动机
	绕组有短路或接地故障	检查故障部位后按故障情况处理
	电机的通风散热情况不好	检查环境温度是否过高，风扇是否脱落，风扇旋转方向是否正确，电机内部通风道是否被阻塞
电动机震动	串励绕组或换向极绕组接反	改正接线
	电刷未在中性线上	调整电刷在中性线上
	励磁电流太小或励磁电路有断路	增加励磁电流或检查励磁电路中有无断路
	电动机电源电压波动	检查电枢电压
轴承过热	轴承损坏或有异物	更换轴承或清除异物
	润滑脂过多或过少,型号选用不当或质量差	调整或更换润滑脂
	轴承装配不良	检查轴承与转轴、转轴与端盖的配合情况，进行调整或修复
外壳带电	接地不良	查找原因，并采取相应的措施
	绕组绝缘老化或损坏	查找绝缘老化或损坏部位，进行修复，并处理绝缘

小 结

直流电机要做好定期的检查与维护，这样可以减少电机故障，延长电机的使用寿命，对防止事故发生有十分重要的意义。

习 题

一、填空题

1. 直流电动机主磁极的作用是产生____________，它由____________和____________两大部分组成。

2. 直流电动机的电刷装置主要由__________、__________、__________、____________和__________等部件组成。

3. 电枢绕组的作用是产生____________或____________流过而产生电磁转矩，实现机电能量转换。

4. 电动机按励磁方式分类，有__________、__________、__________和____________等。

5. 在直流电动机中产生的电枢电动势 E_a 方向与外加电源电压及电流方向________，称为____________，用来与外加电压相平衡。

6. 直流电动机吸取电能在电动机内部产生的电磁转矩，一小部分用来克服摩擦及铁耗所引起的转矩，主要部分就是轴上的有效____________转矩，它们之间的平衡关系可用____________表示。

二、判断题（在括号内打“√”或打“×”）

1. 直流发电机和直流电动机作用不同，所以其基本结构也不同。（ ）

2. 直流电动机励磁绕组和电枢绕组中流过的都是直流电流。（ ）

3. 串励直流电动机和并励直流电动机都具有很大的启动转矩，所以它们具有相似的机械特性曲线。（ ）

4. 电枢反应不仅使合成磁场发生畸变，还使得合成磁场减小。（ ）

5. 直流电机的电枢电动势的大小与电机结构、磁场强弱、转速有关。（ ）

6. 直流电动机的换向是指电枢绕组中电流方向的改变。（ ）

三、选择题（将正确答案的序号填入括号内）

1. 直流电动机在旋转一周的过程中，某一个绕组元件（线圈）中通过的电流是（ ）。

A. 直流电流　　B. 交流电流　　C. 互相抵消，正好为零

2. 在并励直流电动机中，为改善电动机换向而装设的换向极，其换向绕组（ ）。

A. 应与主极绕组串联

B. 应与电枢绕组串联

C. 应由两组绕组组成，一组与电枢绕组串联，另一组与电枢绕组并联

3. 直流电动机的额定功率 P_N 是指电动机在额定工况下长期运行所允许的（ ）。

A. 从转轴上输出的机械功率　　B. 输入电功率　　C. 电磁功率

4. 直流电动机铭牌上的额定电流是（ ）。

A. 额定电枢电流　　B. 额定励磁电流　　C. 电源输入电动机的电流

5. 在一个 4 极直流电动机中，N、S 表示主磁极的极性，n、s 表示换向极的极性。顺着转子的旋转方向，各磁极的排列顺序应为（ ）。

A. N→n→N→n→S→s→S→s　　B. N→s→N→s→S→n→S→n

C. N→n→S→s→N→n→S→s　　D. N→s→S→n→N→s→S→n

四、简答题

1. 有一台复励直流电动机，其出线盒标志已模糊不清，试问如何用简单的方法来判别电枢绕组、并励绕组和串励绕组？

2. 为什么直流电动机的定子铁心用整块钢材料制成，而转子铁心却用硅钢片叠成？

3. 写出直流电动机的功率平衡方程式，并说明方程式中各符号所代表的意义。式中哪几部分的数值与负载大小基本无关？

4. 直流电机电枢绕组中的电动势和电流是直流吗？励磁绕组中的电流是直流还是交流？为什么将这种电机叫直流电机？

5. 什么是直流电机的换向？研究换向有何实际意义？

五、计算题

1. 有一台 100 kW 的他励电动机，$U_N = 220$ V，$I_N = 517$ A，$n_N = 1\,200$ r/min，$R_a = 0.05\ \Omega$，空载损耗 $P_0 = 2$ kW。试求：

（1）电动机的效率 η；

（2）电磁功率 P；

（3）输出转矩 T_2。

2. 一台并励直流电动机，铭牌数据为 $P_N = 96$ kW，$U_N = 440$ V，$I_N = 255$ A，$I_{fN} = 5$ A，$n_N = 1\,550$ r/min，并已知 $R_a = 0.087\ \Omega$。试求：

（1）电动机的额定输出转矩 T_N；

（2）电动机的额定电磁转矩 T_{em}；

（3）电动机的理想空载转速 n_0。

第五章 其他用途的电动机

第一节 同步电动机

【学习目标】

1. 了解同步电机的分类方法和各种同步电机的作用、特点。
2. 熟悉各种同步电机的结构特点、工作原理和启动方法。
3. 了解同步电动机调速的分类、调速原理。
4. 了解同步电机并联运行的作用、条件和方法。

同步电机是相对异步电机而言，其转子的转速与定子旋转磁场转速相同的一类电机，所以称为同步电机。同步电机主要用作发电机，也可以用作电动机，不过相比三相异步电动机，同步电动机用得不广泛。

随着工业技术的迅速发展，一些生产机械要求的功率越来越大，如空气压缩机、送风机、球磨机、电动发电机组等，它们的功率往往达到数百乃至数千千瓦，这时，采用同步电动机拖动更为合适。这是因为，大功率同步电动机与同容量的异步电动机相比有明显的优点。首先，同步电动机的功率因数较高，在运行时，不仅不会使电网的功率因数降低，还能够改善电网的功率因数，这点是异步电动机做不到的；其次，相对大功率低转速的电动机，同步电动机的体积比异步电动机的要小一些。小功率永磁式同步电动机目前也应用广泛。

转子不励磁的同步电动机能够运用于单相电源上，也能运用于多相电源上。

一、同步电机的特点和分类

(一) 同步电机的特点

如果三相交流电机的转子转速 n 与定子电流的频率 f 满足方程式

$$n=\frac{60f}{p} \tag{5-1}$$

的关系，这种电机就称为同步电机。同步电机的转速与交流电流的频率成正比，与电机的磁极对数成反比，这是同步电机与异步电机的基本差别之一。同步电动机的负载改变时，只要电源频率不变，转速就不变。这是同步电机的基本特点。

我国电力系统的频率规定为 50 Hz，电机的极对数 p 又应为整数，这样一来，同步电动机的转速 n 与极对数 p 之间有着严格的对应关系，如 $p=1$、2、3、4、…，$n=3\ 000$ r/min、1 500 r/min、1 000 r/min、750 r/min、…。

(二) 同步电机的分类

1. 按励磁方式分类

根据励磁方式不同，同步电机可以分为电励磁同步电机和永磁同步电机。

（1）电励磁同步电机：电励磁同步电机的转子做成显极式的，安装在磁极铁心上面的磁场线圈是相互串联的，接成具有交替相反的极性，并有两根引线连接到装在轴上的两只滑环上面。磁场线圈是由一只小型直流发电机或蓄电池来激励，在大多数同步电动机中，直流发电机是装在电动机轴上的，用以供应转子磁极线圈的励磁电流。由于这种同步电动机不能自动启动，所以在转子上还装有鼠笼式绕组而作为电动机启动之用。鼠笼绕组放在转子的周围，结构与异步电动机相似。当在定子绕组通上三相交流电源时，电动机内就产生了一个旋转磁场，鼠笼式绕组切割磁力线而产生感应电流，从而使电动机旋转起来。电动机旋转之后，其速度慢慢增高到稍低于旋转磁场的转速，此时转子磁场线圈经由直流电来激励，使转子上面形成一定的磁极，这些磁极就企图跟踪定子上的旋转磁极，这样就增加了电动机转子的速率直至与旋转磁场同步旋转为止。

（2）永磁同步电机：这种电动机的定子绕组与分相电动机或多相电动机的定子相似，同时有一个鼠笼式转子，而转子的表面切成平面，所以属于显极转子。转子磁极是由一种磁化钢做成的，而且能够经常保持磁性。鼠笼式绕组是用来产生启动转矩的，而当电动机旋转到一定的转速时，显极转子就跟住定子线圈的电流频率而达到同步。显极的极性是由定子感应出来的，因此它的数目应和定子上极数相等，当电动机转到它应有的速度时，鼠笼式绕组就失去了作用，维持旋转是依靠转子磁极紧跟住定子磁极，使之同步。

2. 按功率转换关系分类

根据功率转换关系，同步电机可分为同步发电机、同步电动机和同步补偿机。

（1）同步发电机：作为发电机运行是同步电机最主要的运行方式，它是发电厂的主体设备。目前世界上各发电厂发出的三相正弦交流电都是由三相同步发电机产生的。

（2）同步电动机：从电网吸收电能转变为其他机械动力的同步电机，称为同步电动机。同步电动机的功率因数，可以通过励磁电流进行调节。它不但可以把功率因数调节到 1，还可以调节到超前，对于改善电网的功率因数有重要意义。同步电动机转速为恒定值，不受负载变动的影响。功率范围一般为 250 kW ~ 10 MW，电压有 3 kV、6 kV 和 10 kV 等几种，转速范围为 100 ~ 3 000 r/min。一般用于不调速机械。

（3）同步补偿机：同步电机还可以接于电网作为同步补偿机。这时电机不带任何机械负载，靠调节转子中的励磁电流向电网发出所需要的感性或者容性无功功率，以达到改善电网功率因数或者调节电网电压的目的。通常为了分担电网的感性无功功率，改善电网的功率因数，应使同步补偿机处于过励磁状态，如在电网上并联一个大电容。

另外。按照安装结构，同步电机可分为立式同步电机和卧式同步电机；按照防护类型，同步电机可分为开启式、防护式和封闭式；按照冷却方式，同步电机可分为空气冷却、氢冷却、水冷却和混合冷却等

二、同步电机的结构、型号和铭牌数据

（一）同步电机的结构

同步电机的结构有两种形式：

（1）旋转电枢式，即三相绕组装在转子上，磁极装在定子上。

（2）旋转磁极式，它与前者正相反，把磁极装在转子上、三相绕组装在定子上，这种结构形式被认为是同步电机的基本结构形式，并广泛运用于大中型容量的同步电机中，因为这种结构形式有以下优点。① 励磁电流比电枢电流小得多，励磁电压比电枢电压低得多，所以电刷与集电环的负荷较小，减少了故障的出现，提高了工作可靠性；② 同步电机的容量较大，尤其是同步发电机，当其容量在几十万千瓦以上时，电枢电流大，电压高，导线粗，要求绝缘要好，装在定子上，便于嵌装和提高绝缘性，并便于通风散热，当强大的电流向负载输出时，不需要经过电刷和集电环，避免电刷与集电环间产生火花或接触不良等故障。

在旋转磁极式同步电机中，从转子运行的机械强度和固定转子绕组来看，又可以分为隐极式和凸极式两种。如图 5-1 所示。隐极式转子上没有明显突出的磁极，其气隙是均匀的，转子呈圆柱形；凸极式的转子上有明显凸出的磁极，气隙不均匀，极弧下气隙较小，极间部分气隙较大。

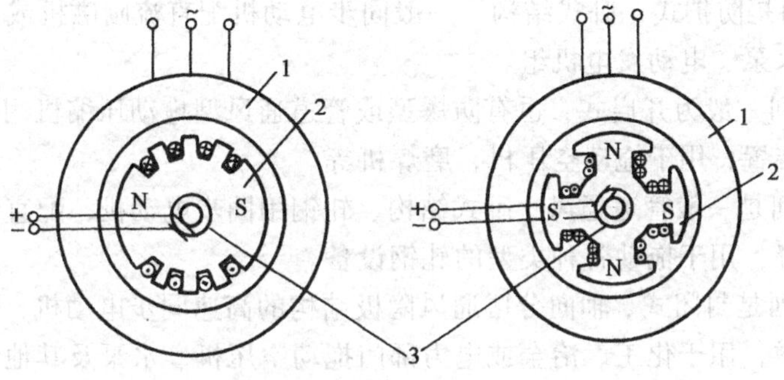

（a）隐极式　　（b）凸极式

1—定子；2—转子；3—集电环。

图 5-1　三相旋转磁极式同步电机的结构示意图

对于发电机来说，目前应用最广泛的是汽轮式发电机和水轮式发电机，无论是水轮发电机还是汽轮发电机，与异步电动机相比，其定子绕组基本相同，但转子各不一样。

汽轮机的转速一般都比较高，目前普遍采用的是 3 000 r/min。根据前面的知识知道，在频率一定的情况下，转子的磁极对数与转速有关，那么转子有一对磁极就够了，因此转子可以做得细一些，以减少转子圆周上的线速度，为此转子做成隐极式，它的直径较小，要达到一定的功率，长度加长即可，形成一个细长的圆柱体，如图 5-2 所示。但也不宜太长，否则运转中会因弯曲变形而产生振动。在运行过程中，若负载突然减小，将产生强大的离心力作用。因此，汽轮发电机转子采用整块的、导磁性能良好的高强度合金钢锻造而成，转子的两极下铣有凹槽，励磁绕组就嵌于槽内，不开槽的部分形成一个大齿，大齿就是主磁极部分。

水轮发电机转子的转速较低，在 1 250 r/min 以下，要使水轮机发出 50 Hz 的交流电，必须增加同步发电机的磁极对数，由于转子磁极对数的增加，导致转子变粗，所以通常采用凸极式转子。凸极式同步电机转子的直径较大而长度较小，整个转子形成一个扁盘形，如图 5-3 所示。转子上的磁极因为是用直流电流励磁，不会产生涡流和磁滞损耗，所以可用 1 ~ 1.5 mm 厚的钢片冲制后叠压而成，也可用整块铸钢或锻钢做成，极芯上套装励磁绕组后，固定在转轴圆周上。

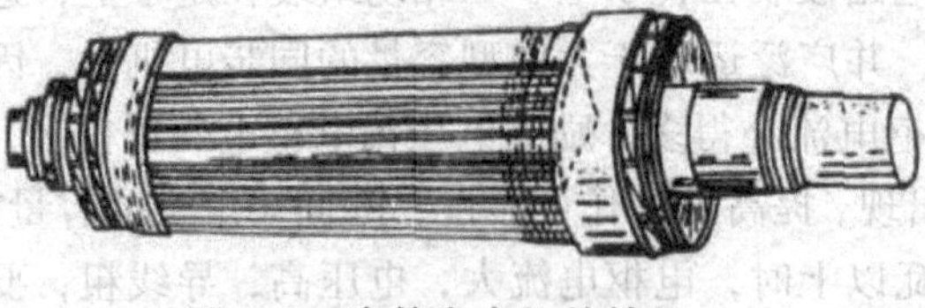

图 5-2　汽轮发电机的转子

图 5-3　凸极式同步电机

(二) 同步电机的型号

国产同步电动机的型号（如 TD118/41-6)含义如下：T—同步；D—电动机；118—定子铁心外径（cm)；41—铁心长度（cm)；6—极数。即极数为 6（同步转速为 1 000 r/min)，铁心外径为 118 cm，铁心长度为 41 cm 的同步电动机。

常用的同步电动机型号有：

（1）TD 系列是防护式，卧式结构，一般同步电动机配直流励磁机或可控硅励磁装置，可拖动通风机、水泵、电动发电机组。

（2）TDK 系列一般为开启式，也有防爆型或管道通风型拖动压缩机用的同步电动机，配可控硅整流励磁装置，用于拖动空压机，磨煤机等。

（3）TDZ 系列是一般管道通风、卧式结构、轧钢用同步电动机，配直流发电机励磁或可控硅整流励磁装置，用于拖动各种类型的轧钢设备。

（4）TDG 系列是封闭式、轴向分区通风隐极结构的高速同步电动机，配直流发电机励磁或可控硅整流励磁，用于化工、冶金或电力部门拖动空压机、水泵及其他设备。

（5）TDL 系列是立式、开启式自冷通风同步电动机，配单独励磁机。用于拖动立式轴流泵或离心式水泵。

(三) 同步电机的铭牌数据

同步电动机的铭牌数据一般如下：

（1）额定功率 P_N：是指轴上输出的有功功率，单位为 kW，对于电动机来说，这个功率是指机械功率，而对于发电机来讲，这个功率是指输出的有功功率。

（2）额定电压 U_N：指加在定子绕组上的线电压，单位为 V（伏）或 kV（千伏)。

（3）额定电流 I_N：电动机额定运行时，流过定子绕组的线电流，单位为 A（安)。

（4）额定功率因数 $\cos\varphi_N$：电动机额定运行时的功率因数。一般来讲，同步发电机的额定功率因数为 0.8。

（5）额定转速 n_N：指电动机在正常运行时转子的转速，单位为 r/min（转/每钟)。

（6）额定效率 η_N：为电动机额定运行时的效率。

此外，同步电动机铭牌上还给出额定频率 f_N（单位为 Hz)，以及极数、升温、绝缘等级、励磁容量和励磁电压等，也是需要关注的数据。

三、同步电机的工作原理和启动方法

(一) 同步电机的工作原理

同步电动机的构造与同步发电机相同。使用时，不仅要给定子的三相绕组通以三相交流电流，还要给转子通以直流电流。它的工作原理是：

三相交流电流通过定子三相绕组时，产生旋转磁场；转子绕组中通直流电流后产生极性固定不变的磁场，磁极的对数必须与旋转磁场的磁极对数相等。当转子上的 N 极与旋转磁场的 S 极对齐时（转子的 S 极则与旋转磁场的 N 极对齐），靠异性磁极之间的互相吸引，转子就跟着旋转磁场转动了，如图 5-4（a）所示，这是电动机理想空载时的情况。

电动机空载时，转子的轴承和转子在空气中总要受到一定的阻力。实际上，转子上的磁极总是要比旋转磁场的磁极落后一个小角度 θ（电枢磁场磁极轴线和转子磁极轴线之间的夹角），如图 5-4（b）所示。可以假想为磁力线被拉长了少许。

当电动机加上轻载时，转子磁极落后于旋转磁极的角度要比以前增大，如图 5-4（c）所示。也就是说，磁力线又被继续拉长，但转子转速仍是不变的。如果电动机负载再增大，则转子磁极落后的角度还要加大，落后一定角度之后，又以同步速度跟随旋转磁场转动。但若电动机轴上的负载转矩太大，则电动机产生的电磁转矩将不足以克服负载转矩，同步电机将停止旋转，这种现象称为同步电动机的“失步”现象。同步电机产生失步现象时，通过定子绕组的电流将很大，这时应尽快切断电源，以免电动机因过热而损坏。

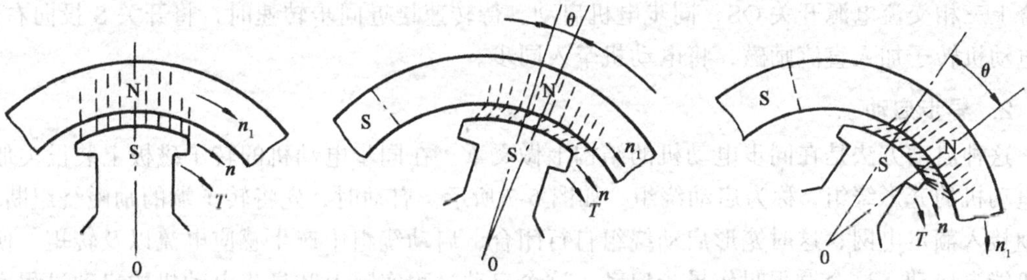

（a）理想空载时　（b）实际空载时　（c）负载时

图 5-4 同步电动机的工作原理

在相反情况下，如果负载是逐渐减小的，则转子磁极位置的变化就与前述过程正好相反。

可见，同步电动机的转速，除了负载增加或减小一瞬间有少许突然变化以外，转子的转速总是与旋转磁场的转速相同。负载在一定范围内变化时，电动机的转速不变，这个特性是同步电动机的特点，也是优点。因此，同步电动机适用于不需要调速的场合，例如，拖动大型空气压缩机、水泵等。

(二) 同步电机的启动方法

同步电机本身无启动转矩，所以通电以后转子不能自行启动。定子通入三相电流后，产生定子旋转磁场，旋转方向为顺时针旋转。如图 5-5 所示，在定子通电产生旋转磁场的瞬间，由于异性磁极相吸引，定子旋转磁场对转子有一个转矩，欲把转子拖转，但是由于转子惯性很大，转子不能立即以同步转速旋转，定子旋转磁场的转速却很快，当定子

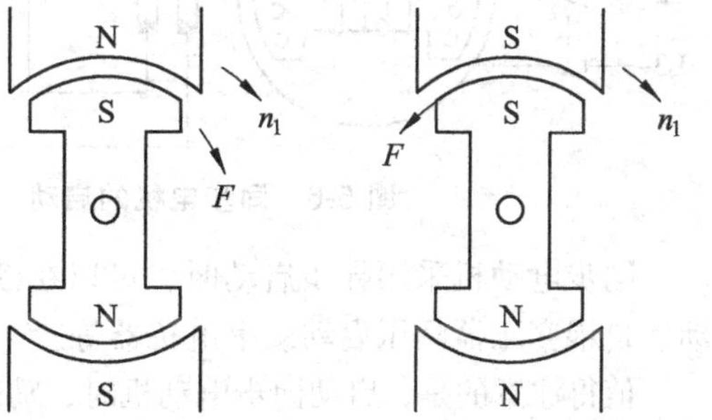

（a）刚通电时定子磁极与转子磁极的位置　（b）0.01 s 时定子磁极与转子磁极的位置

图 5-5 同步电机无启动转矩图

旋转磁场转过 180° 电角度时（即定子电流经过半个周期），定子旋转磁场的位置变为图 5-5（b）所示，这时定子磁场对转子磁场产生一个反向作用的转矩转矩，转子还是因惯性不能转动。在电流变化一个周期内，旋转磁场对转子的平均转矩为零，所以转子不能启动，这时需另外使用辅助方法才能使电动机启动运转。

一般来讲，同步电动机的启动方法大致分为三种：辅助电动机启动、异步启动、变频启动。

1. 辅助电动机启动

没有启动绕组的同步电机，通常采用辅助启动法，这种方法选用与同步电动机极数相同、功率为同步电机功率 5%～15% 的异步电动机作为辅助电机，先用辅助电机将同步电机托到接近同步转速，然后用自整步法将其投入电网，再切断辅助电机电源。由于辅助电机的功率一般较小，故这种启动方法只适用于空载启动。

同步电机启动时，励磁绕组若开路，因为励磁绕组匝数很多，定子磁场将在励磁绕组中产生很高的电压，导致励磁回路的绝缘破坏。因而通常在启动时，用阻值为励磁绕组本身电阻阻值 10 倍左右的附加电阻 R_f 将励磁绕组短接，如图 5-6 所示。

同步电机辅助启动时，先将开关 S 合在图 5-6 中的左侧，这是励磁绕组经过 R_f 短接，然后合上三相交流电源开关 QS，同步电机启动，待转速接近同步转速时，将开关 S 投向右侧，给电动机转子加入直流励磁，将电动机牵入同步。

2. 异步启动

这种启动方法是在同步电动机的结构上做文章。在同步电动机的转子磁极上装设类似感应电动机的笼形绕组，称为启动绕组，如图 5-7 所示。启动时，先将转子端的励磁绕组断开，电枢接入额定电网，这时笼形启动绕组自行闭合，启动绕组中产生感应电流以及转矩，使电动机能自启动，这个过程叫作异步启动（这个启动过程实际上和异步电动机的启动过程完全一样）。当转速接近同步转速时（转速达同步转速的 95% 左右），然后给同步电动机的励磁绕组通入直流电流，电动机就可以同步运转，这个过程叫作牵入同步。

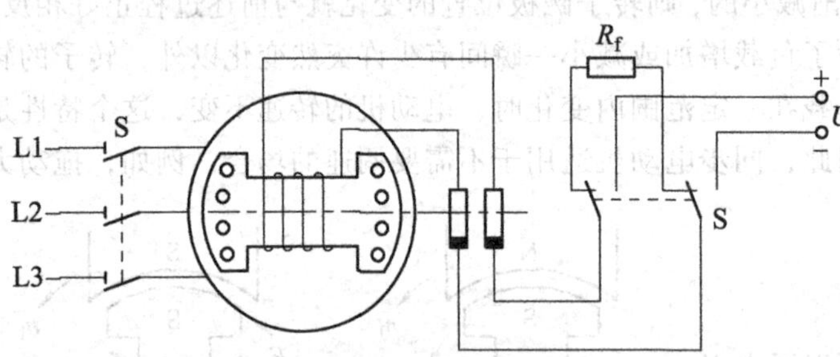

图 5-6 同步电机的启动

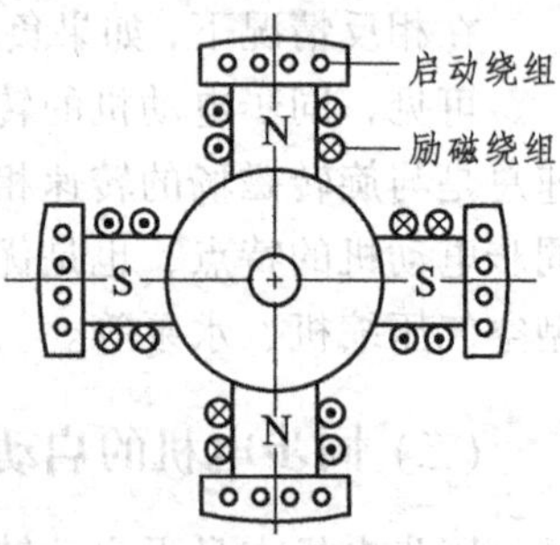

图 5-7 同步电机的启动绕组

同步电动机采用异步启动时，可以在额定电压下直接启动，也可用降压启动，如 Y-Δ启动、自耦变压器降压启动或串电抗器等。

值得注意的是，启动同步电动机时，励磁绕组不能开路；否则，在大转差时，气隙旋转磁密在励磁绕组里感应出较高的电动势，有可能损坏它的绝缘。但是，在启动过程中也不能把励磁绕组短路，否则，励磁绕组中感应的电流产生的转矩有可能使电动机启动不到接近同步速的转速。解决这个问题的办法是在同步电动机启动过程中，在它的励磁绕组中串入大约 5～10

倍励磁绕组电阻值的附加电阻，这样就可以克服上述的缺点，达到启动的目的。等启动转速接近同步转速时，再把所串接的电阻去除，通以直流电流，电动机自动牵入同步，完成启动的过程。

3. 变频启动

这种方法就是改变交流电源的频率，即改变定子旋转磁场的转速，利用同步转矩来启动转子，为此在开始启动时，先把电源频率调得很低，然后逐步增加电源频率，直至额定频率为止，在这个过程中，转子的转速将随着定子旋转磁场的转速同步上升，直至电动机的转速达到同步转速。

变频控制的方法由于将同步电动机的启动、调速以及励磁等诸多问题放在一起解决，显示了其独特的优越性，已成为当前同步电动机电力拖动的一个主流。

四、同步电机的调速

同步电动机始终以同步转速进行运转，没有转差，也没有转差功率，而同步电动机转子极对数又是固定的，不能有变极调速，因此只能靠变频调速。在进行变频调速时同样考虑恒磁通的问题，所以同步电动机的变频调速也是电压频率协调控制的变压变频调速。在同步电机的变压变频调速方法中，从控制的方式来看，可分为他控变压变频调速和自控变压变频调速两类。

(一) 他控变频同步电动机调速系统

与异步电动机变压变频调速一样，用独立的变压变频装置给同步电动机供电的系统称作他控变频调速系统。该类型可分为三种方式：

方式 1：转速开环恒压频比控制的同步电动机群调速系统。

方式 2：交-直-交电流型负载换流变压变频器供电的同步电动机调速系统

方式 3：交-交变压变频器供电的大型低速同步电动机调速系统。

1. 转速开环恒压频比控制的同步电动机群调速系统

转速开环恒压频比控制的同步电动机群调速系统是一种最简单的他控变频调速系统，多用于化工、纺织工业等小容量多电动机拖动系统中。系统组成如图 5-8 所示。把多台永磁或磁阻同步电动机并联接在公共的电压源型 PWM（脉冲宽度调制）变压变频器上，由统一的频率给定信号 f^* 同时调节各台电动机的转速。待定子压降补偿的恒压频比控制保证了同步电动机气隙磁通恒定，再缓慢地调节频率给定信号 f^* 就可以逐渐地同时改变各台电机的转速。

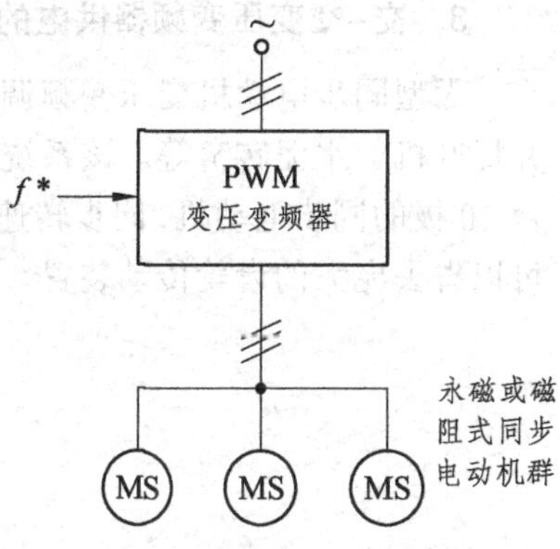

图 5-8 多台同步电机的恒压频比控制调速系统

2. 交-直-交电流型负载换流变压变频器供电的同步电动机调速系统

对于经常在高速运行的机械设备，定子常采用交-直-交电流型变压变频器供电，其电机侧变换器（即逆变器）比给异步电动机供电时更简单，可以省去强迫换流电路，而利用同步电动机定子中的感应电动势实现换相。这样的逆变器称作负载换流逆变（Load-commutated Inverter，LCI）。系统组成如图 5-9 所示。该系统控制器的程序包括转速调节、负载换流控制和励磁电流控制，FBS 是测速反馈环节，由于变压变频装置是电流型的，从而还单独画出了电流控制器。

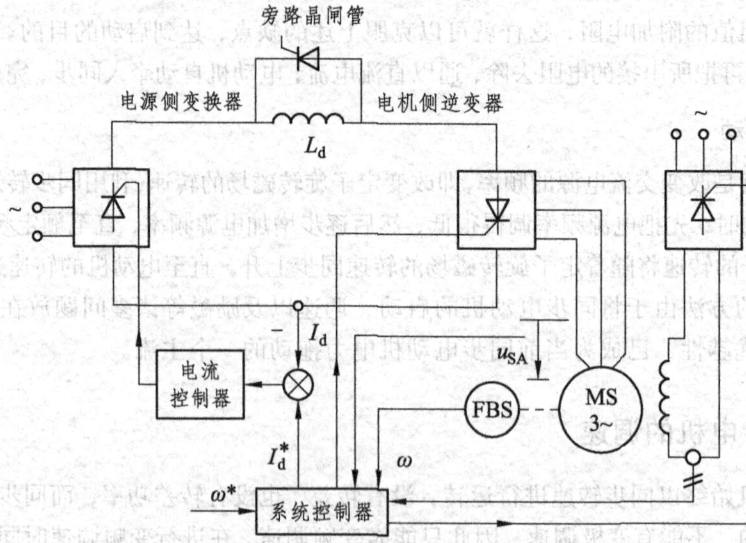

图 5-9 交-直-交电流型负载换流变压变频器供电的同步电动机调速系统

这种同步调速系统在启动和低速时存在换流问题：低速时同步电动机感应电动势不够大，不足以保证可靠换流，当电机静止时，感应电动势为零，根本就无法换流。换流问题解决方案：当低速时，需采用“直流侧电流断续”的特殊方法，使中间直流环节电抗器的旁路晶闸管导通，让电抗器放电，同时切断直流电流，允许逆变器换相，换相后再关断旁路晶闸管，使电流恢复正常。用这种换流方式可使电动机转速升到额定值的 3%~5%，然后再切换到负载电动势换流。

3. 交–交变压变频器供电的大型低速同步电动机调速系统

大型同步电动机变压变频调速系统用于低速的电力拖动，如无齿轮传动的可逆轧机、矿井提升机、水泥转窑等。该系统由交-交变压变频器供电，其输出频率为 20 ~ 25 Hz，对于一台 20 极的同步电动机，同步转速为 120 ~ 150 r/min，直接用来拖动轧钢机等设备是很合适的，可以省去庞大的齿轮传动装置。该系统的组成如图 5-10 所示。

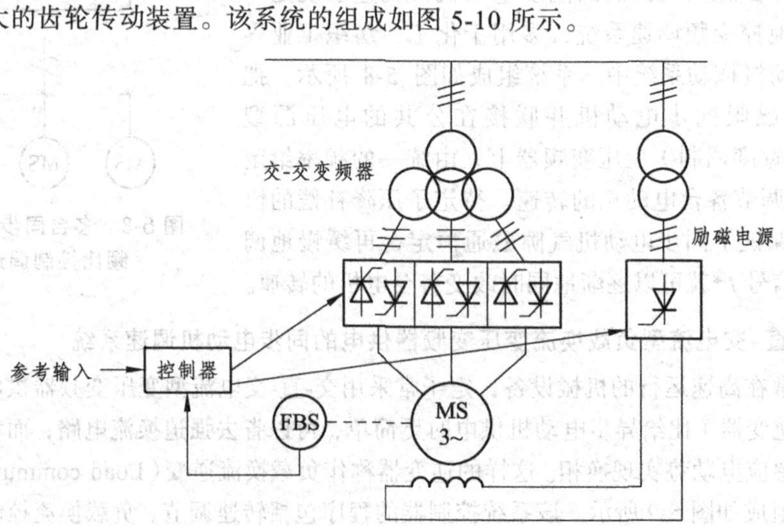

图 5-10 交-交变压变频器供电的大型低速同步电动机调速系统

(二) 自控变压变频同步电动机调速系统

自控变压变频调速是一种闭环调速系统。它利用检测装置，检测出转子磁极位置的信号，并用来控制变压变频装置换相，类似于直流电动机中电刷和换向器的作用，因此也称作无换向器电机调速或无刷直流电机调速。其系统结构原理图如图 5-11 所示，在电动机轴端装有一台转子位置检测器 BQ，由它发出的信号控制变压变频装置的逆变器 UI 换流，从而改变同步电动机的供电频率，保证转子转速与供电频率同步。

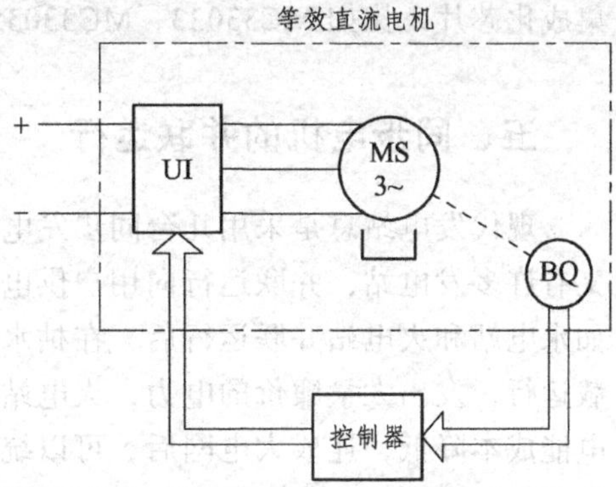

图 5-11 自控变频同步电动机调速系统结构示意图

从电动机本身看，它是一台同步电动机，但是如果把它和逆变器 UI、转子位置检测器 BQ 合起来看，就像是一台直流电动机。直流电动机电枢里面的电流本来就是交变的，只是经过换向器和电刷才在外部电路表现为直流，这时，换向器相当于机械式的逆变器，电刷相当于磁极位置检测器。图 5-11 中则采用电力电子逆变器和转子位置检测器替代机械式换向器和电刷。

自控变频同步电动机有多种类型，如无换向器电动机（多用于带直流励磁绕组的同步电机）、三相永磁同步电动机（输入正弦波电流时）和无刷直流电动机（采用方波电流时）。

永磁同步电机和无刷直流电机都具有定子三相分布绕组和永磁转子，定子电流与转子永磁磁通互相独立，转矩恒定性好，脉动小，可以获得很宽的调速范围，适用于要求高性能的数控机床、机器人等场合。目前已广泛应用于各种领域，如医疗仪器、过程控制、机床工业、纺织工业和轻工机械等。

无刷直流电动机实质上是一种特定类型的同步电动机，调速时只在表面上控制了输入电压，实际上也自动地控制了频率，仍属于同步电动机的变压变频调速。

永磁无刷直流电动机的转子磁极采用瓦形磁钢，经专门的磁路设计，可获得梯形波的气隙磁场，定子采用集中整距绕组，因而感应的电动势也是梯形波的。由逆变器提供与电动势严格同相的方波电流，则梯形波永磁同步电动机同一相（如 A 相）的电动势 e_A 和电流 i_A 的波形如图 5-12 所示。

由于各相电流都是方波，逆变器的电压只需按照直流 PWM 的方法进行控制，所以梯形波永磁同步电动机的自控变频调速系统比各种交流 PWM 控制都要简单得多，但由于绕组电感的作用，换相时电流波形不可能突跳，其波形实际上只能是近似梯形的，因而通过气隙传送到转子的电磁功率也是梯形波。实际的转矩波形每隔 60° 都出现一个缺口，而用 PWM 调压调速又使平顶部分出现纹波，这样的转矩脉动使梯形波永磁同步电动机的调速性能低于正弦波的永磁同步电动机。

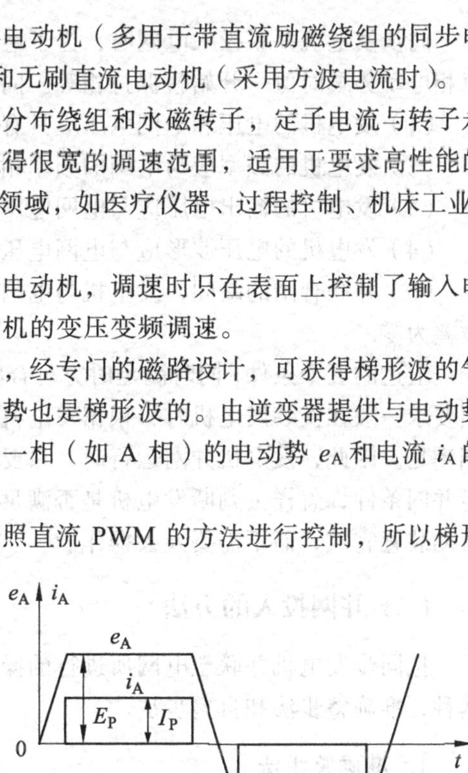

图 5-12 梯形波永磁同步电动机的电动势与电流波形图

由于梯形波永磁同步电动机（即无刷直流电动机）的转矩与电流成正比，和一般的直流电动机相当，其控制系统也和直流调速系统一样，要求不高时，可采用开环调速；对于动态性能要求较高的负载，可采用双闭环控制系统。无论是开环系统还是闭环系统，都必须具备转子位置检测、发出换相信号、调速时对直流电压的 PWM 控制等功能，现已生产出专用的集成化芯片，比如 MC33033、MC33035 等。

五、同步电机的并联运行

现代发电站总是采用几台同步发电机接在共同的汇流排上并联运行，而一个电力系统中又有许多发电站，并联运行向用户供电，这样做可以更合理地利用动力资源和发电设备。例如水电站和火电站并联运行后，在枯水期主要由火电站发电，而在丰水期则主要靠水电站满载运行，发出大量廉价的电力，火电站可以只供每天的高峰负荷或只做同步调相机，使总的电能成本降低，连成大电网后，可以统一调度、定期轮流检修、维护发电设备，增加了供电的可靠性，也节约了备用机组的数量，当个别负载变化时对电网电压和频率的扰动影响甚微，从而提高了供电质量。

(一) 同步电机并网运行的条件

同步发电机并联投入电网时，为了避免发生电流冲击和转轴突然受到扭矩，应使发电机每相电动势瞬时值一开始就保持相等。同步发电机并联运行的条件如下：

（1）发电机的电压和电网电压应具有相同的有效值、极性和相位。

（2）发电机的频率应与电网的频率相同。

（3）发电机的输出电压应与电网电压相序相同。

（4）发电机的电压波形应与电网电压波形一致，均为正弦波。

（5）并联合闸的瞬间，发电机与电网的对应相的电压同相位，即发电机与电网回路的电位差为零。

上述的五个条件，同时满足时方可合闸并网。第（4）项在制造电机时就得到保证，第（3）项要求一般在安装发电机时，根据发电机规定的转向确定发电机的相序，因而这项要求也得到满足。因此，发电机并网运行时，只要满足条件其他三个条件即可，至于如何使发电机满足并网条件，怎样去判断发电机是否满足并网条件，这些工作在现代化的发电厂中，多数由自动装置完成，而不需要人去操作。

(二) 并网投入的方法

把同步发电机并联至电网所进行的操作过程，称为整步（并车）过程，实际整部方法有两种，准确整步法和自整步法。

1. 准确整步法

把发电机调整到完全合乎投入并联的条件，然后投入电网，这种方法称为准确整步法。可以使用同步指示器来判断是否满足投入条件，最简单的同步指示方法为灯光法，就是利用三组同步指示灯来检验合闸的条件。同步指示灯有两种方法，分别是灯光熄灭法和灯光旋转法。

（1）灯光熄灭法。如图 5-13（a）所示，将三组指示灯接在电网和发电机并联开关的两侧，要使并联合闸时没有冲击电流，在并联开关两侧就不能有电压差，如果这些灯都熄灭了，就表示三项中任意一项的电压差均为零，这时就可以并联合闸，这种并联合闸的方法称为灯光熄灭法。

运用灯光熄灭法，并联合闸的具体操作方法是：把要并联的发电机拖动到接近同步转速，加上励磁并调节到发电机的电压与电网相等，如果这时相序正确，则在发电机的频率与电网频率有差别时，加在各项指示灯上的电压忽大忽小，使三组指示灯同时忽亮忽暗，其忽亮、忽暗变化的频率就是发电机与电网相差的频率。调节发电机转速使灯光亮、暗频率很低时，就可以准备合闸。当闸刀两侧电位差为零、电压表指示数为零、三组指示灯全暗时，说明发电机与电网的相应电压相等并且同相位，并联运行条件已经满足，抓住这个时机迅速合闸，从而顺利完成并联合闸的操作。如果在整步过程中，三组灯轮流亮、暗，表示发电机的相序与电网相序不同，此时绝对不能合闸投入，应改变发电机的相序，然后重新整步；若三组灯同时亮暗，也是绝对不能并联合闸的。

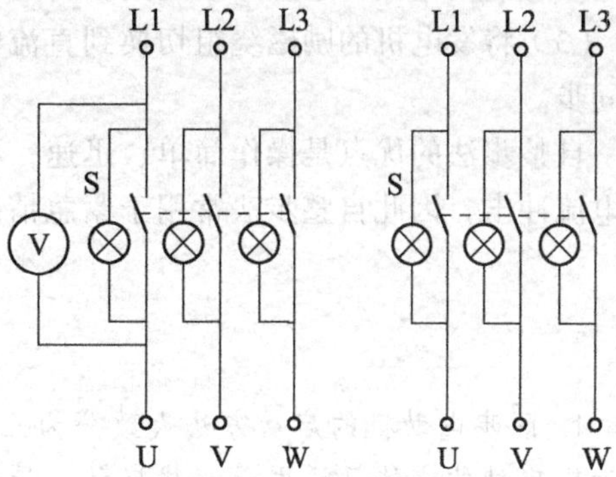

（a）灯光熄灭法　（b）灯光旋转法

图 5-13　准确整步时采用灯光法的接线示意图

（2）灯光旋转法。如果相序是正确的，把两灯接在不同的相序电压之间，如图 5-13（b）所示，一组灯接在 VW 之间，一组灯接在 WV 之间，此时在相序相同时，出现旋转的灯光，这时可以合闸投入，这样的合闸法称为灯光旋转法。

灯光熄灭法和灯光旋转法在实际中都有采用，但由于灯光旋转法能判断出发电机的频率比电网频率高或低，所以更有使用价值。具体操作方法与灯光熄灭相同，只是灯光依次亮、半亮，灯光按次序旋转，如果发电机对应的频率 f 比电网频率高 1 Hz，则灯光每秒转一圈，如果发电机频率低于电网频率，则灯光将按反方向旋转，根据灯光旋转的方向，适当调节发电机的转速，使灯光旋转速度变得很低，此时要掌握时机，当一相上跨接的一组灯熄灭，而另外两组灯亮度相同时，应立即合闸，即可完成并联运行的合闸操作。

采用上述灯光法并网时，有一个问题需要解决，就是白灯一般约在 1/6 额定电压时就不亮了。为了使合闸的瞬间更准确，在刀闸对应的两端之间接一个电压表，作为发电机并网用的辅助仪表，也可以用同步指示器（一种专门用来并车的仪器）来准确找出合闸瞬间，此外，在并网过程中，各组灯泡上的电压可能出现 2 倍相电压，所以发电机相电压为 220 V 时，每组灯泡应采用两个 220 V 灯泡串联使用，如果发电机和电网电压较高时，要就要采用电压互感器，降压后再接到同步指示灯或仪表上，这时发电机和电网的两个三相互感器就必须具有相同的联结组。

2. 自整步法

用准确整步法进行并网的优点是：能使新投入的发电机和电网不受或仅受轻微冲击，但由于是手动操作，要求技术熟练，而且比较浪费时间，因此也有的采用自动装置并网，这时情况比较好，但其装置比较复杂，而且而当电网出现故障后，如某大容量机组因故障突然退出运行，要求重新启动一台机组代替它投入电网时，由于这时电网还处于异常状态，电压和频率都在不断变动，要采用准确整步法比较困难，所以又提出了自整步法的并网方法，其步骤如下：

（1）先将发电机的励磁绕组经过约等于励磁绕组电阻 10 倍的电阻短路。

（2）当发电机转速升到接近同步转速时，先合上并网开关。

（3）将发电机的励磁绕组切换到直流电源，即可利用电机"自整步作用"使它迅速被牵入同步。

自整步法的优点是操作简单、迅速，不需要增添复杂的设备，缺点是合闸及投入励磁时有电流冲击，因此自整步法常用于紧急情况下的发电机并网。

小 结

1. 同步电动机的启动方法大致分为三种：辅助电动机启动、异步启动、变频启动。辅助电动机启动的方法只适用于空载启动；异步启动时励磁绕组不能开路也不能短路；变频启动的方法运用更广泛。

2. 同步电机的变压变频调速方法中，从控制的方式来看，可分为他控变压变频调速和自控变压变频调速两类。

3. 他控变频调速系统可分为三种方式：① 转速开环恒压频比控制的同步电动机群调速系统；② 交-直-交电流型负载换流变压变频器供电的同步电动机调速系统；③ 交-交变压变频器供电的大型低速同步电动机调速系统。

4. 自控变频同步电动机的分类：无换向器电动机、三相永磁同步电动机和无刷直流电动机。

5. 同步电动机的负载改变时，只要电源频率不变，转速就不变，这是同步电机的基本特点。电机的转速与交流电流的频率成正比，与电机的磁极对数成反比。根据励磁方式不同，同步电机可以分为电励磁同步电机和永磁同步电机；根据功率转换关系，同步电机可分为同步发电机、同步电动机和同步补偿机。

6. 同步电机的结构有两种形式：一种是旋转电枢式，即三相绕组装在转子上，磁极装在定子上；另一种是旋转磁极式。根据励磁方式不同，同步电机可以分为电励磁同步电机和永磁同步电机；根据功率转换关系，同步电机可分为同步发电机、同步电动机和同步补偿机。

7. 同步电动机并网运行时，必须满足并网运行的条件时方可合闸并网。并网投入的方法有准确整步法和自整步法。准确整步法的优点是电网不受或仅受轻微冲击，缺点是操作复杂。自整步法的优缺点和准确整步法相反。准确整步法一般使用同步指示灯法，分为灯光熄灭法和灯光旋转法。

第二节 微特电机

【学习目标】

1. 了解伺服电动机的结构、分类和工作原理。
2. 了解力矩电动机的结构、分类和特点。
3. 熟悉步进电动机的结构、工作原理和启动特性。
4. 了解旋转变压器、自整角机的分类和应用场合。
5. 了解测速发电机的分类、特点和应用场合。

本节介绍驱动微电机和控制特种电机，它们简称微特电机。

驱动微电机用来拖动各种小型负载，功率一般都在 750 W 以下，最小的不到 1 W，外形尺寸也较小，机壳外径一般不大于 160 mm。驱动微电机有微型同步电动机、微型直流电动机和微型交流换向器电动机等。驱动微电机与普通电机相比，除功率小、尺寸小之外，还有结构简单、只需单相交流电源、操作容易等特点。

控制特种电机是在普通旋转电机基础上产生的特殊功能的小型旋转电机。控制特种电机在控制系统中作为执行元件、检测元件和运算元件。从工作原理上看，控制特种电机和普通电机没有本质上的差异，但普通电机功率大，侧重于电机的启动、运行和制动等方面的性能指标，而控制特种电机输出功率较小，侧重于电机控制的精度和响应速度。控制特种电机按其功能和用途可分为信号检测和传递类控制电机及动作执行类控制电机两大类。执行电机包括伺服电机、步进电机和直线电机；信号检测和传递电机包括测速发电机、旋转变压器和自整角机等。

一、伺服电动机

伺服电动机把输入的信号电压变为转轴的角位移或角速度输出，转轴的转向与转速随信号电压的方向和大小而改变，并且能带动一定大小的负载，在自动控制系统中作为执行元件，故伺服电动机又称为执行电动机。

例如在雷达天线系统中，雷达天线是由交流伺服电动机拖动的。当天线发出的无线电波遇到目标时，就会被反射回来送给雷达接收机。雷达接收机将目标的方位和距离确定后，向交流伺服电动机送出电信号。交流伺服电动机按照该电信号拖动雷达天线跟踪目标转动。

伺服电动机有直流和交流两大类。直流伺服电动机输出功率较大，一般可达几百瓦；交流伺服电动机输出功率较小，一般为几十瓦。目前，虽有采用空心转子结构的直流伺服电动机，但因其功能指标较低，在新的国家标准设计中都不采用这种结构形式。

(一) 直流伺服电动机

1. 基本结构

直流伺服电动机就是微型的他励直流电动机，其结构和原理都与他励直流电动机相同。主要由定子磁极、转子电枢和换向机构组成。定子磁极一般为瓦状永磁体，可为两级或多级结构；转子的结构有多种形式，最常见的是在有槽铁心内敷设绕组的结构。铁心由硅钢片叠压而成；换向机构由换向环和电刷构成。绕组导线连接到换向片上，电流通过电刷及换向片引入到绕组中。

2. 分类

直流伺服电动机按磁极的种类划分为两种：一种是永磁式直流伺服电动机，它的磁极是永久磁铁；另一种是电磁式直流伺服电动机，它的磁极是电磁铁，磁极外面套着他励励磁绕组。

直流伺服电动机的控制电源为直流电压，分普通直流伺服电动机、盘形电枢直流伺服电动机、空心杯直流伺服电动机和无槽直流伺服电动机等。

3. 工作原理及特点

传统直流伺服电动机的基本工作原理与普通直流电动机完全相同，依靠电枢电流与气隙磁通的作用产生电磁转矩，使伺服电动机转动。一般用电压信号控制直流伺服电动机的转向与转速大小。改变电枢绕组电压的方向与大小的控制方式，叫电枢控制；改变电磁式直流伺服电动机励磁绕组电压的方向与大小的控制方式，叫磁场控制。后者性能不如前者，很少采用。通常采用电枢控制方式，即在保持励磁电压不变的条件下，通过改变电枢电压来调节转速。电枢电压越小，则转速越低；电枢电压为零时，电动机停转。由于电枢电压为零时电枢电流也为零，电动机不产生电磁转矩，不会出现“自转”。

直流伺服电动机就其用途来讲，既可作驱动电动机（例如一些便携式电子设备中用永磁式直流电动机），也可作为伺服电动机（例如录像机，精密机床）。

(二) 交流伺服电动机

1. 基本结构

交流伺服电动机的结构同一般异步电动机相似，主要可分为两大部分，即定子部分和转子部分。定子绕组是两相的，一相为励磁绕组，一相为控制绕组。通常控制相分成两个独立且相同的部分，它们可以串联或并联，供选择两种控制电压用。励磁绕组与控制绕组在空间相差 90° 电角度。可以说交流伺服电动机就是两相异步电动机。

转子结构常用的有笼形转子、非磁性杯形转子。笼形转子由转轴、转子铁心、转子绕组等组成。转子铁心由硅钢片叠成，每块硅钢片的边缘上开有 U 形槽，把所有的硅钢片叠压起来将轴压入轴孔内。铁心的每个 U 形槽中放有一根导条，所有导条两端用短路环连接，就构成了转子绕组。

非磁性杯形转子的定子部分由外定子和内定子两部分组成，外定子与鼠笼形转子伺服电动机的定子完全一样，内定子由环形钢片叠成，通常内定子不放绕组，只是代替鼠笼式转子的铁心作为电机磁路的一部分。在内、外定子之间有细长的空心转子装在转轴上，空心转子做成杯子形状，所以又称为空心杯形转子。空心杯由非磁性材料铝、铜制成，它的杯壁极薄，一般在 0.3 mm 左右。

杯形转子与鼠笼转子从外表形状来看是不一样的。但实际上，杯形转子可以看作是鼠笼条数目非常多的、条与条之间彼此紧靠在一起的鼠笼式转子，这样，杯形转子只是鼠笼式转子的一种特殊形式。这两种转子在电机中所起的作用也完全相同。

与笼形转子相比，杯形转子惯量小，轴承摩擦转矩小，由于转子没有齿和槽，所以恒速旋转时，转子不会抖动，运行平稳。但是内、外定子间气隙较大（杯壁厚度加上杯壁两边的气隙），所以励磁电流就大，电动机利用率低，因而在相同体积和重量下，在一定功率范围内，杯形转子伺服电动机的启动转矩小、输出功率小。另外，杯形转子的伺服电动机结构、制造工艺较复杂。目前广泛应用的是笼形转子伺服电动机，只有在要求运转非常平稳的某些特殊场合下，才使用非磁性杯形伺服电动机。

2. 工作原理及特点

交流伺服电动机的定子的两个绕组中，如果只有励磁绕组供电，这种情况就像一台没有启动绕组的单相感应电动机一样。单相绕组产生的是脉动磁场，不会产生启动转矩，因此转子处于静止状态，电动机不工作。但是，当将控制电压施加于控制绕组后，便有电流流过控制绕组。如果控制绕组中的电流与励磁绕组中的电流相位不同，则这两个绕组产生的便是旋转磁场。在这个旋转磁场的作用下，于是转子便转动起来，电动机开始投入工作。

由于交流交流伺服电动机的转子电阻比分项式单相异步电动机大很多，所以它与单相异步电动机相比，有三个显著特点：

（1）启动转矩大。由于转子电阻很大，可使临界转差率 $s>1$，这样不仅使转矩特性（机械特性）更接近于线性，而且具有较大的启动转矩。因此，当定子中通入电压，转子立即转动，即具有启动快、灵敏度高的特点。

（2）运行范围宽。在转差率 s 从 0～1 的范围内伺服电动机都能稳定运行。

（3）无自转现象。控制信号消失后，电动机旋转不停的现象称为"自转"。自转现象破坏伺服性，显然要避免。正常运行的伺服电机只要失去控制电压后，伺服电机就处于单相运行状态，由于转子导体电阻足够大，使得总电磁转矩始终是制动的转矩，电动机不会产生自转现象，可以自行制动，迅速停止运转，这也是交流伺服电动机与异步电动机的重要区别。

3. 控制方式

交流伺服电动机实际上是两相电动机的不对称运行，只要改变控制电压的大小或相位，就可以改变正、反向旋转磁场强度之间的比值，从而改变正、反向电磁转矩之间的比值，以达到最终控制电动机，使电动机启动、旋转、变速和停止。控制方法主要有三种：幅值控制、相位控制和幅值-相位控制。

（1）幅值控制：由加在控制绕组上的信号电压的幅值大小来控制交流伺服电动机转速，这种控制方式称为幅值控制。

（2）相位控制：由加在控制绕组上的信号电压的相位来控制交流伺服电动机转速的控制方式，称为相位控制。

（3）幅值-相位控制：励磁绕组外边串电容器后再接交流电源，控制电压的大小可以改变。通过调节控制电压的幅值来改变电动机的转速。

相位控制、幅值-相位控制的交流伺服电动机的控制信号变化时，电机内合成磁通势的性质或椭圆度也随之改变，从而具有不同的机械特性，使电机具有伺服性。幅值-相位控制方式不需要复杂的移相装置，利用串接电容就能在单相交流电上获得控制电压和励磁电压的分相，所需设备简单、成本低，是实际应用中最常见的一种控制方式。

二、力矩电动机

力矩电动机能输出较大转矩，直接拖动负载运行，在运行中直接受控制信号电压控制进行转速调节，在自动控制系统中作为执行元件。

由于没有中间的减速装置，采用力矩电动机拖动负载（单轴拖动系统）与采用高速的伺服电动机经过减速装置拖动负载（多轴拖动系统）相比有很多优点，主要是；响应快速、高精度、机械特性及调节特性线性好，而且结构紧凑、运行可靠、维护方便、振动小等，尤其突出表现在低速运行时，转速可低到 0.000 17 r/min（4 天才转一圈，低于地球自转速度），其调速范围非常宽。

力矩电动机有直流和交流两大类，从作用原理看，它就是低速直流交流伺服电动机，但转矩较大，转速较低，外形轴向长度短，径向长度长，通常为扁平式结构，极数较多。应用广泛的是直流力矩电动机。

直流力矩电动机总体结构形式有分装式和内装式两种。分装式直流力矩电动机主要由定子、转子和电刷架三大件构成，转子直接套在轴上，转轴和机壳按控制系统要求配制。

电动机加电压后，转速为零时的电磁转矩称为堵转转矩，转速为零的运行状态称堵转状态。一般电机不能长时间运行于堵转状态，但力矩电动机经常使用于低速和堵转状态。电机长时间堵转时，稳定温升不超过允许值时输出的最大堵转转矩称为连续堵转转矩，相应的电枢电流为连续堵转电流。运行转速大于零时，输出转矩小于堵转转矩。力矩电动机机械特性是直线。

在很短时间内电枢电流超过连续堵转电流而又不使电机发热烧坏，这样电机输出较大的堵转转矩。但电流太大会使永久磁铁去磁，受去磁限制的最大堵转转矩称为峰值转矩，相应的电枢电流称为峰值电流。

三、步进电动机

步进电动机是将电脉冲信号转换成角位移或直线位移的控制电机，在自动控制系统中作为执行元件。给步进电动机输入一个电脉冲信号时，它就转过一定的角度或移动一定的距离。由于其输出的角位移或直线位移可以不是连续的，因此称为步进电动机。步进电动机的精度高、惯性小，不会因电压波动、负载变化、温度变化等原因而改变输出量与输入量之间的固定关系，其控制性能很好。步进电动机广泛用于数控机床、计算机外围设备等控制系统中。

(一) 步进电动机的分类和基本结构

步进电动机的结构分成定子和转子两大部分，定子、转子铁心由软磁材料或硅钢片叠成凸极结构，定、转子磁极上均有小齿，定子、转子的齿数相等。定子磁极上套有星形连接的三相控制绕组，每两个相对的磁极为一相，转子上没有绕组。

步进电动机的种类很多，按其工作原理可分为反应式、永磁式和感应子式永磁步进电动机三种。但目前应用较多的是反应式步进电动机。

反应式步进电动机制造简便，精度易于保证，步距角又可以做得较小，容易得到较高的启动和运行频率。其缺点是：在电动机的直径较小而相数又较多时，沿径向分相较为困难。

永磁步进电动机的步距角较大，启动和运行频率均较低，并且还需要采用正、负脉冲供电。但它消耗的功率比反应式步进电动机小，又具有定位转矩。

感应子式永磁步进电动机的定子磁极的极面上开有一小齿，转子由环形磁钢和两端铁心组成。两端转子铁心的外圆周上有均布齿槽，彼此相错 1/2 齿距，定子与转子的齿形和齿距完全相同。

感应子式永磁步进电动机可做成较小的步距角，因而也有较高的启动和运行频率，消耗的功率较小，并有定位转矩。它兼有反应式和永磁式步进电动机两者的优点。但它需要由正、负脉冲供电，在制造工艺上也较为复杂。

(二) 步进电动机的工作原理

下面以应用最广泛的三相反应式步进电动机为例说明步进电动机的工作原理。

图 5-14 所示是三相反应式步进电动机工作原理示意图。当 U 相控制绕组通电，V、W 两相控制绕组均不通电时，由于磁力线力图通过磁阻最小路径闭合，转子将受到磁阻转矩的作用(其原理及结论与磁阻式同步电动机相同)，使转子齿 1 和 3 与定子 U 相极轴线对齐，如图 5-14（a）所示，此时磁力线所通过磁路路径的磁阻最小，磁导最大，转子只受径向力而无切向力作用，磁阻转矩为零，转子停止转动；当 V 相绕组通电，U、W 两相断电时，由于同样原因，将使转子逆时针方向转过 30° 空间角，即转子齿 2 和 4 与 V 相极轴对齐，如图 5-14（b）所示；同理，当 W 相绕组通电，U、V 两相断电时，转子在磁阻转矩的作用下又逆时针方向转过 30° 空间角，如图 5-14（c）所示。这样按 U→V→W→U 顺序通电时，转子就在磁阻转矩的作用下按逆时针方向一步一步地转动。步进电动机的转速取决于控制绕组变换通电状态的频率，即输入脉冲频率；旋转方向取决于控制绕组轮流通电的顺序，若通电顺序为 U→W→V→U，则步进电动机反向旋转。控制绕组从一种通电状态变换到另一种通电状态称为“一拍”，每一拍转子转过一个角度，这个角度称为步距角 θ_b。

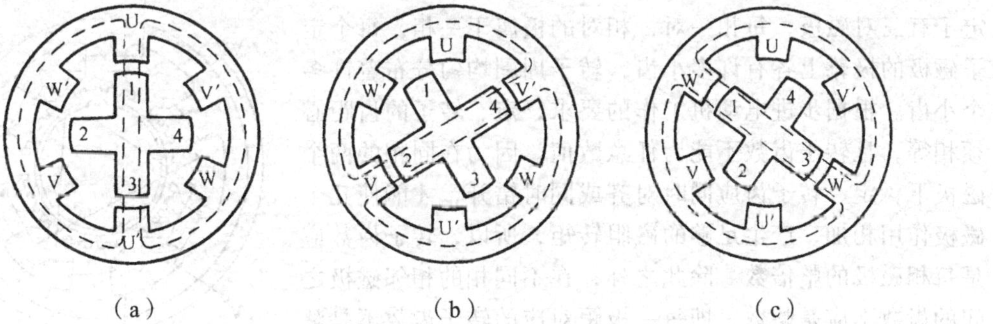

图 5-14　三相反应式步进电动机在单三拍控制时的工作原理示意图

上述三相依次单相通电方式，称为“三相单三拍运行”，“三相”是指定子为三相绕组，“单”是指每拍只有一相绕组通电，“三拍”是指三次换接通电为一个循环，第四次换接通电重复第一次情况。实际应用中，三相单三拍运行方式很少采用，因为这种运行方式每次只有一相绕组通电，使转子在平衡位置附近来回摆动，运行不稳定。三相磁阻式步进电动机的通电方式除“单三拍”外，还有“双三拍”和“三相六拍”等通电方式。

三相双三拍运行方式，即按 UV—VW—WU—UV 顺序通电，每次有两相绕组同时通电，每一循环也是换接三次，运行情况与三相单三拍相同，步距角不变，$\theta_b = 30°$。

如果步进电动机按 U—UV—V—VW—W—WU—U 顺序通电时，称为三相六拍运行方式，每一循环换接六次。当 U 相通电时，转子齿与 U 相绕组轴线对齐，如图 5-15（a）所示；当 U、V 两相同时通电时，转子逆时针方向转过 15° 空间角，如图 5-15（b）所示；当 V 相绕组通电时，转子在磁阻转矩作用下又逆时针转过 15° 空间角，如图 5-15（c）所示。依次类推，每拍转子只转过 15° 空间角。由此可见，三相六拍运行方式的步距角比三相单三拍和三相双三拍运行时减小了一半。

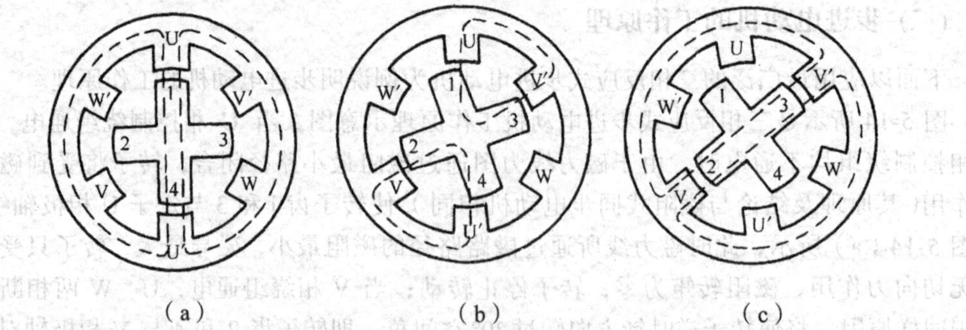

图 5-15 三相反应式步进电动机的三相六拍运行方式

双三拍和六拍通电方式，在切换过程中，总有一相绕组处于通电状态，转子磁极受其磁场的控制，因此不易失步，运动也较平稳，在实际工作中应用较广泛。

上述三相反应式步进电动机的步距角太大，很难满足生产中小位移量的要求。为了减小步距角，实际中是将转子和定子磁极都加工成多齿结构。下面介绍常见的小步距角三相反应式步进电动机。

三相反应式步进电动机的断面接线图如图 5-16 所示。定子有三对磁极，每相一对，相对的极属于一相，每个定子磁极的极靴上各有许多小齿，转子周围均匀分布着许多个小齿。根据步进电动机工作的要求，定、转子的齿距必须相等，且转子齿数不能为任意数值。因为在同相的两个磁极下，定、转子齿应同时对齐或同时错开，才能使几个磁极作用相加，产生足够的磁阻转矩，所以，转子齿数应是每相磁极的整倍数。除此之外，在不同相的相邻磁极之间的齿数不应是整数，即每一极距对应的转子齿数不是整数。定、转子齿相对位置应依次错开 t/m（ m为相数，t为齿距），这样才能在连续改变通电的状态下获得不断的步进运动。否则，当任一相通电时，转子齿都将处于磁路的磁阻最小的位置上。各相轮流通电时，转子将一直处于静止状态，电动机将不能运行，无工作能力。

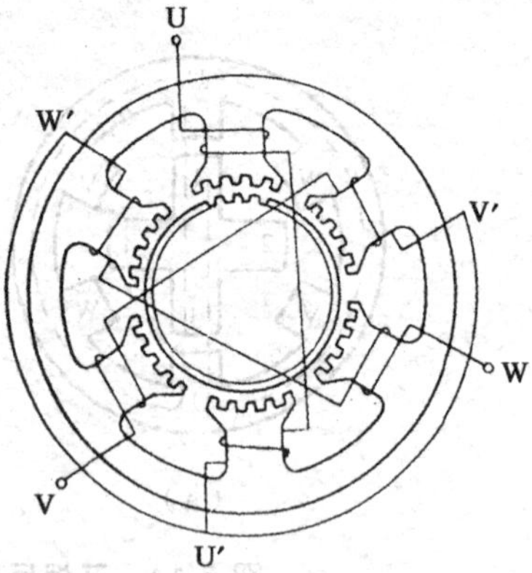

图 5-16 小步距角三相反应式步进电动机的断面接线图

步进电动机除了可以做成三相外，也可以做成二相、四相、五相、六相或更多相数。根据前面分析，当电动机的相数和转子齿数越多时，则步距角就越小，在输入脉冲频率一定时，转速也越低。但电动机相数越多，相应电源就越复杂，造价也越高。所以步进电动机一般最多做到六相，只有个别的电动机才做成更多的相数。

(三) 步进电机的启动特性

步进电动机的启动频率是指在一定负载转矩下能够不失步启动脉冲的最高频率，它是步进电动机的一项重要技术指标。影响步进电动机启动频率的有关因素有：

（1）启动频率的大小与电动机的步距角有关。电动机的相数及运行的拍数越多，步距角就越小，进入动稳定区越容易，电动机的启动频率 f_s 也就越高。

（2）电动机的最大静转矩越大，作用于电动机转子上的电磁转矩也越大，使加速度越大，转子达到动稳定区所需时间也就越短，启动频率越高。

（3）电动机转动部分的转动惯量（包括转子本身及负载）越小，同样的电磁转矩下产生的角加速度就越大，越容易进入动稳定区，启动频率也越高。

（4）负载转矩增大时，便作用在转子的加速转矩减小，启动频率将降低。

（5）电路时间常数增大，控制绕组中电流上升速度变慢，将使电磁转矩变小，启动频率也有所降低。

（6）电动机的内部或外部阻尼转矩增大时，相当于负载转矩有所增加，相应使启动频率降低。

四、旋转变压器

旋转变压器是自动控制系统中的一种精密控制微电机。当在旋转变压器一次绕组上施加单向交流电压励磁时，其二次绕组的输出电压将与转子转角严格保持某种函数关系。在控制系统中，旋转变压器可以作为解算元件，用于坐标变换，三角运算，实现加、减、乘、除、乘方和开方等数学运算；在随动系统中可以代替控制式自整角机，作为信号元件，传输与机械角度有关的电信号；在数码变换装置中，可作为电感移相器来使用。

旋转变压器有多种分类方法。若按有无电刷和滑环的滑动接触分类，可分为接触式和无接触式两种。在无接触式中，还可以分为有限转角和无线转角两种。常在无特别说明时，均指接触式旋转变压器。

若按电机的磁极对数分类，可分为单极对和多极对两种，通常在无特别说明时，均指单极对旋转变压器。在高精度双通道系统中则采用电气变速的双通道旋转变压器。

若按它的使用要求分类，可分为用于解算装置的旋转变压器和用于随动系统的旋转变压器，通常以此分类居多。

用于解算装置中的旋转变压器，可分为以下四种基本形式：

（1）正余弦旋转变压器。当它的一次绕组施加单相交流电源励磁时，其二次绕组的两个输出电压分别与转子转角呈正弦和余弦函数关系。

（2）线性旋转变压器。在一定的工作转角范围内，其输出电压与转子转角（通常单位为弧度 rad）呈线性函数关系的一种旋转变压器。

（3）比例式旋转变压器。除了在结构上增加了一个带有调整和锁紧转子位置的装置外，其他都与正余弦旋转变压器相同，在系统中，作为调整电压比例原件。

（4）特殊函数旋转变压器。在一定旋转范围内，输出电压与转子转角呈某一给定的函数关系（如正割函数、倒数函数、导数函数、原函数及对数函数等）的一种旋转变压器，它的工作原理结构和正余弦旋转变压器基本相同。

五、自整角机

在自动控制系统中，需要指示位置和角度的数值，或者需要远距离调节执行机构的速度，或者需要某一根或多根轴随着另外的与其无机械连接的轴同步转动，都可以采用自整角机来实现自动指示角度和同步传输角度。

自整角机的结构分成定子和转子两大部分，定子、转子之间的气隙较小。定、转子铁心均由高导磁率、低损耗的薄硅钢片叠成。力矩式自整角机的转子多采用两极的凸极结构，对频率较高、规格较大的力矩式自整角机采用隐极结构。控制式自整角机的接收机转子采用隐极结构。通常，定子铁心槽内嵌有接成星形的三相对称绕组，称之为整步绕组。转子铁心槽内嵌有单相绕组，称之为励磁绕组。励磁绕组通过滑环和电刷装置与外电路连接。

控制式自整角机工作在变压器状态，又称为自整角变压器。

力矩式自整角机通常使用在自动指示系统中带动仪表指针。

六、测速发电机

测速发电机在自动控制系统中作为检测元件，可以将电动机轴上的机械转速转换为电压信号输出。其输出电压的大小反映机械转速的高低，输出电压的极性反映电动机的旋转方向。自动控制系统要求测速发电机的输出电压必须精确、迅速地与转速成正比。

测速发电机在自动控制系统和计算装置中作为检测元件、解算元件、角加速度信号元件等。例如，在速度控制系统中，检测转速，并产生反馈信号以提高系统的精度等。很多情况下，测速发电机代替测速计直接测量转速。

测速发电机有直流和交流两种形式。

(一) 直流测速发电机

直流测速发电机有两种：一种是电磁式直流测速发电机，即他励直流发电机；一种是永磁式直流测速发电机。直流测速发电机结构与原理都与直流发电机相同。

他励式测速发电机的磁极由铁心和励磁绕组构成，在励磁绕组中通入直流电流便可以建立极性恒定的磁场。它的励磁绕组电阻会因电机工作温度的变化而变化，使励磁电流及其生成的磁通随之变化，产生线性误差。

永磁式测速发电机的磁极由永久磁铁构成，不需要励磁电源。磁极的热稳定性较好，磁通随电机工作温度的变化而变化的程度很小，但易受机械振动的影响而引发不同程度的退磁。

永磁式测速发电机的输出电压 U 与电机的转速 n 呈线性关系。输出电压 U 随电机转速 n 变化而变化的关系曲线 $U=f(n)$，称为输出特性。负载电阻 R_L 的值越大时，$U=f(n)$ 的斜率越大，测速发电机的灵敏度越高。

(二) 交流测速发电机

自动控制系统中应用最广泛的是空心杯转子异步测速发电机。

空心杯转子异步测速发电机定子上有两相互相垂直的分布绕组，其中一相为励磁绕组，另一相为输出绕组。转子是空心杯，用电阻率较大的磷青铜制成，属于非磁性材料。杯子里边还有一个由硅钢片叠成的定子，称作内定子，目的是减小主磁路的磁阻。

异步测速发电机的空心杯转子材料是具有高电阻率的非磁性材料磷青铜，因此转子漏磁通和漏电抗数值均很小，而转子电阻数值却很大，这样完全可以忽略转子漏阻抗中的漏电抗，而认为只有电阻存在。忽略励磁绕组漏阻抗时，只要电源电压 U_1 不变，纵轴磁通为常数，则测速发电机输出电动势只与电机转速 n 成正比，因此输出电压 U_2 也只与转速 n 成正比。

小 结

1. 根据励磁方式不同，同步电机可以分为电励磁同步电机和永磁同步电机；根据功率转换关系，同步电机可分为同步发电机、同步电动机和同步补偿机。同步电动机的负载改变时，只要电源频率不变，转速就不变。这是同步电机的基本特点。电机的转速与交流电流的频率成正比，与电机的磁极对数成反比。

2. 伺服电动机的作用是将输入的电压信号（即控制电压）转换成轴上的角位移或角速度输出，在自动控制系统中常作为执行元件，所以伺服电动机又称为执行电动机，其最大特点是：有控制电压时转子立即旋转，无控制电压时转子立即停转。转轴转向和转速是由控制电压的方向和大小决定的。伺服电动机分为交流和直流两大类。

3. 步进电动机是一种将电脉冲信号转换成角位移或线位移的一种控制电动机。其运行特点是每输入一个电脉冲信号，电动机就转动一个角度或前进一步。如果连续输入脉冲信号，它就一步接一步，转过一个角度又一个角度。因此，步进电动机又称为脉冲电动机。步进电动机的种类很多，按其工作原理可分为反应式、永磁式和感应子式永磁步进电动机三种。但目前应用较多的是反应式步进电动机。

4. 旋转变压器能够按正弦、余弦、线性等函数关系将转角信号变为电压信号输出，用于自动控制系统中作为运算信号元件。旋转变压器主要有正余弦旋转变压器和线性旋转变压器两种。正余弦旋转变压器主要用于要求坐标变换、三角运算的场合，线性旋转变压器主要用于要求将转角转换成电信号的场合。

5. 自整角机可以用来实现自动指示角度和同步传输角度。控制式自整角机工作在变压器状态，又称为自整角变压器，其转子采用隐极结构；力矩式自整角机的转子多采用两极的凸极结构。

6. 测速发电机分为直流测速发电机和交流测速发电机。直流测速发电机又可分为电磁式直流测速发电机和永磁式直流测速发电机。直流测速发电机结构与原理都与直流发电机相同。交流测速发电机应用最广泛的是空心杯转子异步测速发电机，这种测速发电机有励磁绕组和输出绕组，两绕组相互相垂直，转子是空心杯。

习 题

一、填空题

1. 同步电机根据励磁方式不同，可以分为__________同步电机和__________同步电机。

2. 对于发电机来说，目前应用最广泛的是__________发电机和__________发电机。

3. 同步电动机在使用时，不仅要给定子的三相绕组通以__________电流，还要给转子通以__________电流。

4. 同步电机的变压变频调速，从控制的方式来看，可分为__________变压变频调速和__________变压变频调速两类。

5. 把同步发电机并联至电网所进行的操作过程，称为整步（并车）过程，实际整部方法有两种，即__________整步法和__________整步法。

6. 同步指示灯有两种方法，分别是__________法和__________法。

7. 根据功率转换关系，同步电机可分为同步____________、同步__________和同步____________。

8. 旋转磁极式同步电机中，从转子运行的机械强度和固定转子绕组来看，可以分为______________和______________两种。

9. 同步电机本身无启动转矩，所以通电以后转子不能______________。

10. 同步电动机的启动方法大致分为三种：__________启动、__________启动、__________启动。

11. 测速发电机是一种检测元件，它能将电动机轴上的_______变换成_______输出。

12. 异步测速发电机在转子不动时类似于一台________，由于磁通的方向与输出绕组的轴线垂直，因而输出绕组的输出电压等于_______。

13. 直流伺服电动机按磁极的种类划分为两种：一种是____________；另一种是________________。

14. 交流伺服电动机定子上装有两个绕组，它们在空间上相差______。

15. 交流伺服电动机的控制方法组要有________、________和________三种。

16. 步进电动机也称为________，它是把输入的______转变为______的控制电机。

17. 步进电动机按励磁方式可分为________、________和感应子式（混合式）三类。

18. 步进电动机转动的方向取决于______________。

19. 通常把由一种通电状态转换为另一种通电状态称为一拍，每一拍转子转过的角度叫作__________。

二、简答题

1. 同步电动机为什么不能自行启动，一般采用什么启动方法？
2. 什么是同步发电机，有什么特点？
3. 同步电机的结构有哪些特点？
4. 同步发电机并联运行的优点以及条件？
5. 同步电机与异步电机相比有哪些特点？
6. 同步电机的结构形式中，旋转磁极式有哪些优点？
7. 什么是同步电动机的“失步”现象？
8. 交流伺服电动机与单相异步电动机相比，三个显著特点是什么？
9. 交流伺服电动机的“自转”现象指的是什么？怎样消除“自转”现象？
10. 什么叫步进电动机的拍？三相单三拍运行的含义是什么？
11. 旋转变压器和自整角机在自动控制系统中的用途是什么？

第六章　实　验

一、基本要求

学生能根据实验目的、实验内容及实验设备来拟定实验线路，选择所需仪表，确定实验步骤，测取所需数据，进行分析研究，得出必要结论，从而完成实验报告；学生在整个实验过程中必须集中精力，及时认真做好实验。

二、实验准备

1. 实验前应复习教科书有关章节，认真研读实验指导书，了解实验目的、项目、方法与步骤，明确实验过程中应注意的问题（有些内容可以到实验室对照实验设备预习，如熟悉组件的编号、使用及其规定值等），并按照实验项目准备记录抄表等。

2. 实验前做好实验准备，写好预习报告，经指导教师检查确认预习报告合格后，方可开始做实验。

三、实验过程

1. 建立小组，合理分工。每次实验都以小组为单位进行，每组由2～3人组成，对于实验中的接线、调节负载、保持电压或电流、记录数据等工作，每人应有明确的分工，以保证实验操作协调，记录数据准确可靠。

2. 选择组件和仪表。实验前应先熟悉该次实验所用的组件，记录电机铭牌和选择仪表量程，然后依次排列组件和仪表便于测取数据。

3. 按图接线。根据实验线路图及所选组件、仪表，按图接线，线路力求简单明了，一般按接线原则是先接串联主回路，再接并联支路。为查找线路方便，每路可用相同颜色的导线。

4. 启动电机，观察仪表。在正式实验开始之前，应先熟悉仪表刻度，并记下倍率，然后按一定规范启动电机，观察所有仪表是否正常（如指针正、反向是否超满量程等）。如果出现异常，应立即切断电源，并排除故障；如果一切正常，即可正式开始实验。

5. 测取数据。预习时对电机的试验方法及所测数据的大小做到心中有数。正式实验时，根据实验步骤逐次测取数据。

6. 认真负责，实验有始有终。实验完毕，须将数据交给指导教师审阅。经指导教师认可后，才允许拆线并把实验所用的组件、导线及仪器等物品整理好。

四、实验报告

实验报告是根据实测数据和在实验中观察、发现的问题，经过自己分析研究或与组员分析讨论后写出的心得体会。实验报告要简明扼要、字迹清楚、图表整洁、结论明确。实验报告包括以下内容：

1. 实验名称、专业班级、学号、姓名、实验日期、室温（°C）。

2. 列出实验中所用组件的名称及编号，电机铭牌数据（PN、UN、IN、nN）等。

3. 列出实验项目并绘出实验时所用的线路图，并注明仪表量程、电阻器阻值、电源端编号等。

4. 对数据进行整理和计算。

5. 按照记录及计算的数据，用坐标纸画出曲线，图纸尺寸不小于 8 cm×8 cm，曲线要用曲线尺或曲线板连成光滑曲线，不在曲线上的点仍按实际数据标出。

6. 根据数据和曲线进行计算和分析，说明实验结果与理论是否符合，可对某些问题提出一些自己的见解并最后写出结论。实验报告应写在一定规格的报告纸上，保持整洁。

7. 每次实验每人独立完成一份报告，按时送交指导教师批阅。

五、电机与拖动实验室安全操作规程

为了按时完成电机及电气技术实验，确保实验时人身安全与设备安全，要严格遵守以下安全操作规程。

1. 实验时，人体不可接触带电线路。

2. 接线或拆线都必须在切断电源的情况下进行。

3. 学生独立完成接线或改接线路后，必须经指导教师检查和允许，并使组内其他同学引起注意后方可接通电源。实验中如发生事故，应立即切断电源，经查清问题和妥善处理故障后，才能继续进行实验。

4. 电机如直接启动，则应先检查功率表及电流表的电流量程是否符合要求，是否有短路回路存在，以免损坏仪表或电源。

5. 总电源或实验台控制屏上的电源接通应由实验指导人员来控制，其他人只能由指导人员允许后方可进行操作，不得自行合闸。

第一节 DDSZ-1 型电机系统教学实验台简介

一、DDSZ-1 型电机实验装置的主要结构部件使用说明

(一) 电源控制屏简介

（1）三相 0 ~ 450 V 可调交流电源，同时可得实验所需 0 ~ 250 V 可调交流电源。

（2）直流电机实验所需的 220 V、0.5 A 励磁电源，40 ~ 230 V、3 A 可调电枢电源。

（3）三相电网电压与三相调压输出电压由 3 只指针式交流电压表（量程为 0 ~ 450 V）表

头指示，用切换开关切换；直流电机的励磁电源电压和电枢电源电压由 1 只直流数字电压表（量程为 0 ~ 300 V）指示，用表下的一只切换开关切换。

(二) 电源控制屏的启动和关闭

（1）关闭所有的电源开关，将交流电压表的切换开关置于“三相电网”一侧，将三相调压器旋钮旋到零位。

（2）接好机壳的接地线，插好三相四芯电缆线插头，接通三组 380 V、50 Hz 的交流市电。

（3）开启钥匙式三相“电源总开关”，红色按钮灯亮（按钮“关”，则红色灯亮），三只电压表将指示三相电网线电压值，同时屏右侧面上的 2 只单相三芯插座有 220 V 交流电压输出。

（4）按下“开”按钮，红色灯灭，绿色灯亮，同时可听到屏内交流接触器瞬间吸合声，三相可调端 3 只发光二极管亮，屏正面大凹槽底部 6 处单相三芯 220 V 圆形插座及屏左侧面单相二芯 220 V 电源插座和三相四芯 380 V 电源插座均有电压输出，电源控制屏启动完毕。

（5）控制屏挂件处凹槽底部设有 5 处四芯信号插座，在按钮“关”或按钮“开”时，插座后方两针均有 32 V 交流电源输出，与指针式仪表相连，给仪表供电。当仪表超量程时，保护电路通过信号插座切断电源，“告警”指示灯亮，蜂鸣器响，并发出告警声。

（6）实验完毕，按下“关”按钮，绿色指示灯灭，红色指示灯亮，然后关闭三相“电源总开关”，红色指示灯灭，并检查一下各开关（包括直流“电枢电源”和“励磁电源”开关）是否都恢复到“关”的位置，三相调压器是否调回到零位，最后关闭电网闸刀。

(三) 三相可调交流电源输出电压调节

（1）将交流电压表指示切换开关置于“三相调压”一侧，3 只电压表指针回零。

（2）按顺时针方向（即标志牌上“大”侧）缓缓旋动三相自耦调压器的调节旋钮，3 只电压表随之偏转，指示三相可调输出电压的 U、V、W 两两之间的线电压之值，实验完毕，将调节旋钮调回零位。

（3）三相电源主电路中设有 3 A 带灯熔断器，若某相短路（或负载过大等），则熔断器指示灯亮，表明缺相，要及时更换熔管，并检查问题所在。三相可调输出端设有 3 只 3 A 熔断器，若某相无输出，应检查熔管是否有断开或其他问题。在长时间运行时，输出电流不允许超过 2 A，否则会损坏三相自耦调压器。控制回路（接触器控制回路，日光灯照明电路，控制屏内外漏电保护装置供电电路，信号插座供电电路及屏右侧面单相三芯插座供电等）设有 1.5 A 熔断器，如控制回路失灵，检查熔管是否完好及问题所在。

(四) 励磁电源、电枢电源的使用

先按照电源控制屏的启动方法启动交流电源控制屏。

1. 励磁电源的启动

将控制屏左下方励磁电源开关置于“开”，此时励磁电源“工作”指示灯亮，说明励磁电源正常。将电压指示切换开关置于“励磁电源”一侧，直流电压表指示“励磁电源”电压值约为 220 V（熔丝额定电流为 0.5 A）。

2. 电枢电源的操作

（1）将电枢电源“电压调节”电位器按逆时针方向旋到底，并将电压指示“切换开关”置于“电枢电压”一侧，然后，将电枢电源开关置于“开”，经 4 ~ 5 s 后可听到屏内接触器的瞬间吸合声，此时“工作”指示灯亮，电压表指示“电枢电源”输出电压（熔丝额定电流为 3 A）。

（2）顺时针旋转电枢电源输出电压调节电位器，输出电压增大，输出调节范围为 40 ~ 230 V。

（3）电枢电源的保护系统：电枢电源具有过压、过流、过热及短路保护功能。

① 过压保护：当电源输出电压超过保护设定值时，可听到屏内中间继电器瞬间吸合声，自动切断输出回路，此时蜂鸣器响，过压保护指示灯亮，电压表指示慢慢回至 0 V。在调低电压后，按过压复位按钮，或停机后重新开机可恢复正常工作（有 4 ~ 5 s 延时）。

② 过流保护：当电源输出回路中的电流超过保护设定值时，交流接触器瞬时动作，自动切断输出回路，此时蜂鸣器响，过流保护指示灯亮，电压指示回零。当输出回路中的电流减小到低于 2.5 A 时，电路自动恢复输出电压，正常工作。

③ 过热保护：当电源调整管温度过高时，温度保护器将动作，实现过热保护，保护过程类同过压保护。此时过压指示灯亮，蜂鸣响起。发生过热保护后必须停机让调整管自然冷却方可重新开机。

④ 短路保护：当电源开机时输出回路中的电流大于 2.5 A 或输出短路时，电源不能正常启动，此时过流指示灯亮，蜂鸣器响；当输出电压到低于 2.5A 时电源便可正常启动，启动过程同上。在工作过程中，若出现意外或人为短路，则电源电压降为 0 V，电流降为 0 A，过流指示灯亮，蜂鸣器发出警声，消除故障，电源自动恢复工作。本电源采用的是软截止保护技术。

(五) 日光灯的使用

开启钥匙式开关（红色按钮灯亮），将面板右上方的转换开关置于“照明”一侧，日光灯亮。反之则关闭日光灯。

(六) 无源挂件的使用

属于无源挂件的有 DJ11、DJ12、D41、D42、D44、D51、D62、D63 各 1 个，它们没有外拖电源线，可直接钩挂在控制屏的两根不锈钢管上并沿钢管左右随意移动。

1. **DJ11 组式变压器**

DJ11 组式变压器由 3 只相同的双绕组单相变压器组成，每只单相变压器的高压绕组额定值为 220 V、0.35 A，低压绕组的额定值为 55 V、1.4 A。3 只变压器可单独作单相变压器实验，也可将其连成三相变压器组进行实验，此时，三相高压绕组的首端分别用 A、B、C 标号，其对应末端用 X、Y、Z 标号，三相低压绕组的首端用小写 a、b、c 标号，其对应末端用小写 x、y、z 标号。

2. **DJ12 三相芯式变压器**

三相芯式变压器是一个三柱铁心结构的三相三绕组变压器。每个铁心柱即每相上安装有高压、中压和低压 3 个绕组，每个高压绕组的额定值为 127 V、0.4 A，每个中压绕组的额定值为 63.6 V、0.8 A，每个低压绕组的额定值为 31.8 V、1.6 A。三相高压绕组的首端分别为 A、B、C 标号，其对应末端用 X、Y、Z 标号；三相中压绕组的首端分别为 Am、Bm、Cm 标号，其对应末端用 Xm、Ym、Zm 标号；三相低压绕组的首端分别为 a、b、c 标号，其对应末端用 x、y、z 标号。所以 18 个接线端在内部互不连接，可按实验指导书要求进行各种连接。

3. D41 三相可调电阻器

D41 三相可调电阻器由 3 只 90 Ω×2、1.3 A/150 W 的可调瓷盘电阻器组成。每只 90 Ω 电阻串接 1.5 A 保险丝，以作过载保护。其中第一个电阻器设有 2 组 90Ω 固定阻值的接线柱，做实验时可作为电机负载及启动电阻使用，也可他用。

4. D42 三相可调电阻器

D42 三相可调电阻器由 3 只 900 Ω×2、0.41 A/150 W 的可调瓷盘电阻器组成。每只 900 Ω 电阻串接 0.5 A 保险丝，以作过载保护。其中第一个电阻器设有 2 组 900 Ω 固定阻值的接线柱，做实验时可作为电机负载及励磁电阻使用，也可他用。

5. D44 可调电阻器、电容器

本挂件由 90 Ω×2、1.3 A/150 W 可调瓷盘式电阻器，900 Ω×2、0.41 A/150 W 瓷盘电阻器，35 μF（450 V）、4 μF（450 V）电力电容器各 1 只及 2 只单刀双掷开关组成。每只 90 Ω 和 900 Ω 电阻器都串接有保险丝保护，其中 90 Ω 电阻器设有 2 组 90 Ω 固定阻值的接线柱。90 Ω×2 电阻器一般用于直流他励电动机与电枢串联的启动电阻，900 Ω×2 电阻器一般用于与励磁绕组串联的励磁电阻。35 μF（450 V）电容器为单相电容启动异步电动机的启动电容器。4 μF（450 V）电容器为单相电容运转异步电动机的运行电容器。

6. D51 波形测试及开关板

本挂件由波形测试部分和 1 个三刀双掷开关、2 个双刀双掷开关组成。

波形测试部分：用于测试三相组式变压器及三相芯式变压器不同接法时的空载电流、主磁通。相电势、线电势及三角形（Λ形）连接的闭合回路中三次谐波电流的波形。面板上方“Y_1”和“⊥”两个接线柱接示波器的输入端，任意按下 5 个琴键开关中的一个时（不能同时按下 2 个或 2 个以上的琴键），示波器屏幕上显示与该琴键开关上所标的指示符号相对应的波形。S_1、S_2、S_3 三个开关用作 Y/Δ换接的手动切换开关或另作他用。

7. D62、D63 继电器接触挂件

本挂件提供中间继电器（线圈电压 220 V）2 只，热继电器 1 只，熔断器 3 只，转换开关 3 只，按钮 1 只，行程开关 4 只，信号灯、保险丝座各 1 只。还提供交流接触器（线圈电压 380 V）2 只，热继电器 1 只，时间继电器 1 只，变压器（220 V/26 V/6.3 V）、整流电路、能耗制动电阻（100 Ω/20 W）各 1 组，按钮 3 组。

(七) 有源挂件的使用

有源挂件是 D31 两件，D32、D33、D34、D35、D36、D52 各 1 件，共 8 件，它们的共同点都是需要外接交流电源，因此都有一根外拖的电源线。对于 D31、D34、D35、D36、D52

五个挂件，要外拖一根三芯护套线和 220 V 三芯圆形电源插头（配控制屏挂件凹槽处的 220 V 三芯插座）；对于 D32 交流电流表和 D33 交流电压表两个挂件，要外拖一根四芯护套和航空插头，插于控制屏挂件凹槽处的四芯插座。

1. D31 直流数字电压、电流表

（1）将此挂件挂在钢管上，并移动到合适的位置，插好电源线插头。挂件在钢管上不能随便移动，否则会损坏电源线及插头等。

（2）电压表的使用：通过导线将“+”“-”两极并接到被测对象的两端，对 4 挡琴键开关进行操作，完成电压表的接入和对量程的选择。电压表的“+”“-”两极要与被测量的正负端对应，否则电压表表头的第一个数码管将会出现“-”，表示极性接反。

关	2V	20V	200V	1000V

在使用过程中要特别注意：应预先估算被测量的范围，以此来正确选择适当的量程，否则易损坏仪表。

（3）毫安表的使用：通过导线将“+”“-”两端串接在被测电路中，对 4 挡琴键开关进行操作，完成毫安表的接入和对量程的选择。如果极性接反，毫安表表头的第一个数码管将会出现“-”。

关	2mA	20mA	200mA

（4）电流表（5 A 量程）的使用：将“+”“-”两端串接在被测电路中，按下开关按钮，数码管便显示被测电流之值。如果极性接反，电流表表头的第一个数码管将会出现“-”。

2. D32 交流电流表

（1）挂好此挂件，接插好电源信号线插座。

（2）挂件上共有 3 个完全相同的多量程指针式交流电流表，各表都设置 4 个量程（0.25 A、1 A、2.5 A 及 5 A），并通过琴键开关进行切换。

（3）实验接线要与被测电路串联，量程换挡及不需要指示测量值时，将“测量/短接”键处于“短接”状态；需要测量时，将“测量/短接”键处于“测量”状态。

（4）当测量电流小于 0.25 A 时，选择“0.25 A”“*”这两个输入口；当测量电流大于 0.25 A 小于 1 A 时，选择“1 A”“*”这两个输入口；当测量电流大于 1 A 小于 2.5 A，选择“2.5 A”“*”这两个输入口；当测量电流大于 2.5 A 小于 5 A 时，选择“5 A”“*”这两个输入口。使用前要估算被测量的大小，以此来选择适当的量程，并按下该量程按键，相应的指示灯亮，指针指示出被测量值。

（5）若被测量值超过仪表某量程的量限，则告警指示灯亮，蜂鸣器发出告警信号，并使控制屏内接触器跳开。将该超量程仪表的“复位”按钮按一下，蜂鸣器停止发出声音，重新选择量程或将测量值减小到原量程测量范围内，再启动控制屏，方可继续实验。

3. D33 交流电压表

（1）挂好此挂件，接插好电源信号线插座。

（2）挂件上共有 3 个完全相同的多量程指针式交流电压表，各表都设置 5 个量程（30 V、75 V、150 V、300 V 及 450 V），并通过琴键开关进行切换。

（3）实验接线要与被测电路并联，并估算被测量的大小，以此选择合适的量程按键，相应的绿色指示灯亮，指针指示出被测量值。

（4）若被测量值超过仪表某量程的量限，则告警指示灯亮，蜂鸣器发出告警信号，并使控制屏内接触器跳开。将该超量程仪表的“复位”按钮按一下，蜂鸣器停止发出声音，重新选择量程或将测量值减小到原量程测量范围内，再启动控制屏，方可继续实验。

4. D34 单相智能数字功率、功率因数表

本产品主要由微电脑、高精度 A/D 转换芯片和全数字显示电路构成。为了提高电压、电流的测量范围和测试精度，在硬、软件结构上，均分为 8 挡测试区域，测试过程中皆自动换挡。主要功能如下：

（1）单相功率及三相功率 P_1、P_2、P（总功率）的测量，输入电压、电流量程分别为 450 V、5 A。

（2）功率因数 $\cos\varphi$ 的测量，同时显示负载性质（感性或容性）以及被测电压、电流的相位关系。

（3）频率和周期测量，测量范围分别为 1.00 ~ 99.00 Hz 和 1.00 ~ 99.00 ms。

（4）对测试过程中数据进行储存，可记录 15 组测试数据[包括单相功率、三相功率（P_1、P_2、P）、功率因数 $\cos\varphi$ 等]，可随时检阅。测量接线与一般功率表相同，即电流线圈与被测电路串联，电压线圈与被测电路并联。

（八）交直流电机的使用

1. 直流电机

设备有 DJ13 直流复励发电机、DJ14 直流串励电动机、DJ15 直流并励电动机。各电机的电枢绕组和励磁绕组的端子都已引到接线板上，接线时红色接线柱接电源的正端，黑色接线柱接负端，直流电动机即可正转，直流发电机发出以红色接线柱为正端，黑色接线柱为负端的直流电压。

2. 三相电机

设备有 DJ16 三相鼠笼式异步电动机、DJ17 三相线绕式异步电动机、DJ22 三相双速异步电动机。各电机的三相绕组均已引到接线板上，接线时把电机绕组接线端与控制屏交流电源输出端的彩帽颜色对应起来（黄、绿、红），电机即可正转。三相鼠笼式异步电动机是三角形接法（额定电压 220 V），三相绕线式异步电动机和三相同步电动机是星形接法（额定电压 220 V）。其中 DJ17 右边的 4 个接线柱中红色的表示 3 个转子的一端，黑色接线柱表示 3 个转子的公共端，转子绕组即可串接电阻，也可直接短路。

3. 单相电动机

设备有 D19 单相电容启动异步电动机、DJ20 单相电容运转异步电动机、DJ21 单相电阻启动异步电动机。各电机的绕组均已引到接线板上，实验时，只要从控制屏三相交流输出处

取两相 220 V 电压即可。其中 DJ19 要用 D44 挂件中的 35 μF 启动电容，DJ20 要用 D44 中的 4 μF 运转电容，DJ21 单相电阻启动异步机的启动电阻已经安装在电机内部，只需按实验指导书接线即可。

4. DJ23 校正过的直流电机

作测功机时，它是发电机，根据某一特定励磁电流下发电机的电枢电流，查出转矩曲线上对应的转矩 T，即可算出功率（$P = 0.1045 \times T \times n$）。同时，DJ23 也可作为直流电动机使用，如带动同步发电机、做电机机械特性实验等。接线时励磁绕组和电枢绕组的红接线柱接电源正端，黑色接线柱接负端，即可正转或发出相应的直流电压。

5. DJ 三相鼠笼式电动机

DJ 三相鼠笼式电动机的接法同 DJ16，三角形接法时工作电压为 220 V，星形接法时工作电压为 380 V。用来做继电接触控制实验和工厂电气控制实验。

(九) 导轨及转速表的使用

出厂时，这两个部件已由厂方安装调试完毕，可以直接使用。

使用时，转速表一端应在桌面电源控制屏一侧，并以实验内容的不同适当改变位置。安装电机时，首先要把电机底座有燕尾槽的一侧与测速发电机转轴的联轴器相连（不宜太紧），然后用偏心螺丝把电机与导轨固定。电机与电机相连也是按照此方法进行。

转速表面板上设有“正向”与“反向”“1800”与“3600”的转换开关。测速时，以测速发电机轴顺时针方向旋转为正向，反之为反向。而板上正反向的指示应与电机转向一致，否则指针反偏。当电机转速低于 1 800 r/min 时，转速切换开关应选择“1800”挡；高于 1 800 r/min 时，则选择“3600”挡。

(十) 测力矩支架、测力矩圆盘及弹簧秤的使用

测力矩支架、测力矩圆盘及弹簧秤是测试电机启动力矩的实验装置。

实验时，将测力矩支架固定在导轨上适当的位置（用内六角螺丝固定，固定时，4 颗螺丝要均匀用力）。测力矩圆盘用内六角螺丝固定在电机装有联轴器的一端，并将尼龙绳一端穿过圆盘边缘上的一个小孔（尼龙绳一端要打结，且不能穿过圆孔，另一端打结挂在弹簧秤的挂钩上）。弹簧秤挂在支架上适当的沟槽内。

圆盘外圆直径为 110 mm，沟槽低形成的圆直径 D 为 110 mm，弹簧秤测量单位为牛顿（N），通过公式：$T = F \times \frac{D}{2}$，即可求出力矩，单位为“牛顿·米”。

注意：圆盘上的小槽应与弹簧秤在一条直线上，测试时，电机一定要固定紧。

二、DDSZ-1 型电机实验装置中各种类型被测试电机的额定值

DDSZ-1 型电机实验装置中各种类型被测试电机的额定值如表 6-1 所示。

表 6-1　DDSZ-1 型电机及电气技术实验装置被测试电机铭牌数据

序号	编号	名称	P_N/W	U_N/V	I_N/A	n_N/(r/min)	U_{fN}/V	I_{fN}/A	绝缘等级	备注
1	DJ11	三相组式变压器	230/230	380/95	0.35/1.4					Y/Y
2	DJ12	三相心式变压器	152/152/152	220/63.6/55	0.4/1.38/1.6					Y/△/Y
3	DJ13	直流复励发电机	100	200	0.5	1 600			E	
4	DJ14	直流串励电动机	120	220	0.8	1 400			E	
5	DJ15	直流并励电动机	185	220	1.2	1 600	220	<0.16	E	
6	DJ16	三相鼠笼式异步电动机	100	220（△）	0.5	1 420			E	
7	DJ17	三相线绕式电机	120	220（Y）	0.6	1 380			E	
10	DJ19	单相电容启动电机	90	220	1.45	1 400			E	C= 35 μF
11	DJ20	单相电容运转电机	120	220	1.0	1 420			E	C= 4 μF
14	DJ23	校正直流测功机	355	220	2.2	1 500	220	<0.16	E	

第二节　变压器实验

实验一　测试单相变压器的参数和运行特性

一、实验目的

1. 通过空载和短路实验测定单相变压器的变比和参数。
2. 通过负载实验测取单相变压器的运行特性。

二、预习要点

1. 单相变压器的空载和短路实验有什么特点？实验中电源电压一般加在哪一侧较合适？
2. 在空载和短路实验中，各种仪表应怎样连接才能使测量误差最小？
3. 如何用实验方法测定单相变压器的铁耗及铜耗？

三、实验项目

1. 空载实验：测取空载特性 $U_0=f(I_0)$，$P_0=f(U_0)$，$\cos\varphi_0=f(U_0)$。

2. 短路实验：测取短路特性 $U_k = f(I_k)$，$P_k = f(I_k)$，$\cos\varphi_k = f(I_k)$。

3. 负载实验：

（1）纯电阻负载：保持 $U_1 = U_N$，$\cos\varphi_2 = 1$ 的条件下，测取 $U_2 = f(I_2)$。

（2）阻感性负载：保持 $U_1 = U_N$，$\cos\varphi_2 = 0.8$ 的条件下，测取 $U_2 = f(I_2)$。

四、实验设备

实验设备如表 6-2 所示。

表 6-2 实验设备

序号	型号	名称	数量
1	D33	数/模交流电压表	1 件
2	D32	数/模交流电流表	1 件
3	D34-3	智能型功率、功率因数表	1 件
4	DJ11	三相组式变压器	1 件
5	D42	三相可调电阻器	1 件
6	D43	三相可调电抗器	1 件
7	D51	波形测试及开关板	1 件

五、实验内容、方法及步骤

(一) 空载实验

（1）在三相调压交流电源断电的条件下，按图 6-1 所示接线。被测变压器选用三相组式变压器 DJ11 中的一只作为单相变压器，其额定容量：$P_N = 77$ W，$U_{1N}/U_{2N} = 220$ V/55 V，$I_{1N}/I_{2N} = 0.35$ A/1.4 A。变压器的低压线圈 a、x 接电源，高压线圈 A、X 开路。

（2）选好所有测量仪表量程。将控制屏左侧调压器旋钮向逆时针方向旋转到底，即将其调到输出电压为零的位置。

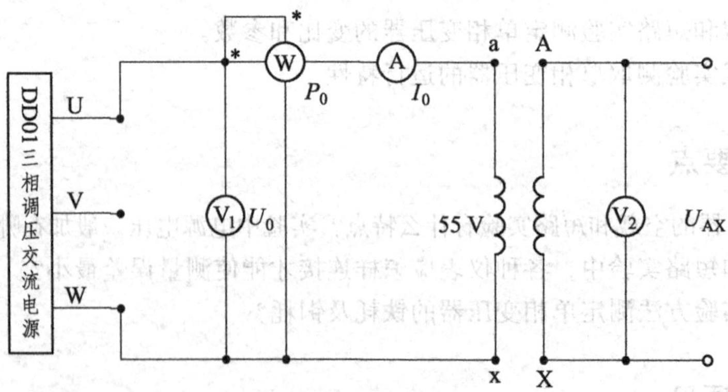

图 6-1 空载实验接线图

（3）合上交流电源总开关，按下“启动”按钮，便接通了三相交流电源。调节三相调压器旋钮，使变压器空载电压 $U_0 = 1.2U_N$，然后逐次降低电源电压，在 $(1.2 \sim 0.3)U_N$ 的范围内，测取变压器的 U_0、I_0、P_0。

（4）测取数据时，$U = U_N$ 点必须测，并在该点附近测的点较密，共测取数据 7 ~ 8 组。记录于表 6-3 中。

（5）为了计算变压器的变比，在 U_N 条件下测取原边电压的同时，测出副边电压数据也记录于表 6-3 中。

表 6-3　实验数据

序号	实验数据				计算数据
	U_0/V	I_0/A	P_0/W	U_{AX}/V	$\cos\varphi_0$
1					
2					
3					
4					
5					
6					
7					
8					

(二) 短路实验

（1）按下控制屏上的“停止”按钮，切断三相调压交流电源，按图 6-2 所示接线（以后每次改接线路，都要关断电源）。将变压器的高压线圈接电源，低压线圈直接短路。

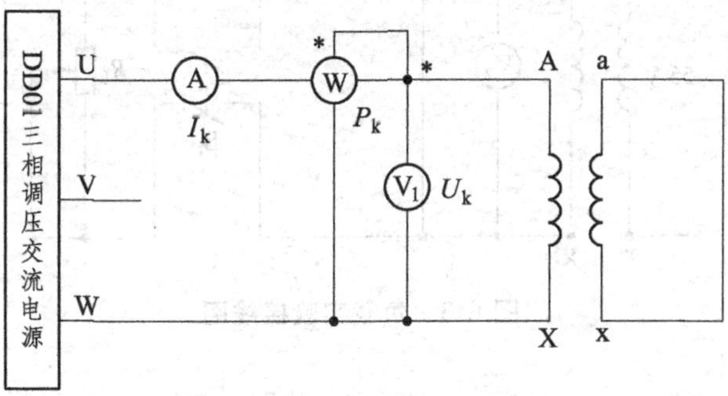

图 6-2　短路实验接线图

（2）选好所有测量仪表量程，将交流调压器旋钮调到输出电压为零的位置。

（3）接通交流电源，逐次缓慢增加输入电压，直到短路电流等于 $1.1I_N$ 为止，在 $(0.2 \sim 1.1)I_N$ 范围内测取变压器的 U_k、I_k、P_k。

（4）测取数据时，$I_k = I_N$ 点必须测，共测取数据 6 ~ 7 组记录于表 6-4 中。实验时记下周围环境温度（°C）。

表 6-4 实验数据（室温______°C）

序号	实验数据			计算数据
	U_k/V	I_k/A	P_k/W	$\cos\varphi_k$
1				
2				
3				
4				
5				
6				
7				
8				

(三) 负载实验

实验线路如图 6-3 所示。变压器低压线圈接电源，高压线圈经过开关 S_1 和 S_2，接到负载电阻 R_L 和电抗 X_L 上。R_L 选用 D42 上 4 只 900 Ω 变阻器相串联共 3 600 Ω 阻值，X_L 选用 D43，功率因数表选用 D34-3，开关 S_1 和 S_2 选用 D51 挂件。

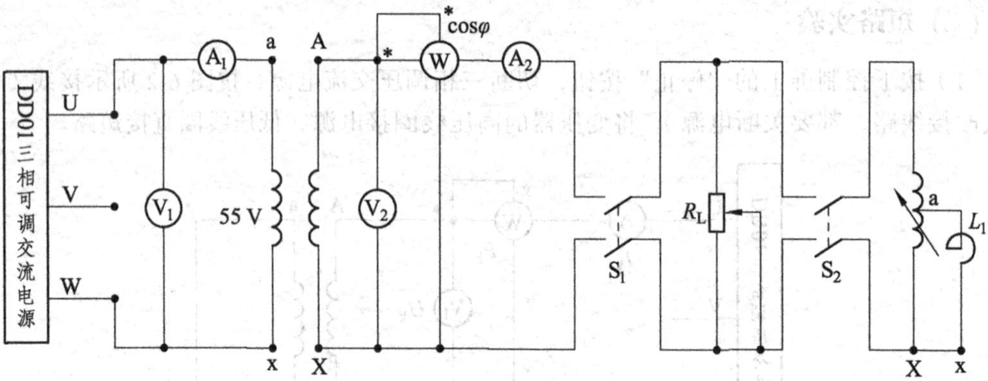

图 6-3 负载实验接线图

1. 纯电阻负载

（1）将调压器旋钮调到输出电压为零的位置，S_1、S_2 打开，负载电阻值调到最大。

（2）接通交流电源，逐渐升高电源电压，使变压器输入电压 $U_1 = U_N$。

（3）保持 $U_1 = U_N$，合上 S_1，逐渐增加负载电流，即减小负载电阻 R_L 的值，从空载到额定负载的范围内，测取变压器的输出电压 U_2 和电流 I_2。

（4）测取数据时，$I_2 = 0$ 和 $I_2 = I_{2N} = 0.35$ A 必测，共取数据 6 ~ 7 组，记录于表 6-5 中。

表 6-5　实验数据（$\cos\varphi_2 = 1$，$U_1 = U_N =$ ________V）

序号	1	2	3	4	5	6	7
U_2/V							
I_2/A							

2. 阻感性负载（$\cos\varphi_2 = 0.8$）

（1）用电抗器 X_L 和 R_L 并联作为变压器的负载，S_1、S_2 打开，电阻及电抗值调至最大。

（2）接通交流电源，升高电源电压至 $U_1 = U_{1N}$，且保持不变。

（3）合上 S_1、S_2，在保持 $U_1 = U_N$ 及 $\cos\varphi_2 = 0.8$ 条件下，逐渐增加负载电流，从空载到额定负载的范围内，测取变压器 U_2 和 I_2。

（4）测取数据时，其 $I_2 = 0$，$I_2 = I_{2N}$ 两点必测，共测取数据 6 ~ 7 组记录于表 6-6 中。

表 6-6　实验数据（$\cos\varphi_2 = 0.8$，$U_1 = U_N =$ ________V）

序号	1	2	3	4	5	6	7
U_2/V							
I_2/A							

六、注意事项

1. 在变压器实验中，应注意电压表、电流表、功率表的合理布置及量程选择。
2. 短路实验操作要快，否则线圈发热引起电阻变化。

七、实验报告

(一) 计算变比

由空载实验测变压器的原、副边电压的数据，分别计算出变比，然后取其平均值作为变压器的变比 K，$K = U_{AX}/U_{ax}$。

(二) 绘出空载特性曲线和计算励磁参数

（1）绘出空载特性曲线 $U_0 = f(I_0)$，$P_0 = f(U_0)$，$\cos\varphi_0 = f(U_0)$，$\cos\varphi_0 = \dfrac{P_0}{U_0 I_0}$。

（2）计算励磁参数：从空载特性曲线上查出对应于 $U_0 = U_N$ 时的 I_0 和 P_0 值，并由下式算出励磁参数：

$$r_m = \frac{P_0}{I_0}, \qquad Z_m = \frac{U_0}{I_0}, \qquad X_m = \sqrt{Z_m^2 - r_m^2}$$

(三) 绘出短路特性曲线和计算短路参数

（1）绘出短路特性曲线，$U_k = f(I_k)$、$P_k = f(I_k)$、$\cos\varphi_k = f(I_k)$。

（2）计算短路参数：从短路特性曲线上查出对应于短路电流 $I_k = I_N$ 时的 U_k 和 P_k 值，由下式算出实验环境温度为 θ(°C) 时的短路参数：

$$Z_k = \frac{U_k}{I_k},\quad r_k' = \frac{P_k}{I_k^2},\quad X_k' = \sqrt{Z_k'^2 - r_k'^2}$$

折算到低压侧：

$$Z_k = \frac{Z_k'}{K^2},\quad r_k = \frac{r_k'}{K^2},\quad X_k = \frac{X_k'}{K^2}$$

由于短路电阻 r_k 随温度变化，因此，算出的短路电阻应按国家标准换算到基准工作温度 75 °C 时的阻值：

$$r_{k(75°C)} = r_k \frac{234.5+75}{234.5+\theta},\quad Z_{k(75°C)} = \sqrt{r_{k(75°C)}^2 + X_k^2}$$

式中，234.5 为铜导线的常数，若用铝导线常数应改为 228。

计算短路电压（阻抗电压）百分数：

$$u_k = \frac{I_N Z_{k(75°C)}}{U_N}\times 100\%,\quad u_{kr} = \frac{I_N r_{k(75°C)}}{U_N}\times 100\%,\quad u_{kX} = \frac{I_N X_k}{U_N}\times 100\%$$

$I_k = I_N$ 时的短路损耗 $P_{kN} = I_N^2 r_{k(75°C)}$

(四) 画等效电路图

利用空载和短路实验测定的参数，画出被试变压器折算到低压侧的 T 形等效电路。要分离一次侧和二次侧电阻，可用万用表测出每侧的直流电阻，设 R_1' 为一次绕组的直流电阻折算到二次侧的数值，R_2 为二次侧绕组的直流电阻。r_k 已折算到二次侧应有

$$r_k = r_1' + r_2,\quad \frac{r_1'}{R_1'} = \frac{r_2}{R_2}$$

联立方程组求解可得 r_1' 及 r_2。一次侧和二次侧的漏阻抗无法用实验方法分离，通常取 $X_1' = X_2 = \dfrac{X_k}{2}$。

(五) 变压器的电压变化率 Δu

（1）绘出 $\cos\varphi_2 = 1$ 和 $\cos\varphi_2 = 0.8$ 两条外特性曲线 $U_2 = f(I_2)$，由特性曲线计算出 $I_2 = I_{2N}$ 时的电压变化率：

$$\Delta u = \frac{U_{20} - U_2}{U_{20}}\times 100\%$$

（2）根据实验求出的参数，算出 $I_2 = I_{2N}$、$\cos\varphi_2 = 1$ 和 $I_2 = I_{2N}$、$\cos\varphi_2 = 0.8$ 时的电压变化率 Δu：

$$\Delta u = u_{kr}\cos\varphi_2 + u_{kx}\sin\varphi_2$$

将两种计算结果进行比较，并分析不同性质的负载对变压器输出电压 U_2 的影响。

(六) 绘出被测试变压器的效率特性曲线

（1）用间接法算出 $\cos\varphi_2 = 0.8$ 不同负载电流时的变压器效率，记录于表 6-7 中。

$$\eta=\left(1-\frac{P_0+I_2^{*2}P_{kN}}{I_2^*P_N\cos\varphi_2+P_0+I_2^{*2}P_{kN}}\right)\times100\%$$

式中，$I_2^*P_N\cos\varphi_2=P_2$；$P_{kN}$为变压器$I_k=I_N$时的短路损耗（W）；$P_0$为变压器$U_0=U_N$时的空载损耗（W）；$I_2^*=I_2/I_{2N}$为副边电流标么值。

表 6-7　实验数据（$\cos\varphi_2=0.8$，$P_0=$ ________W，$P_{kN}=$ ________W）

I_2^*	P_2/W	η（%）
0.2		
0.4		
0.6		
0.8		
1.0		
1.2		

（2）由计算数据绘出变压器的效率曲线 $\eta=f(I_2^*)$。

（3）计算被测试变压器$\eta=\eta_{max}$时的负载系数 β_m：

$$\beta_m=\sqrt{\frac{P_0}{P_{kN}}}$$

实验二　测试三相变压器的参数和运行特性

一、实验目的

1. 通过空载和短路实验测定三相变压器的变比和参数。
2. 通过负载实验测取三相变压器的运行特性。

二、预习要点

1. 如何用双瓦特计法测三相变压器的功率，空载和短路实验应如何合理布置仪表。
2. 三相心式变压器的三相空载电流是否对称，为什么？
3. 如何测定三相变压器的铁耗和铜耗。
4. 三相变压器空载和短路实验时应注意哪些问题？一般电源应加在哪一侧比较合适？

三、实验项目

1. 测定变比。
2. 空载实验：测取空载特性 $U_{0L}=f(I_{0L})$，$P_0=f(U_{0L})$，$\cos\varphi_0=f(U_{0L})$。
3. 短路实验：测取短路特性 $U_{kL}=f(I_{kL})$，$P_k=f(I_{kL})$，$\cos\varphi_k=f(I_{kL})$。
4. 纯电阻负载实验：保持 $U_1=U_N$，$\cos\varphi_2=1$ 的条件下，测取 $U_2=f(I_2)$。

四、实验设备

实验设备如表 6-7 所示。

表 6-8 实验设备

序号	型号	名称	数量
1	D33	数/模交流电压表	1 件
2	D32	数/模交流电流表	1 件
3	D34-3	智能型功率、功率因数表	1 件
4	DJ12	三相心式变压器	1 件
5	D42	三相可调电阻器	1 件
6	D51	波形测试及开关板	1 件

五、实验内容、方法及步骤

(一) 测定变比

实验线路如图 6-4 所示，被测变压器选用 DJ12 三相三线圈心式变压器，额定容量 P_N = 152/152/152 W，U_N = 220/63.6/55 V，I_N = 0.4/1.38/1.6 A，Y/△/Y 接法。实验时只用高、低压两组线圈，低压线圈接电源，高压线圈开路。将三相交流电源调到输出电压为零的位置。开启控制屏上钥匙开关，按下“启动”按钮，电源接通后，调节外施电压 $U = 0.5U_N = 27.5$ V 测取高、低线圈的线电压 U_{AB}、U_{BC}、U_{CA}、U_{ab}、U_{bc}、U_{ca}，记录于表 6-9 中。

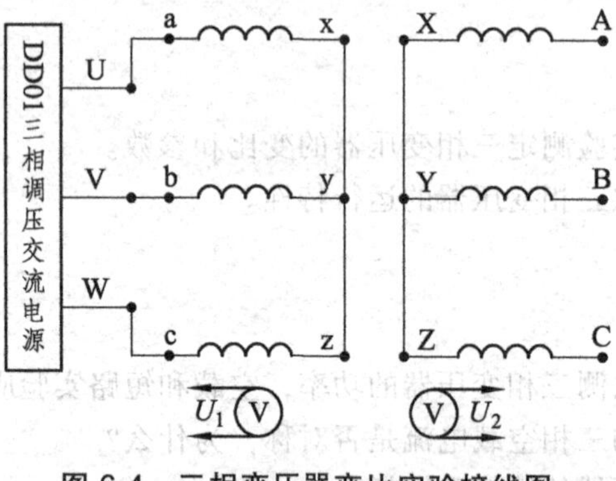

图 6-4 三相变压器变比实验接线图

表 6-9 实验数据

高压绕组线电压/V	低压绕组线电压/V	变比
U_{AB} =	U_{ab} =	K_{AB} =
U_{BC} =	U_{bc} =	K_{BC} =
U_{CA} =	U_{ca} =	K_{CA} =

计算变比 K：　$K_{AB}=\frac{U_{AB}}{U_{ab}}$，$K_{BC}=\frac{U_{BC}}{U_{bc}}$，$K_{CA}=\frac{U_{CA}}{U_{ca}}$

平均变比：　$K=\frac{1}{3}(K_{AB}+K_{BC}+K_{CA})$

(二) 空载实验

（1）将控制屏左侧三相交流电源的调压旋钮逆时针旋转到底使输出电压为零，按下“停止”按钮，在断电的条件下，按图 6-5 所示接线。变压器低压线圈接电源，高压线圈开路。

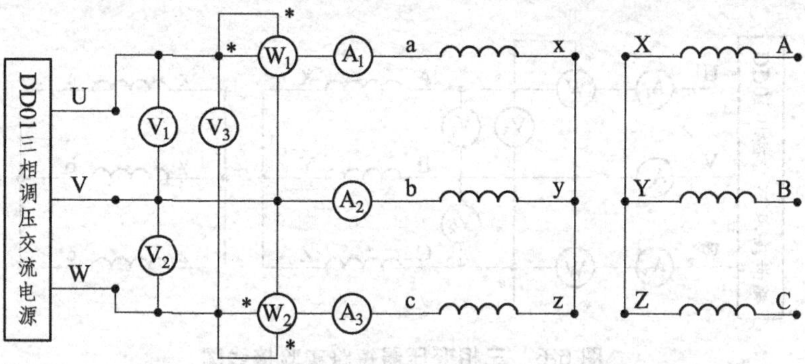

图 6-5　三相变压器空载实验接线图

（2）按下“启动”按钮接通三相交流电源，调节电压，使变压器的空载电压 $U_{0L}=1.2U_N$。

（3）逐次降低电源电压，在$(1.2\sim0.2)U_N$范围内，测取变压器三相线电压、线电流和功率。

（4）测取数据时，其中 $U_{0L}=U_N$ 的点必测，且在其附近多测几组。共取数据 8～9 组记录于表 6-10 中。

表 6-10　实验数据与计算数据

序号	实验数据								计算数据			
	U_{0L}/V			I_{0L}/A			P_0/W		U_{0L}/V	I_{0L}/A	P_0/W	$\cos\varphi_0$
	U_{ab}	U_{bc}	U_{ca}	I_{a0}	I_{b0}	I_{c0}	P_{01}	P_{02}				
1												
2												
3												
4												
5												
6												
7												
8												
9												

(三) 短路实验

（1）将控制屏左侧的调压旋钮逆时针方向旋转到底使三相交流电源的输出电压为零值。按下“停止”按钮，在断电的条件下，按图 6-6 所示接线。变压器高压线圈接电源，低压线圈直接短路。

（2）按下“启动”按钮，接通三相交流电源，缓慢增大电源电压，使变压器的短路电流 $I_{kL}=1.1I_N$。

（3）逐次降低电源电压，在$(1.1\sim0.3)I_N$的范围内，测取变压器的三相输入电压、电流及功率。

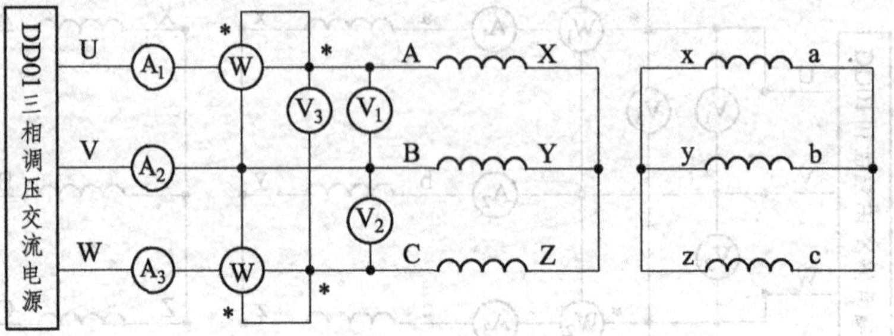

图 6-6 三相变压器短路实验接线图

（4）测取数据时，其中 $I_{kL}=I_N$ 点必测，共取数据 5 ~ 6 组，记录于表 6-11 中。实验时记下周围环境温度（°C），作为线圈的实际温度。

表 6-11 实验数据（室温______°C）

序号	实验数据								计算数据			
	U_{kL}/V			I_{kL}/A			P_k/W		U_{kL}/V	I_{kL}/A	P_k/W	$\cos\varphi_k$
	U_{AB}	U_{BC}	U_{CA}	I_{Ak}	I_{Bk}	I_{Ck}	P_{k1}	P_{k2}				
1												
2												
3												
4												
5												
6												

(四) 纯电阻负载实验

（1）将控制屏左侧的调压旋钮逆时针方向旋转到底使三相交流电源的输出电压为零，按下“停止”按钮，按图 6-7 所示接线。变压器低压线圈接电源，高压线圈经开关 S 接负载电阻 R_L，R_L 选用 D42 的 1 800 Ω 变阻器共 3 只，开关 S 选用 D51 挂件。将负载电阻 R_L 阻值调至最大，打开开关 S。

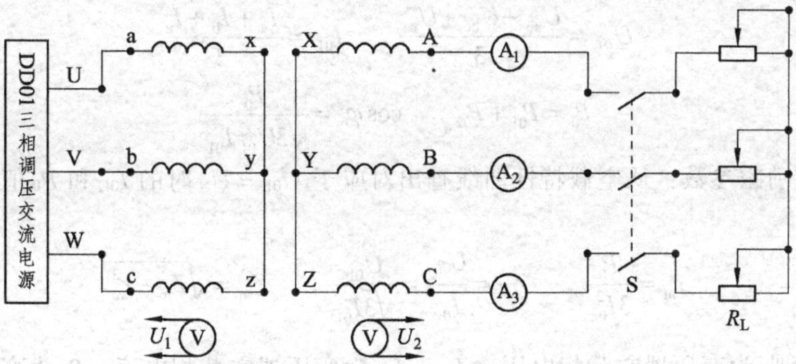

图 6-7　三相变压器负载实验接线图

（2）按下“启动”按钮接通电源，调节交流电压，使变压器的输入电压 $U_1 = U_{1N}$。

（3）在保持 $U_1 = U_{1N}$ 不变的条件下，合上开关 S，逐次增加负载电流，从空载到额定负载范围内，测取三相变压器输出线电压和相电流。

（4）测取数据时，其中 $I_2 = 0$ 和 $I_2 = I_N$ 两点必测。共取数据 7～8 组记录于表 6-12 中。

表 6-12　实验数据（$U_1 = U_{1N} =$ ______V，$\cos\varphi_2 = 1$）

序号	U_2/V				I_2/A			
	U_{AB}	U_{BC}	U_{CA}	U_2	I_A	I_B	I_C	I_2
1								
2								
3								
4								
5								
6								
7								
8								

六、注意事项

在三相变压器实验中，应注意电压表、电流表和功率表的合理布置。做短路实验时操作要快，否则线圈发热会引起电阻变化。

七、实验报告

(一) 计算变压器的变比

根据实验数据，计算各线电压之比，然后取其平均值作为变压器的变比。

$$K_{AB} = \frac{U_{AB}}{U_{ab}}，\quad K_{BC} = \frac{U_{BC}}{U_{bc}}，\quad K_{CA} = \frac{U_{CA}}{U_{ca}}$$

(二) 根据空载实验数据作空载特性曲线并计算励磁参数

（1）绘出空载特性曲线 $U_{0L} = f(I_{0L})$，$P_0 = f(U_{0L})$，$\cos\varphi_0 = f(U_{0L})$。

$$U_{0L}=\frac{U_{ab}+U_{bc}+U_{ca}}{3}, \quad I_{0L}=\frac{I_a+I_b+I_c}{3}$$

$$P_0=P_{01}+P_{02}, \quad \cos\varphi_0=\frac{P_0}{\sqrt{3}U_{0L}I_{0L}}$$

（2）计算励磁参数：从空载特性曲线查出对应于 $U_{0L}=U_N$ 时的 I_{0L} 和 P_0 值，并由下式求取励磁参数。

$$r_m=\frac{P_0}{3I_{0\varphi}^2}, \quad Z_m=\frac{U_{0\varphi}}{I_{0\varphi}}=\frac{U_{0L}}{\sqrt{3}I_{0L}}, \quad X_m=\sqrt{Z_m^2-r_m^3}$$

式中，$U_{0\varphi}=\frac{U_{0L}}{\sqrt{3}}$ 为变压器空载相电压；$I_{0\varphi}=I_{0L}$ 为变压器空载相电流；P_0 为变压器三相空载功率（注：Y 接法，以后计算变压器和电机参数时都要换算成相电压、相电流）。

(三) 绘出短路特性曲线和计算短路参数

（1）绘出短路特性曲线 $U_{kL}=f(I_{kL})$，$P_k=f(I_{kL})$，$\cos\varphi_k=f(I_{kL})$，式中：

$$U_{kL}=\frac{U_{AB}+U_{BC}+U_{CA}}{3}, \quad I_{kL}=\frac{I_{Ak}+I_{Bk}+I_{Ck}}{3}$$

$$P_k=P_{k1}+P_{k2}, \quad \cos\varphi_k=\frac{P_k}{\sqrt{3}U_{kL}I_{kL}}$$

（2）计算短路参数：从短路特性曲线查出对应于 $I_{kL}=I_N$ 时的 U_{kL} 和 P_k 值，并由下式算出实验环境温度为 θ°C 时的短路参数：

$$r_k'=\frac{P_k}{3I_{k\varphi}^2}, \quad Z_k'=\frac{U_{k\varphi}}{I_{k\varphi}}=\frac{U_{kL}}{\sqrt{3}I_{kL}}, \quad X_k'=\sqrt{Z_k'^2-r_k'^2}$$

式中，$U_{k\varphi}=\frac{U_{kL}}{\sqrt{3}}$，$I_{k\varphi}=I_{kL}=I_N$，$U_{k\varphi}$、$I_{k\varphi}$、$P_k$ 分别为短路时的相电压、相电流、三相短路功率。

折算到低压侧：

$$Z_k=\frac{Z_k'}{K^2}, \quad r_k=\frac{r_k'}{K^2}, \quad X_k=\frac{X_k'}{K^2}$$

换算到基准工作温度下的短路参数 $r_{k(75°C)}$ 和 $Z_{k(75°C)}$（换算方法见实验一内容），计算短路电压百分数：

$$u_k=\frac{I_{N\varphi}Z_{k(75°C)}}{U_{N\varphi}}\times 100\%, \quad u_{kr}=\frac{I_N r_{k(75°C)}}{U_{N\varphi}}\times 100\%, \quad u_{kX}=\frac{I_N X_k}{U_{N\varphi}}\times 100\%$$

计算 $I_k=I_N$ 时的短路损耗： $P_{kN}=3I_{N\varphi}^2 r_{k(75°C)}$

(四) 根据空载和短路实验测定的参数，画出被测试变压器的 T 形等效电路

要分离一次侧和二次侧电阻，可用万用表测出每相绕组的直流电阻，然后取其平均值。设 R_1' 为一次侧绕组的直流电阻折算到二次侧的数值，R_2 为二次侧绕组的直流电阻。r_k 已折算到二次侧应有

$$\begin{cases} r_k=r_1'+r_2 \\ \dfrac{r_1'}{R_1'}=\dfrac{r_2}{R_2} \end{cases}$$

联立方程组求解可得 r_1' 及 r_2。一次侧和二次侧的漏阻抗无法用实验方法分离，通常取

$$X_1' = X_2 = \frac{X_k}{2}$$

(五) 变压器的电压变化率

（1）根据实验数据绘出 $\cos\varphi_2 = 1$ 时的特性曲线 $U_2 = f(I_2)$，由特性曲线计算出 $I_2 = I_{2N}$ 时的电压变化率：

$$\Delta u = \frac{U_{20} - U_2}{U_{20}} \times 100\%$$

（2）根据实验求出的参数，算出 $I_2 = I_N$，$\cos\varphi_2 = 1$ 时的电压变化率：

$$\Delta u = \beta(u_{kr}\cos\varphi_2 + u_{kX}\sin\varphi_2)$$

(六) 绘出被测试变压器的效率特性曲线

（1）用间接法算出在 $\cos\varphi_2 = 0.8$ 时，不同负载电流时的变压器效率，记录于表 6-13 中。

表 6-13 实验数据（$\cos\varphi_2 = 0.8$，$P_0 =$ ________W，$P_{kN} =$ ________W）

I_2^*	P_2/W	η（%）
0.2		
0.4		
0.6		
0.8		
1.0		
1.2		

$$\eta = \left(1 - \frac{P_0 + I_2^{*2} P_{kN}}{I_2^* P_N \cos\varphi_2 + P_0 + I_2^* P_{kN}}\right) \times 100\%$$

式中，$I_2^* P_N \cos\varphi_2 = P_2$，$P_N$ 为变压器的额定容量；P_{kN} 为变压器 $I_{kL} = I_N$ 时的短路损耗；P_0 为变压器的 $U_{0L} = U_N$ 时的空载损耗。

（2）计算被测试变压器 $\eta = \eta_{max}$ 时的负载系数 β_m，$\beta_m - \sqrt{\frac{P_0}{P_{kN}}}$。

第三节 异步电动机实验

实验一 三相鼠笼式异步电动机的工作特性

一、实验目的

1. 掌握用日光灯法测三相异步电动机转差率的方法。
2. 掌握三相异步电动机的空载、堵转和负载试验的方法。
3. 用直接负载法测取三相鼠笼式异步电动机的工作特性。
4. 测定三相鼠笼式异步电动机的参数。

二、预习要点

1. 用日光灯法测转差率是利用了日光灯的什么特性？
2. 异步电动机的工作特性指哪些特性？
3. 异步电动机的等效电路有哪些参数？它们的物理意义是什么？
4. 工作特性和参数的测定方法。

三、实验项目

1. 测定电机的转差率。
2. 测量定子绕组的冷态电阻。
3. 判定定子绕组的首末端。
4. 空载实验。
5. 短路实验。
6. 负载实验。

四、实验设备

实验设备如表 6-14 所示。

表 6-14　实验设备

序号	型号	名称	数量
1	DD03-4	涡流测功机导轨	1 件
2	D55-4	涡流测功机控制箱	1 件
3	DJ16	三相鼠笼式异步电动机	1 件
4	D31	直流数字电压、毫安、安培表	1 件
5	D33	数/模交流电压表	1 件
6	D32	数/模交流电流表	1 件
7	D34-3	智能型功率、功率因数表	1 件
8	D42	三相可调电阻器	1 件
9	D51	波形测试及开关板	1 件

五、实验内容、方法及步骤

(一) 测量定子绕组的冷态直流电阻

将电机在室内放置一段时间，用温度计测量电机绕组端部或铁心的温度。当所测温度与冷却介质温度之差不超过 2K 时，即为实际冷态。记录此时的温度和测量定子绕组的直流电阻，此阻值即为冷态直流电阻。

1. 伏安法

将被测电机放置实验台上，按图 6-8 所示接线。直流电源用主控屏上电枢电源先调到 50 V。开关 S_1、S_2 选用 D51 挂箱，R 用 D42 挂箱上的 1 800 Ω 可调电阻。电压表与电流表选用 D31 挂件上的测量仪表。

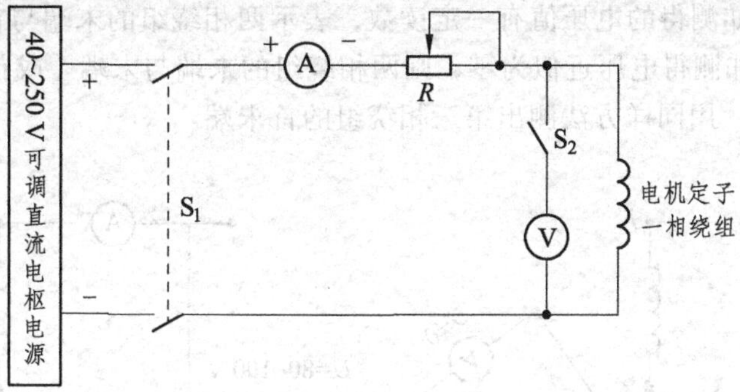

图 6-8　三相交流绕组电阻测定

（1）量程的选择：测量时通过的测量电流应小于额定电流的 20%，约小于 60 mA，因而直流电流表的量程用 200 mA 挡。三相鼠笼式异步电动机定子一相绕组的电阻约为 50 Ω，因而当流过的电流为 60 mA 时二端电压约为 3 V，所以直流电压表量程用 20 V 挡。

（2）按图 6-8 所示接线。把 R 调至最大位置，合上开关 S_1，调节直流电源及 R 阻值使试验电流不超过电机额定电流的 20%，以防因试验电流过大而引起绕组的温度上升，读取电流值，再接通开关 S_2 读取电压值。读完后，先断开开关 S_2，再断开开关 S_1。

调节 R 使 A 表分别为 50 mA、40 mA、30 mA 测取 3 次，取其平均值，测量定子三相绕组的电阻值，记录于表 6-15 中。

表 6-15　实验数据（室温________°C）

参数	绕组Ⅰ			绕组Ⅱ			绕组Ⅲ		
I/mA									
U/V									
R/Ω									

注意事项：① 在测量时，电动机的转子须静止不动；② 测量通电时间不应超过 1 min。

2. 电桥法

用单臂电桥测量电阻时，应先将刻度盘旋到电桥大致平衡的位置，然后按下电池按钮，接通电源，等电桥中的电源达到稳定后，方可按下检流计按钮接入检流计。测量完毕，应先断开检流计，再断开电源，以免检流计受到冲击。数据记录于表 6-16 中。

电桥法测定绕组直流电阻准确度及灵敏度高，并有直接读数的优点。

表 6-16　实验数据

参数	绕组Ⅰ			绕组Ⅱ			绕组Ⅲ		
R/Ω									

(二) 判定定子绕组的首末端

先用万用表测出各相绕组的两个线端，将其中的任意两相绕组串联，按图 6-9 所示接线。将控制屏左侧调压器旋钮调至零位，开启钥匙开关，按下“启动”按钮，接通交流电源。调节调压旋钮，并在绕组端施以单相低电压 $U = 80 \sim 100$ V，注意电流不应超过额定值，测出第三相绕组的电压，如测得的电压值有一定读数，表示两相绕组的末端与首端相连，如图 6-9（a）所示。反之，如测得电压近似为零，则两相绕组的末端与末端（或首端与首端）相连，如图 6-9（b）所示。用同样方法测出第三相绕组的首末端。

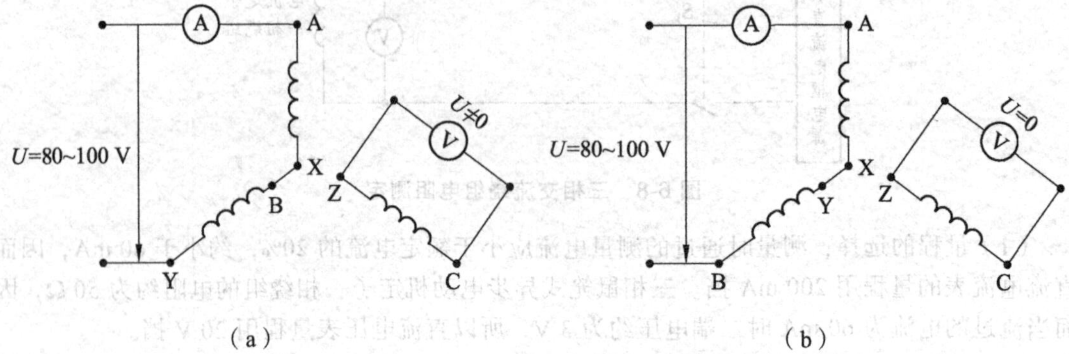

图 6-9 三相交流绕组首末端测定

(三) 用日光灯法测定转差率

日光灯是一种闪光灯，当接到 50 Hz 电源上时，灯光每秒闪亮 100 次，人的视觉暂留时间约为 0.1 s，故用肉眼观察时日光灯是一直发亮的，我们就利用日光灯这一特性来测量电机的转差率。

（1）异步电机选用编号为 DJ16 的三相鼠笼异步电动机（$U_N = 220$ V，△接法），极数 $2p = 4$。直接与涡流测功机同轴连接，在 DJ16 的联轴器上用黑胶布包一圈，再用 4 张白纸条（宽度约为 3 mm），均匀地贴在黑胶布上。

（2）由于电机的同步转速为 $n_0 = \dfrac{60 f_1}{p} = 1\,500$ r/min = 25 r/s，而日光灯闪亮为 100 次/秒，即日光灯闪亮一次，电机转动 1/4 圈。由于电机轴上均匀贴有 4 张白纸条，故电机以同步转速转动时，肉眼观察图案是静止不动的（这个可以用直流电动机 DJ15、DJ23 或三相同步电机 DJ18 来验证）。

（3）首先将涡流测功机控制箱上的突减载开关拨至上端位置，涡流测功机不加载。按下控制屏上的启动按钮，接通交流电源。打开控制屏上日光灯开关，调节控制屏左侧调压器升高电动机电压，观察电动机转向，如转向不对应停机调整相序。转向正确后，升压至 220 V，使电机启动运转，记录此时电机转速。

（4）因三相异步电机转速总是低于同步转速，故灯光每闪亮一次，图案逆电机旋转方向落后一个角度，用肉眼观察图案逆电机旋转方向缓慢移动。

（5）按住控制屏报警记录仪“复位”键，此时报警记录仪停止计时，松手后报警记录仪开始计时，手松开之后开始观察图案后移的个数，计数时间可设定的短一些（一般取 30 s）。将观察到的数据记录于表 6-17 中。

表 6-17　实验数据

N/r	t/s	s	n/(r/min)

转差率为

$$s=\frac{\Delta n}{n_0}=\frac{\frac{N}{t}60}{\frac{60f}{p}}=\frac{pN}{tf}$$

式中，t 为计数时间，单位为 s；N 为 t 秒内图案转过的圈数；f 为电源频率，50 Hz；p 为电机的极对数。

（6）停机。将调压器调至零位，关断电源开关。

（7）将计算出的转差率与实际观测到的转速算出的转差率比较。

(四) 空载实验

（1）按图 6-10 所示接线。电机绕组为△接法（$U_N=220$ V），电机与涡流测功机的联轴器脱开。涡流测功机不加载。

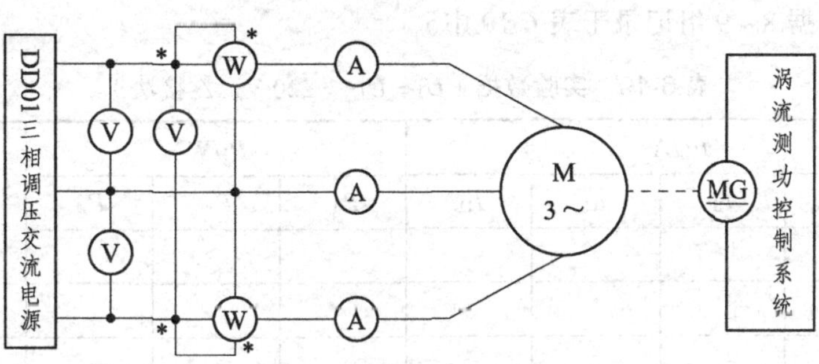

图 6-10　三相鼠笼式异步电动机试验接线图

（2）把交流调压器调至电压最小位置，按下控制屏上的启动按钮，接通电源，调节控制屏左侧的调压器旋钮逐渐升高电压，使电机启动旋转，观察电机旋转方向，并使电机旋转方向为正转（如转向不符合要求需调整相序时，必须切断电源）。

（3）保持电动机在额定电压下空载运行数分钟，使机械损耗达到稳定后再进行试验。

（4）调节电压由 $1.2U_N$ 开始逐渐降低电压，直至电流或功率显著增大为止。在这范围内读取空载电压 U_{0L}、空载电流 I_{0L}、空载功率 P_{0L}。

（5）在测取空载实验数据时，在额定电压附近多测几点，共取数据 7～9 组记录于表 6-18 中。

表 6-18 实验数据

序号	U_{0L}/V				I_{0L}/A				P_0/W			$\cos\varphi_0$
	U_{AB}	U_{BC}	U_{CA}	U_{0L}	I_A	I_B	I_C	I_{0L}	P_1	P_2	P_0	
1												
2												
3												
4												
5												
6												
7												

(五) 负载实验

（1）测量接线图同图 6-10，电机与涡流测功机同轴连接。

（2）按下控制屏上的“启动”按钮，接通交流电源，调节控制屏左侧调压器旋钮使之逐渐升压至额定电压并保持不变。

（3）将涡流测功机设定为转矩控制模式状态下。调节涡流测功机的给定调节旋钮，给异步电动机加负载，使其定子电流逐渐上升，直至电流上升到 $1.25I_N$。

（4）从这负载开始，逐渐减小负载直至空载，在这范围内读取异步电动机的定子电流、输入功率、转速和转矩值数据。

（5）共取数据 8 ~ 9 组记录于表 6-19 中。

表 6-19 实验数据（$U_1 = U_{1N} = 220$ V，△接法）

序号	I_{1L}/A				P_1/W			T_2/(N·m)	n/(r/min)
	I_A	I_B	I_C	I_{1L}	$P_Ⅰ$	$P_Ⅱ$	$P_Ⅲ$		
1									
2									
3									
4									
5									
6									
7									
8									
9									

(六) 短路实验

（1）测量接线图同图 6-10。将内六角扳手插入涡流测功机上方六角螺母的中心孔，使外转子与内转子同步，电机仍与涡流测功机同轴连接。

（2）将调压器调至零，按下控制屏上的“启动”按钮，接通交流电源。调节控制屏左侧调压器旋钮使之逐渐升压至短路电流达到 $1.2I_N$，再逐渐降压至 $0.3I_N$ 为止。

（3）在这范围内读取短路电压、短路电流、短路功率。

（4）共取数据 5 ~ 6 组记录于表 6-20 中。

表 6-20　实验数据

序号	U_{kL}/V				I_{kL}/A				P_k/W			$\cos\varphi_k$
	U_{AB}	U_{BC}	U_{CA}	U_{kL}	I_A	I_B	I_C	I_{kL}	P_1	P_2	P_k	
1												
2												
3												
4												
5												
6												

六、实验报告

1. 计算基准工作温度时的相电阻由实验直接测得每相电阻值，此值为实际冷态电阻值。冷态温度为室温。按下式换算到基准工作温度时的定子绕组相电阻：

$$r_{1ref}=r_{1c}\frac{235+\theta_{ref}}{235+\theta_c}$$

式中，r_{1ref} 为换算到基准工作温度时定子绕组的相电阻（Ω）；r_{1c} 为定子绕组的实际冷态相电阻（Ω）；θ_{ref} 为基准工作温度，对于 E 级绝缘为 75 °C；θ_c 为实际冷态时定子绕组的温度（°C）。

2. 作空载特性曲线：I_{0L}、P_0、$\cos\varphi_0=f(U_{0L})$。

3. 作短路特性曲线：I_{kL}、$P_k=f(U_{kL})$。

4. 由空载、短路实验数据求异步电机的等效电路参数：

（1）由短路实验数据求短路参数

短路阻抗：
$$Z_k=\frac{U_{k\varphi}}{I_{k\varphi}}=\frac{\sqrt{3}U_{kL}}{I_{kL}}$$

短路电阻：
$$r_k=\frac{P_k}{3I_{k\varphi}^2}=\frac{P_k}{I_{kL}^2}$$

短路电抗：
$$X_k=\sqrt{Z_k^2-r_k^2}$$

式中，$U_{k\varphi}=U_{kL}$，$I_{k\varphi}=\frac{I_{kL}}{\sqrt{3}}$，$K_{k\varphi}$、$I_{k\varphi}$、$P_k$ 分别为电动机堵转时的相电压、相电流、三相短路功率（△接法）。

转子电阻的折合值：
$$r_2'\approx r_k-r_{1c}$$

式中，r_{1c}是没有折合到 75 °C 时实际值。

定、转子漏抗：
$$X_{1\sigma} \approx X'_{2\sigma} \approx \frac{X_k}{2}$$

（2）由空载试验数据求励磁回路参数：

空载阻抗：
$$Z_0 = \frac{U_{0\varphi}}{I_{0\varphi}} = \frac{\sqrt{3}U_{0L}}{I_{0L}}$$

空载电阻：
$$r_0 = \frac{P_0}{3I_{0\varphi}^2} = \frac{P_0}{I_{0L}^2}$$

空载电抗：
$$X_0 = \sqrt{Z_0^2 - r_0^2}$$

式中，$U_{0\varphi} = U_{0L}$，$I_{0\varphi} = \frac{I_{0L}}{\sqrt{3}}$，$U_{0\varphi}$、$I_{0\varphi}$、$P_0$分别为电动机空载时的相电压、相电流、三相空载功率（△接法）。

励磁电抗：
$$X_m = X_0 - X_{1\sigma}$$

励磁电阻：
$$r_m = \frac{P_{Fe}}{3I_{0\varphi}^2} = \frac{P_{Fe}}{I_{0L}^2}$$

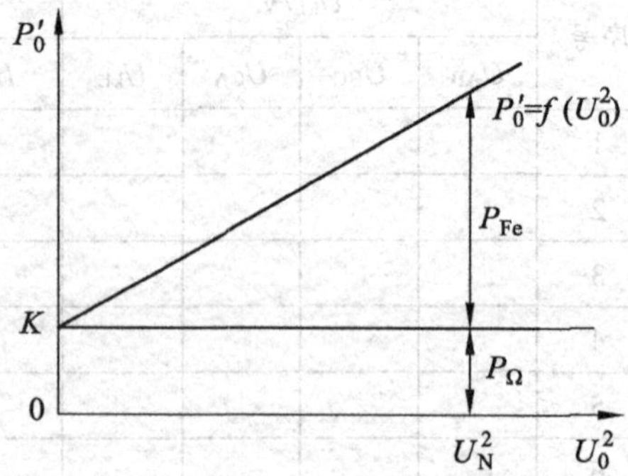

图 6-11　电机中铁耗和机械损耗

式中，P_{Fe}为额定电压时的铁耗，由图 6-11 确定。

5. 作工作特性曲线 P_1、I_1、η、s、$\cos\varphi_1 = f(P_2)$。由负载试验数据计算工作特性，填入表 6-21 中。

表 6-21　实验数据（$U_1 = 220$ V，△接法）

序号	电动机输入		电动机输出		计算值			
	$I_{1\varphi}$/A	P_1/W	T_2/(N·m)	N/(r/min)	P_2/W	s(%)	η(%)	$\cos\varphi_1$
1								
2								
3								
4								
5								
6								
7								
8								
9								

计算公式为：

$$I_{1\varphi} = \frac{I_{1L}}{\sqrt{3}} = \frac{I_A + I_B + I_C}{3\sqrt{3}}, \quad s = \frac{n_0 - n}{n_0} \times 100\%$$

$$\cos\varphi_1 = \frac{P_1}{3U_{1\varphi}I_{1\varphi}}, \quad P_2 = 0.105nT_2, \quad \eta = \frac{P_2}{P_1} \times 100\%$$

式中，$I_{1\varphi}$为定子绕组相电流（A）；$U_{1\varphi}$为定子绕组相电压（V）；s 为转差率；η为效率。

6. 由损耗分析法求额定负载时的效率。电动机的损耗如下：① 铁耗（P_{Fe}）；② 机械损耗（P_Ω）；③ 定子铜耗（$P_{\text{Cu1}}=3I_{1\varphi}^2r_1$）；④ 转子铜耗（$P_{\text{Cu2}}=\dfrac{P_{\text{E}}}{100}s$，$P_{\text{E}}$ 为电磁功率，单位为W，$P_{\text{E}}=P_1-P_{\text{Cu1}}-P_{\text{Fe}}$）；⑤ 杂散损耗（$P_{\text{ad}}$，取为额定负载时输入功率的 0.5%）。

铁耗和机械损耗之和为：　$P_0'=P_{\text{Fe}}+P_\Omega=P_0-3I_{0\varphi}^2r_1$

为了分离铁耗和机械损耗，作曲线 $P_0'=f(U_0^2)$，如图 6-11 所示。延长曲线的直线部分与纵轴相交于 K 点，K 点的纵坐标即为电动机的机械损耗 P_Ω，过 K 点作平行于横轴的直线，可得不同电压的铁耗 P_{Fe}。

电机的总损耗：　$\sum P=P_{\text{Fe}}+P_{\text{Cu1}}+P_{\text{Cu2}}+P_{\text{ad}}+P_\Omega$

于是求得额定负载时的效率为　$\eta=\dfrac{P_1-\sum P}{P_1}\times 100\%$

式中，P_1、s、I_1 由工作特性曲线上对应于 P_2 为额定功率 P_{N} 时查得。

七、思考题

1. 由空载、短路实验数据求取三相异步电动机的等效电路参数时，有哪些因素会引起误差？
2. 从短路实验数据我们可以得出哪些结论？
3. 由直接负载法测得的电机效率和用损耗分析法求得的电机效率各有哪些因素会引起误差？

实验二　三相异步电动机的启动与调速

一、实验目的

通过实验掌握三相异步电动机的启动和调速方法。

二、预习要点

1. 三相异步电动机有哪些启动方法和启动技术指标。
2. 三相异步电动机的调速方法。

三、实验项目

1. 直接启动。
2. 星形-三角形（Y-△）换接启动。
3. 自耦变压器启动。
4. 线绕式异步电动机转子绕组串入可变电阻器启动。
5. 线绕式异步电动机转子绕组串入可变电阻器调速。

四、实验设备

实验设备如表 6-22 所示。

表 6-22 实验设备

序号	型号	名称	数量
1	DD03-4	涡流测功机导轨	1 件
2	D55-4	涡流测功机控制箱	1 件
3	DJ16	三相鼠笼式异步电动机	1 件
4	DJ17	三相线绕式异步电动机	1 件
5	D32	数/模交流电流表	1 件
6	D33	数/模交流电压表	1 件
7	D43	三相可调电抗器（可选）	1 件
8	D51	波形测试及开关板	1 件
9	DJ17-1	启动与调速电阻箱	1 件
10		内六角扳手	1 个
11		弹性联轴器	1 个

五、实验内容、方法及步骤

(一) 三相鼠笼式异步电动机直接启动

（1）按图 6-12 所示接线。电动机选用 DJ16，绕组为△接法。电动机直接与涡流测功机同轴连接且用偏心螺丝固定。涡流测功机不加载。电流表用 D32 上的指针表，电压表用 D33 上的数显表。

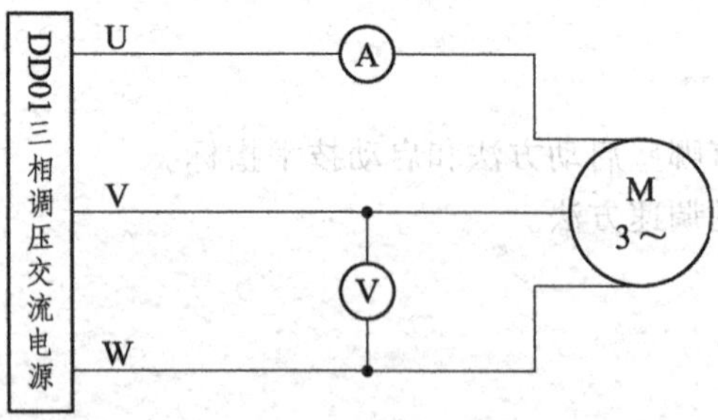

图 6-12 鼠笼式异步电动机直接启动接线图

（2）把控制屏上的交流调压器逆时针调到零位，开启钥匙开关，按下控制屏上的“启动”按钮，接通三相交流电源。

（3）调节调压器，使输出电压达到电机额定电压 220 V，使电机启动旋转（如电机旋转方向不符合要求需调整相序时，必须按下“停止”按钮，切断三相交流电源）。

（4）再按下“停止”按钮，断开三相交流电源，待电动机停止旋转后，重新按下“启动”按钮，接通三相交流电源，使电机全压启动，观察电机启动瞬间电流值（按指针式电流表偏转的最大位置所对应的读数值定性计量。

（5）将调压器调至零位，按下控制屏上的“停止”按钮断开电源开关。待电机停止转动后将内六角扳手插入涡流测功机上方六角螺母的中心孔，使涡流测功机的内转子与外转子同步，同时用弹性联轴器连接电动机与涡流测功机。

（6）按下“启动”按钮接通电源，调节控制屏左侧调压器旋钮升高电压，使电机电流为 2~3 倍额定电流，读取电压值 U_k、电流值 I_k，转矩值 T_k，记录于表 6-23 中，试验时通电时间不应超过 10 s，以免绕组过热。对应于额定电压时的启动电流 I_{st} 和启动转矩 T_{st} 按下式计算：

$$I_{st}=\left(\frac{U_N}{U_k}\right)I_k,\quad T_{st}=\left(\frac{I_{st}^2}{I_k^2}\right)T_k$$

式中，I_k 为启动试验时的电流值（A）；T_k 为启动试验时的转矩值（N·m）。

表 6-23　实验数据

测量值			计算值	
U_k/V	I_k/A	T_k/(N·m)	I_{st}/A	T_{st}/(N·m)

(二) 三相鼠笼式异步电动机星形-三角形（Y-△）启动

（1）按下控制屏上的“启动”按钮，将调压器调至零位。去掉螺母中心孔的内六角扳手，涡流测功机不加载。按图 6-13 所示接线。其中开关 S 选用 D51 挂件上的单刀双掷开关，电流表选用 D32 上的指针表。

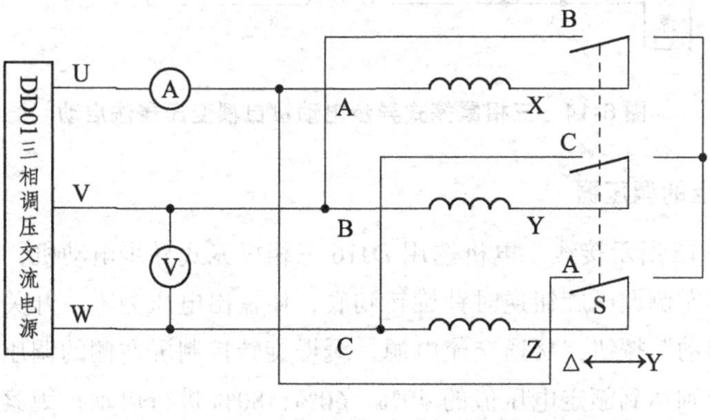

图 6-13　三相鼠笼式异步电机星形-三角形启动

（2）三刀双掷开关合向右边（Y 接法）。合上电源开关，逐渐调节调压器使电压升至电机额定电压 220 V，使电机旋转，然后按下停止按钮断开电源开关，待电机停转。

（3）重新按下控制屏上的“启动”按钮，接通电源。观察启动瞬间电流，待转速稳定后快速把 S 合向左边，使电机（△接法）正常运行，整个启动过程结束。观察启动瞬间电流表的显示值以与其他启动方法作定性比较。

（三）三相鼠笼式异步电动机自耦变压器启动或用控制屏上调压器启动

1. 用 D43 上的自耦调压器

（1）按图 6-14 所示接线。电机绕组为△接法（DJ16 或 DJ24）。

（2）三相调压器调到零位，开关 S 合向左边。自耦变压器选用 D43 挂箱。

（3）按下控制屏上的“启动”按钮，接通交流电源。调节调压器使输出电压达电机额定电压 220 V，断开电源开关，待电机停转。

（4）开关 S 合向右边，按下“启动”按钮，使电机由自耦变压器降压启动（自耦变压器抽头输出电压分别为电源电压的 40%、60% 和 80%）并经一定时间再把 S 合向左边，使电机按额定电压正常运行，整个启动过程结束，观察启动瞬间电流以作定性的比较。

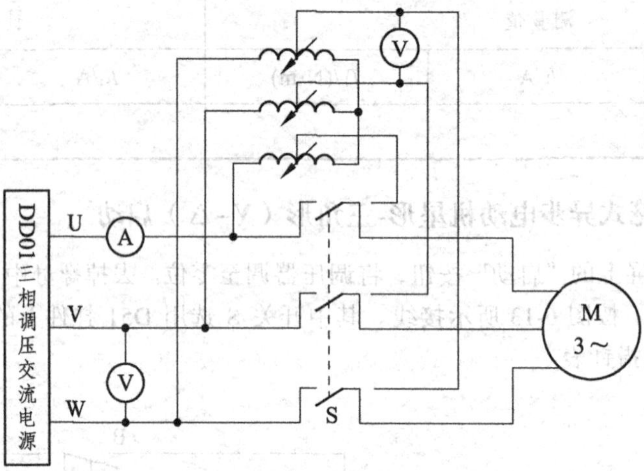

图 6-14 三相鼠笼式异步电动机自耦变压器法启动

2. 用控制屏上的调压器

（1）按照图 6-15 所示接线。电机选用 DJ16 三相鼠笼式异步电动机，绕组为 Y 接法。

（2）将控制屏左侧调压旋钮逆时针旋转到底，使输出电压为零。开关 S 合向右边。

（3）按下“启动”按钮，接通交流电源，缓慢旋转控制屏左侧的调压旋钮，使三相调压输出端输出电压分别达到额定电压值的 40%、60%、80% 进行启动，观察每次启动瞬间电流以作定性的比较。

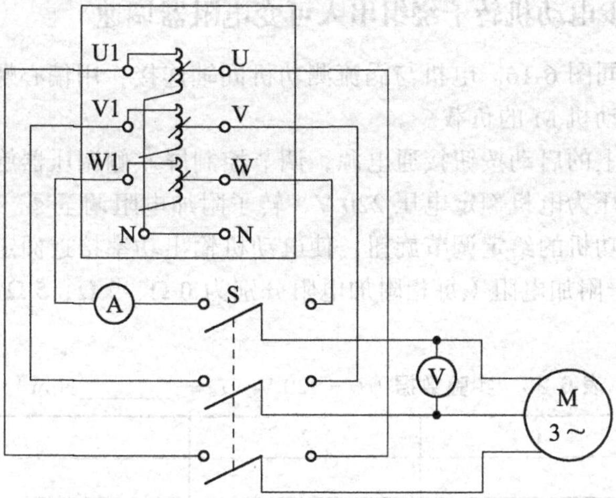

图 6-15　三相鼠笼式异步电动机自耦变压器法启动（用控制屏上的调压器）

(四) 线绕式异步电动机转子绕组串入可变电阻器启动

电机定子绕组 Y 形接法。

（1）调压器调到零位，按图 6-16 所示接线，电机为线绕式异步电动机。

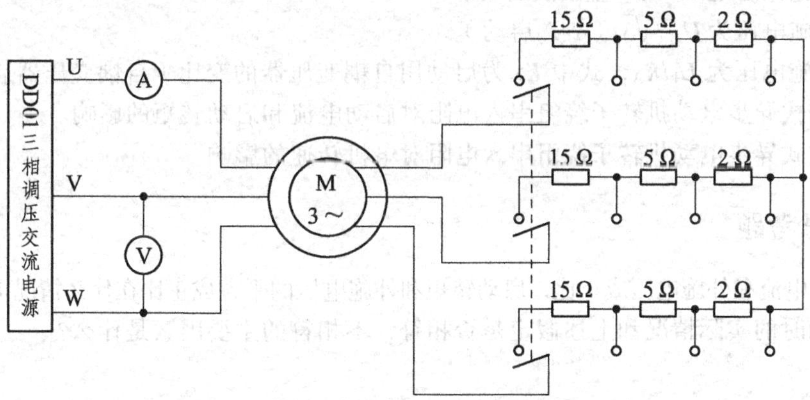

图 6-16　线绕式异步电机转子绕组串电阻启动

（2）转子每相串入的电阻选用 DJ17-1 启动与调速电阻箱。

（3）调压器调到零位将内六角扳手插入涡流测功机上方的六角螺母的中心孔。

（4）调节调压器旋钮，使输出电压为 180 V（观察电机转向应符合要求），转子绕组分别串入不同电阻值时，测取定子电流和转矩。

（5）试验时通电时间不应超过 10 s 以免绕组过热。数据记入表 6-24 中。

表 6-24　实验数据（U_k = ＿＿＿＿＿V）

R_{st}/Ω	0	2	5	15
I_k/A				
T_k/(N·m)				
I_{st}/A				
T_{st}/(N·m)				

(五) 线绕式异步电动机转子绕组串入可变电阻器调速

（1）实验线路图同图 6-16。电机与涡流测功机同轴连接，用偏心螺丝固定好。涡流测功机作为线绕式异步电动机 M 的负载。

（2）按下控制屏上的启动按钮接通电源，调节控制屏左侧调压器旋钮使电机空载启动。保持调压器的输出电压为电机额定电压 220 V，转子附加电阻调至零。

（3）调节涡流测功机的给定调节旋钮，使电动机输出功率接近额定功率并保持这输出转矩 T_2 不变，改变转子附加电阻（每相附加电阻分别为 0 Ω、2 Ω、5 Ω、15 Ω），测相应的转速记录于表 6-25 中。

表 6-25 实验数据（$U = 220$ V $T_2 =$ ________N·m）

r_{st}/Ω	0	2	5	15
n/(r/min)				

六、实验报告

1. 比较异步电动机不同启动方法的优缺点。
2. 由启动试验数据求下述 3 种情况下的启动电流和启动转矩：

（1）外施额定电压 U_N（直接法启动）。

（2）外施电压为 $U_N/\sqrt{3}$（Y-△启动）。

（3）外施电压为 U_k/K_A，式中 K_A 为启动用自耦变压器的变比（自耦变压器启动）。

3. 线绕式异步电动机转子绕组串入电阻对启动电流和启动转矩的影响。
4. 线绕式异步电动机转子绕组串入电阻对电机转速的影响。

七、思考题

1. 启动电流和外施电压成正比，启动转矩和外施电压的平方成正比在什么情况下才能成立？
2. 启动时的实际情况和上述假定是否相符，不相符的主要因素是什么？

实验三 测试单相异步电动机的技术指标和参数

一、实验目的

1. 用实验方法测定单相电阻启动异步电动机的技术指标和参数。
2. 用实验方法测定单相电容启动异步电动机的技术指标和参数。
3. 用实验方法测定单相电容运转异步电动机的技术指标和参数。

二、预习要点

1. 单相电阻启动异步电动机有哪些技术指标和参数？
2. 单相电容启动异步电动机有哪些技术指标和参数？
3. 单相电容运转异步电动机有哪些技术指标和参数？

4. 这些技术指标怎样测定？参数怎样测定？

三、实验项目

1. 单相电阻启动异步电动机实验。
2. 单相电容启动异步电动机实验。
3. 单相电容运转异步电动机实验。

四、实验设备

实验设备如表 6-26 所示。

表 6-26 实验设备

序号	型号	名称	数量
1	DD03-4	涡流测功机导轨	1 件
2	D55-4	涡流测功机控制箱	1 件
3	DJ21	单相电阻启动异步电动机	1 件
4	DJ19	单相电容启动异步电动机	1 件
5	D20	单相电容运转异步电动机	1 件
6	D31	直流数字电压、毫安、安培表	1 件
7	D32	数/模交流电流表	1 件
8	D33	数/模交流电压表	1 件
9	D34-3	智能型功率、功率因数表	1 件
10	D42	可调电阻器	1 件
11	D51	波形测试及开关板	1 件
12		内六角扳手	1 个
13		弹性联轴器	1 个

五、实验内容、方法及步骤

(一) 单相电阻启动异步电动机

1. 分别测量定子主、副绕组的实际冷态电阻

测量方法详见第三节实验一，记录室温，数据记录于表 6-27 中。

表 6-27 实验数据（室温________°C）

参数	主绕组			副绕组		
I/mA						
U/V						
R/Ω						

2. 空载实验

（1）按图 6-17 所示接线。单相电阻启动异步电动机 M 选用 DJ21，与涡流测功机同轴连接，涡流测功机不加载（注：由于单相电阻启动异步电动机启动电流较大，所以做此实验时应把控制屏门后钮子开关打在“关”位置。切断过流保护，以防误操作）。

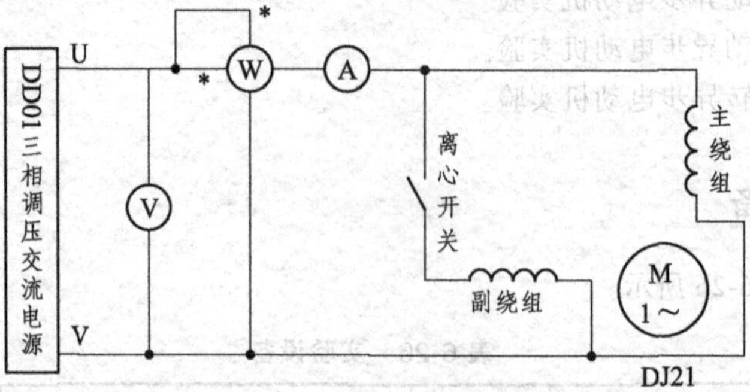

图 6-17 单相电阻启动异步电动机接线图

（2）调节调压器让 M 降压空载启动，在额定电压下空载运转使机械损耗达到稳定（10 min）。

（3）从 $1.1U_N$ 开始逐步降低至可能达到的最低电压值，即功率和电流出现回升为止。

（4）其间测取数据 7～9 组，记录每组的电压 U_0、电流 I_0、功率 P_0 于表 6-28 中。

表 6-28 实验数据

序号	1	2	3	4	5	6	7	8	9
U_0/V									
I_0/A									
P_0/W									
$\cos\varphi_0$									

3. 负载实验

（1）空载启动 M，调节和保持交流电源电压为电动机 M 的额定电压 220 V。

（2）调节涡流测功机的给定调节旋钮，使电动机 M 在$(1.1 \sim 0.25)P_N$范围内，测取 M 的定子电流 I、输入功率 P_1、电动机的转矩 T_2 及转速 n。

（3）共测取数据 7～8 组，记录于表 6-29 中。

表 6-29 实验数据（$U_N = 220$ V）

序号	1	2	3	4	5	6	7	8	9
I/A									
P_1/W									
n/(r/min)									
T_2/(N·m)									
P_2/W									
$\cos\varphi$									
s									
η(%)									

4. 短路实验

（1）减轻电动机负载，调节调压器旋钮使电压降至为零，按下控制屏上的停止按钮使电动机停机。将内六角扳手插入到涡流测功机上方的六角螺母的中心孔。卸下电动机，然后用弹性联轴器将电机与涡流测功机重新连接起来。

（2）按下控制屏上的启动按钮接通电源，调节调压器旋钮缓慢升高电压，使电流约为 2 倍额定电流，逐步降低电压至短路电流接近额定电流为止，测取短路电压 U_k、短路电流 I_k 及短路力矩 T_k。

（3）测量每组读数时，通电持续时间不得超过 5 s，共取数据 5 ~ 6 组记录于表 6-30 中。

表 6-30　实验数据

序号	1	2	3	4	5	6
I_k/A						
U_k/V						
T_k/(N·m)						

转子绕组等值电阻的测定：将 M 的副绕组脱开，主绕组加低电压使绕组中的电流等于额定值，测取电压 U_{k0}、电流 I_{k0} 及功率 P_{k0}，记录于表 6-31 中。

表 6-31　实验数据

U_{k0}/V	I_{k0}/A	P_{k0}/W	r_2'/Ω

(二) 单相电容启动异步电动机

1. 分别测量定子主、副绕组的实际冷态电阻

测量方法详见第三节实验一，记录室温，数据记录于表 6-32 中。

表 6-32　实验数据（室温__________°C）

参数	主绕组			副绕组		
I/mA						
U/V						
R/Ω						

2. 空载实验

按图 6-18 所示接线，启动电容 C 选用 D44 上 35 μF 电容。

（1）涡流测功机不加载，调节调压器让电机降压空载启动，在额定电压下空载运转使机械损耗达到稳定。

（2）升高电压至 $1.1U_N$，然后开始逐步降低直至可能达到的最低电压值，即功率和电流出现回升时为止，其间测取电压 U_0、电流 I_0、功率 P_0 数据 7 ~ 8 组记录于表 6-33 中。

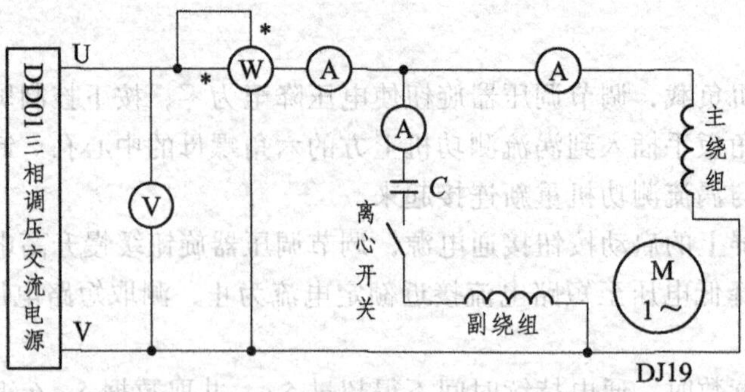

图 6-18 单相电容启动异步电动机接线图

表 6-33 实验数据

序号	1	2	3	4	5	6	7	8	9
U_0/V									
I_0/A									
P_0/W									
$\cos\varphi_0$									

由空载实验数据计算电机参数参见“单相电阻启动异步电动机实验”。

3. 负载实验

（1）电机与涡流测功机同轴连接，用偏心螺丝固定好。按下控制屏上的“启动”按钮接通交流电源，升高电压至 U_N 并保持不变。

（2）调节涡流测功机的给定调节旋钮，使电动机在$(1.1\sim0.25)P_N$范围内测取定子电流 I、输入功率 P_1、转矩 T_2、转速 n，共测取 6～8 组数据，其中额定点必测，记录于表 6-34 中。

表 6-34 实验数据（$U_N = 220$ V）

序号	1	2	3	4	5	6	7	8	9
I/A									
P_1/W									
n/(r/min)									
T_2/(N·m)									
P_2/W									
$\cos\varphi$									
s									
η(%)									

4. 短路实验

（1）在停机状态下，将内六角扳手插入涡流测功机上方六角螺母的中心孔，为了防止误动作将控制屏后面的过流开关关断，按下控制屏上的“启动”按钮接通交流电源，升压至约

$(0.95\sim1.02)U_N$，再逐次降压至短路电流接近额定电流为止。

（2）共测取 U_k、I_k、T_k 等数据 6 ~ 8 组记录于表 6-35 中。

注意：测取每组读数时，通电持续时间不应超过 10 s，以免绕组过热。

表 6-35　实验数据

序号	1	2	3	4	5	6
U_k/V						
I_k/A						
T_k/(N·m)						

（3）转子绕组等值电阻的测定：将 M 的副绕组脱开，主绕组加低压使绕组中的电流等于额定值，测取电压 U_{k0}、电流 I_{k0} 及功率 P_{k0}。测定数据记录于表 6-36 中。

表 6-36　实验数据

U_{k0}/V	I_{k0}/A	P_{k0}/W	r_2'/Ω

(三) 单相电容运转异步电动机

1. 分别测量定子主、副绕组的实际冷态电阻

测量方法详见第三节实验一，记录室温，数据记录于表 6-37 中。

表 6-37　实验数据（室温________°C）

参数	主绕组			副绕组		
I/mA						
U/V						
R/Ω						

2. 有效匝数比的测定

按图 6-19 所示接线，外配电容 C 选用 D44 上 4 μF 电容。

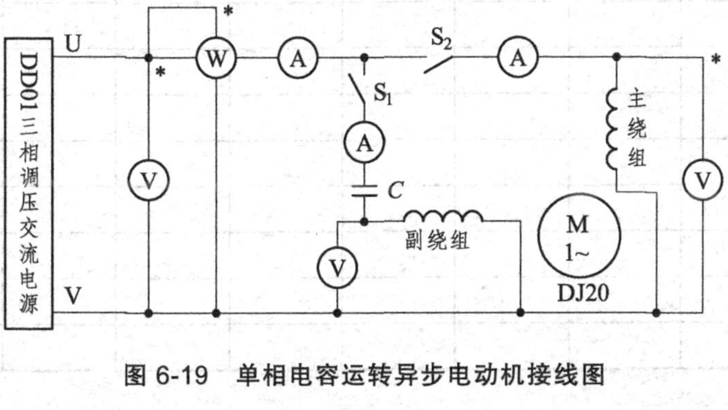

图 6-19　单相电容运转异步电动机接线图

（1）降压空载启动后，将副绕组开路（打开开关 S_1）。主绕组加额定电压 220 V，测量并纪录副绕组的感应电势 E_a。

（2）合上开关 S_1，将主绕组开路（打开开关 S_2）。加电压 U_a（$U_a = 1.25 \times E_a$）施于副绕组，测量并记录主绕组的感应电势 E_m。

（3）主、副绕组的有效匝数比 K 按下式求得：$K=\sqrt{\dfrac{U_a \times E_a}{E_a \times 220}}$。

3. 空载实验

（1）降压空载启动，再将副绕组开路（打开开关 S_1），主绕组加额定电压空载运转使机械损耗达到稳定（15 min）。

（2）从$(1.1\sim1.2)P_N$开始逐步降低到可能达到的最低电压值，即功率和电流出现回升时为止，其间测取 U_0、I_0、P_0，共测取数据 7～9 组记录于表 6-38 中。

表 6-38 实验数据

序号	1	2	3	4	5	6	7	8	9
U_0/V									
I_0/A									
P_0/W									
$\cos\varphi_0$									

4. 负载实验

（1）空载启动 M，调节和保持交流电源电压为电动机 M 的额定电压 220 V。

（2）调节涡流测功机的给定调节旋钮，使电动机 M 在$(0.25\sim1.1)P_N$范围内，测取 M 的定子电流 I、输入功率 P_1、电动机的转矩 T_2 及转速 n。

（3）共测取数据 7～8 组，记录于表 6-39 中。

表 6-39 实验数据（$U_N = 220$ V）

序号	1	2	3	4	5	6	7	8	9
$I_{主}$/A									
$I_{副}$/A									
$I_{总}$/A									
P_1/W									
I_f/A									
n/(r/min)									
T_2/(N·m)									
P_2/W									
η(%)									
$\cos\varphi$									
s									

5. 短路实验

（1）减轻电动机负载，调节调压器旋钮使电压降至为零，按下控制屏上的停止按钮使电动机停机。将内六角扳手插入到涡流测功机上方的六角螺母的中心孔，卸下电动机，然后用弹性联轴器将电机与涡流测功机重新连接起来。

（2）为了防止误动作将控制屏后面的过流开关关断，按下控制屏上的“启动”按钮接通电源，调节调压器旋钮缓慢升高电压至$(0.95\sim1.05)U_N$，再逐步降低电压至短路电流接近额定电流为止，测取短路电压 U_k、I_k、T_k 等数据。

（3）测量每组读数时，通电持续时间不得超过 5 s，共取数据 6 ~ 7 组记录于表 6-40 中。

表 6-40　实验数据

序号	1	2	3	4	5	6	7
U_k/V							
I_k/A							
T_k/(N·m)							

六、实验报告

1. 由实验数据计算出电动机参数：

（1）由空载实验数据计算参数 Z_0、X_0、$\cos\varphi_0$。

空载阻抗：
$$Z_0=U_0/I_0$$
式中，U_0为对应于额定电压值时的空载实验电压（V）；I_0为对应于额定电压时的空载实验电流（A）。

空载电抗：
$$X_0=Z_0\sin\varphi_0$$
式中，φ_0为空载实验对应于额定电压时电压和电流的相位差［可由$\cos\varphi=P_0/(U_0I_0)$求得φ_0］。

（2）由短路实验数据计算 r_2'、$X_{1\sigma}$、$X_{2\sigma}$、X_m。

短路阻抗：
$$Z_{k0}=U_{k0}/I_{k0}$$

转子绕组等效电阻：
$$r_2'=\frac{P_{k0}}{I_{k0}^2}-r_1$$
式中，r_1为定子主绕组电阻。

定、转子漏抗：
$$X_{1\sigma}\approx X_{2\sigma}'\approx 0.5Z_{k0}\sin\varphi_{k0}$$
式中，φ_{k0}为实验电压 U_{k0} 和电流 I_{k0} 的相位差，可由式$\cos\varphi_{k0}=P_{k0}/(U_{k0}I_{k0})$求得。

（3）励磁电抗。
$$X_m=2(x_0-x_{1\sigma}-0.5x_{2\sigma}')$$
式中，$x_{1\sigma}$为定子漏抗（Ω）；$x_{2\sigma}'$为转子漏抗（Ω）。

2. 由负载实验数据绘制电动机的工作特性曲线 P_1、I_1、η、$\cos\varphi$、$s=f(P_2)$。

3. 算出电动机的启动技术数据。

4. 确定电容参数。

七、思考题

1. 由单相异步电动机参数计算出工作特性与实测数据是否有差异？是什么因素造成的？
2. 电容参数该怎样确定？电容怎样选配？

实验四 三相异步电动机在各种运行状态下的机械特性

一、实验目的

了解三相线绕式异步电动机在各种运行状态下的机械特性。

二、预习要点

1. 如何利用现有设备测定三相线绕式异步电动机的机械特性？
2. 测定各种运行状态下的机械特性应注意哪些问题？
3. 如何根据所测出的数据计算被测电动机在各种运行状态下的机械特性？

三、实验项目

1. 测定三相线绕式转子异步电动机在 $R_s = 0$ 时，电动运行状态和再生发电制动状态下的机械特性。

2. 测定三相线绕转子异步电动机在 $R_s = 36\ \Omega$ 时，电动状态与反接制动状态下的机械特性。

3. $R_s = 36\ \Omega$，定子绕组加直流励磁电流 $I_1 = 0.36$ A 及 $I_2 = 0.6$ A 时，分别测定能耗制动状态下的机械特性。

四、实验设备

实验设备见表 6-41。

表 6-41 实验设备

序号	型号	名称	数量
1	DD03-4	涡流测功机导轨	1 件
2	D55-4	涡流测功机控制箱	1 件
3	DJ23-1	直流电动机	1 件
4	DJ17	三相线绕式异步电动机	1 件
5	D31	直流数字电压、毫安、安培表	2 件
6	D32	数/模交流电流表	1 件
7	D33	数/模交流电压表	1 件
8	D34-3	智能型功率、功率因数表	1 件
9	D41	三相可调电阻器	1 件
10	D42	三相可调电阻器	1 件
11	DJ17-1	线绕式异步电机启动与调速电阻箱	1 件
12	D51	波形测试及开关板	1 件

五、实验内容、方法及步骤

(一) $R_s=0$ 时反转状态下的机械特性、电动状态下的机械特性及再生发电制动状态下的机械特性

（1）按图 6-20 所示接线，图中 M 用编号为 DJ17 的三相线绕式异步电动机，$U_N=220$ V，Y 接法。MG 用编号为 DJ23 的直流电动机。S_1、S_2、S_3 选用 D51 挂箱上的对应开关，并将 S_1 合向左边 1 端，S_2 合在左边短接端（即线绕式电机转子短路），S_3 合在 2′ 位置。R_1 选用 D42 上的 3 600 Ω 阻值加上 D41 上的 6 只 90 Ω 电阻串联，共 4 140 Ω 阻值，R_2 选用 D44 上的 1 800 Ω 阻值，R_s 选用 DJ17-1 上的三组电阻并调至 36 Ω 位置，R_3 暂不接。直流电表 A_2、A_4 的量程为 5 A，A3 量程为 200 mA，V_2 的量程为 1 000 V，交流电表 V_1 的量程为 300 V，A_1 量程为 2.5 A。转速表 n 置于正向 1 800 r/min 量程。

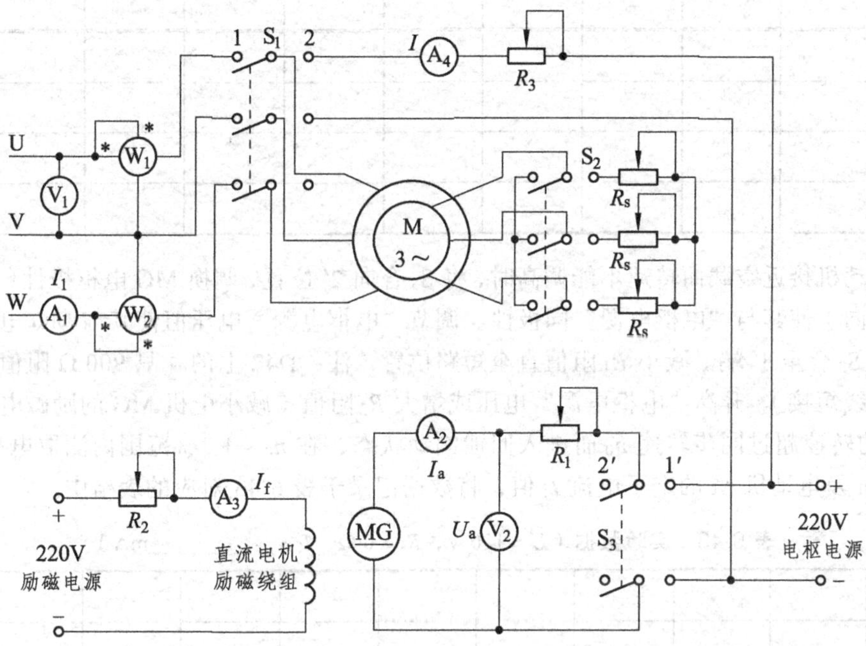

图 6-20　测量三相线绕转子异步电动机机械特性的接线图

（2）确定 S_1 合在左边 1 端，S_2 合在左边短接端，S_3 合在 2′ 位置，M 的定子绕组接成星形的情况下。把 R_1、R_2 阻值调至最大位置，将控制屏左侧三相调压器旋钮向逆时针方向旋到底，即把输出电压调到零。

（3）检查控制屏下方“直流电机电源”的“励磁电源”开关及“电枢电源”开关都须在断开位置。接通三相调压“电源总开关”，按下“启动”按钮，旋转调压器旋钮使三相交流电压慢慢升高，观察电机转向是否符合要求。若符合要求则升高到 $U=110$ V，并在以后实验中保持不变。接通“励磁电源”，调节 R_2 阻值，使直流电动机的励磁电流为 100 mA。

（4）接通控制屏右下方的“电枢电源”开关，在开关 S_3 的 2′ 端测量直流电动机输出电压的极性，先使其极性与 S_3 开关 1′ 端的电枢电源相反。在 R_1 阻值为最大的条件下将 S_3 合向 1′ 位置。

（5）调节“电枢电源”输出电压或 R_1 阻值，使电动机 M 的转速下降，直至 n 为零。把转速表置反向位置，并把 R_1 的 D42 上的 4 个 900 Ω 串联电阻调至零后用导线短接，继续减小 R_1 阻值或调高电枢电压使电机反向运转，直至 n = 1 300 r/min 为止。增大电阻 R_1 或者减小直流电动机的电枢电压使电机从反转运行状态进入堵转，然后进入电动运行状态，在该范围内测取电机 MG 的 U_a、I_a、n 及电动机 M 的交流电流表 A_1 的 I_1 值，将数据记录于表 6-42 对应的表格中。

表 6-42 实验数据（U = 110 V，R_s = 0 Ω，I_f = ____ mA）

n/(r/min)										
U_a/V										
I_a/A										
I_1/A										
n/(r/min)										
U_a/V										
I_a/A										
I_1/A										

当电动机接近空载而转速不能调高时，将 S_3 合向 2′ 位置，调换 MG 电枢极性（在开关 S_3 的两端换向）使其与“电枢电源”同极性。调节“电枢电源”电压值使其与 MG 电压值接近相等，将 S_3 合至 1′ 端。减小 R_1 阻值直至短路位置（注：D42 上的 4 只 900 Ω 阻值调至短路后应用导线短接）。升高“电枢电源”电压或增大 R_2 阻值（减小电机 MG 的励磁电流）使电动机 M 的转速超过同步转速 n_0 而进入回馈制动状态，在 n_0 ~ $1.2n_0$ 范围内测取电机 MG 的 U_a、I_a、n 及电动机 M 的定子电流 I_1 值，将数据记录于表 6-43 对应的表格中。

表 6-43 实验数据（U = 110 V，R_s = 0 Ω，I_f = ____ mA）

n/(r/min)										
U_a/V										
I_a/A										
I_1/A										

（6）停机（先将 S_3 合至 2′ 端，关断“电枢电源”再关断“励磁电源”，将调压器调至零位，按下“停止”按钮）。

（二）R_s = 36 Ω 时反转状态下的机械特性、电动状态下的机械特性及发电制动状态下的机械特性

将开关 S_2 合向右端，绕线式异步电动机转子每相串入 36 Ω 电阻。重复 R_s = 0 Ω 的试验步骤，记录对应的数据于表 6-44 和表 6-45 中。

表 6-44 实验数据（$U = 110$ V，$R_s = 36\ \Omega$，$I_f =$ ______mA）

n/(r/min)										
U_a/V										
I_a/A										
I_1/A										
n/(r/min)										
U_a/V										
I_a/A										
I_1/A										

表 6-45 实验数据（$U = 110$ V，$R_s = 36\ \Omega$，$I_f =$ ______mA）

n/(r/min)										
U_a/V										
I_a/A										
I_1/A										

（三）能耗制动状态下的机械特性

（1）确认在“停机”状态下。把开关 S_1 合向右边 2 端，S_2 合向右端（R_s 仍保持 36 Ω 不变），S_3 合向左边 2′ 端。R_1 用 D41 上的 180 Ω 阻值并调至最大。R_2 用 D42 上的 1 800 Ω 阻值并调至最大。R_3 用 D42 上的 900 Ω 与 900 Ω 并联，再加上 900 Ω 与 900 Ω 并联，再加上 D41 上的 360 Ω，共 1 260 Ω 阻值，并调至最大。

（2）开启“励磁电源”，调节 R_2 阻值，使 A_3 表 $I_f = 100$ mA。开启“电枢电源”，调节电枢电源的输出电压 $U = 220$ V，再调节 R_3 使电动机 M 的定子绕组流过 $I = 0.6I_N = 0.36$ A 并保持不变。

（3）在 R_1 阻值为最大的条件下，把开关 S_3 合向右边 1′ 端，减小 R_1 阻值，使电机 MG 启动运转后转速约为 1 600 r/min，增大 R_1 阻值或减小电枢电源电压（但要保持 A_4 表的电流 I 不变）使电机转速下降，直至转速 n 约为 50 r/min，其间测取电机 MG 的 U_a、I_a 及 n 值，共取 10 ~ 11 组数据记录于表 6-46 中。

表 6-46 实验数据（$R_s = 36\ \Omega$，$I = 0.36$ A，$I_f =$ ______mA）

n/(r/min)										
U_a/V										
I_a/A										

（4）停机（先将 S_3 合至 2′ 端，关断“电枢电源”再关断“励磁电源”，将调压器调至零位，按下“停止”按钮）。

（5）调节 R_3 阻值，使电机 M 的定子绕组流过的励磁电流 $I = I_N = 0.6$ A。重复上述操作步骤，测取电机 MG 的 U_a、I_a 及 n 值，共取 10 ~ 11 组数据记录于表 6-47 中。

表 6-47　实验数据（$R_s = 36\ \Omega$，$I = 0.6$ A，$I_f =$ ______ mA）

n/(r/min)										
U_a/V										
I_a/A										

(四) 测定电机 M-MG 机组的空载损耗曲线 $P_0 = f(n)$

如图 6-20 所示，将开关 S_1、S_2 调至中间位置，开启“励磁电源”，调节 R_2 阻值，使 A_3 表 $I_f = 100$ mA，检查 R_1 阻值在最大位置时开启“电枢电源”，使电动机 MG 启动运转，减小 R_1 阻值及调高“电枢电源”输出电压，使电动机转速约为 1 700 r/min，逐次增大 R_1 阻值或减小“电枢电源”输出电压，使电动机转速下降直至 $n = 100$ r/min，在其间测量电动机 MG 的 U_{a0}、I_{a0} 及 n 值，将数据记录于表 6-48 中。

表 6-48　实验数据（$I_f = 100$ mA）

n/(r/min)										
U_{a0}/V										
I_{a0}/A										
P_{a0}/W										
n/(r/min)										
U_{a0}/V										
I_{a0}/A										
P_{a0}/W										

六、注意事项

调节串联的可调电阻时，要根据电流值的大小而相应选择调节不同电流值的电阻，防止个别电阻器过流而引起烧坏。

七、实验报告

1. 根据实验数据绘制各种运行状态下的机械特性。计算公式：

$$T = \frac{9.55}{n}[P_0 - (U_a I_a - I_a^2 R_a)]$$

式中：T 为受测试异步电动机 M 的输出转矩（N·m）；U_a 为直流电动机 MG 的电枢端电压（V）；I_a 为直流电动机 MG 的电枢电流（A）；R_a 为直流电动机 MG 的电枢电阻（Ω），可由实验室提供；P_0 为对应某转速 n 时的某空载损耗（W）。

注意：上式计算的 T 值为电机在 $U = 110$ V 时的 T 值，实际的转矩值应折算为额定电压时的异步电机转矩。

2. 绘制电机 M-MG 机组的空载损耗曲线 $P_0 = f(n)$。

第四节　直流电机实验

实验一　测试直流发电机的各种运行特性

一、实验目的

1. 掌握用实验方法测定直流发电机的各种运行特性，并根据所测得的运行特性评定该被测电机的有关性能。

2. 通过实验观察并励直流发电机的自励过程和自励条件。

二、预习要点

1. 什么是直流发电机的运行特性？在求取直流发电机的特性曲线时，哪些物理量应保持不变，哪些物理量应测取？

2. 做空载特性实验时，励磁电流为什么必须保持单方向调节？

3. 并励直流发电机的自励条件有哪些？当发电机不能自励时应如何处理？

4. 如何确定复励发电机是积复励还是差复励？

三、实验项目

1. 他励直流发电机实验：

（1）测空载特性。保持 $n = n_N$ 使 $I_L = 0$，测取 $U_0 = f(I_f)$。

（2）测外特性。保持 $n = n_N$ 使 $I_f = I_{fN}$，测取 $U = f(I_L)$。

（3）测调节特性。保持 $n = n_N$ 使 $U = U_N$，测取 $I_f = f(I_L)$。

2. 并励发电机实验：

（1）观察自励过程。

（2）测外特性。保持 $n = n_N$ 使 R_{f2} = 常数，测取 $U = f(I_L)$。

3. 复励发电机实验：测试积复励发电机外特性。保持 $n = n_N$ 使 R_{f2} = 常数，测取 $U = f(I_L)$。

四、实验设备

实验设备如表 6-49 所示。

表 6-49　实验设备

序号	型号	规格	数量
1	DD03-4	涡流测功机导轨	1 台
2	DJ23	直流电动机	1 台
3	DJ13	直流复励发电机	1 台
4	D31	直流数字电压、毫安、安培表	2 件
5	D41	可调电阻器、电容器	1 件
6	D51	波形测试及开关板	1 件
7	D42	三相可调电阻器	1 件

五、实验内容、方法及步骤

(一) 他励直流发电机

按图 6-21 所示接线。图中直流发电机 G 选用 DJ13，其额定值 $P_N = 100$ W，$U_N = 200$ V，$I_N = 0.5$ A，$n_N = 1\,600$ r/min。直流电动机 DJ23 作为 G 的原动机（按他励电动机接线）。涡流测功机、发电机及直流电动机由联轴器同轴连接。开关 S 选用 D51 组件上的双刀双掷开关。R_{f1} 选用 D42 的 1800 Ω 变阻器，R_{f2} 选用 D42 的 900 Ω 变阻器，并采用分压器接法。R_1 选用 D41 的 180 Ω 变阻器。R_2 为发电机的负载电阻，选用 D42 上的 1 800 Ω 与 4 个 D41 上的 90 Ω 电阻串联，共 2 160 Ω。先调节 1 800 Ω 电阻，当负载电流大于 0.4 A 时，将 1 800 Ω 电阻用导线短接。直流电流表、电压表选用 D31，并选择合适的量程。

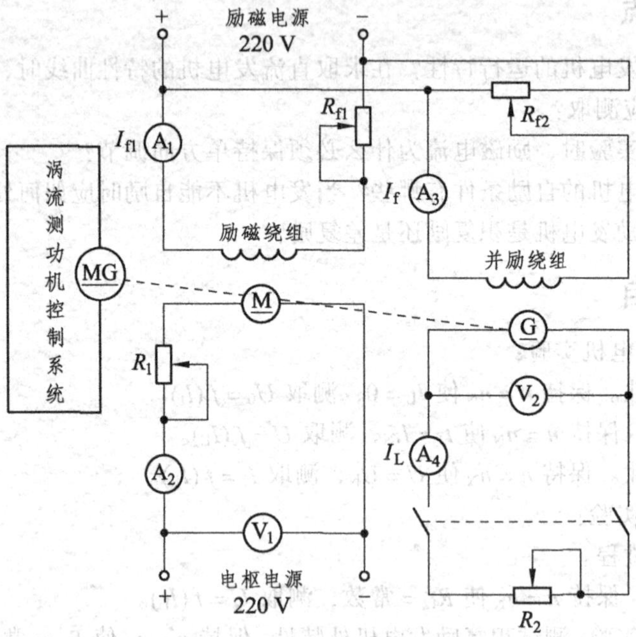

图 6-21 直流他励发电机接线图

1. 测空载特性

（1）首先，将涡流测功机控制箱上的突减载开关拨至上端位置或将给定调节旋钮逆时针旋转到底，涡流测功机不加载。然后打开发电机 G 的负载开关 S，接通控制屏上的励磁电源开关，将 R_{f2} 调至使 G 励磁电流最小的位置。

（2）使电动机 M 电枢串联启动电阻 R_1 阻值最大，励磁绕组串联电阻 R_{f1} 阻值调至最小。仍先接通控制屏下方左边的励磁电源开关，在观察到直流电动机 M 的励磁电流为最大的条件下，再接通控制屏下方右边的电枢电源开关，接通电枢电源，启动直流电动机 M，其旋转方向应符合正向旋转的要求。

（3）直流电动机 M 启动正常运转后，将 M 电枢串联电阻 R_1 调至最小值，使 M 的电枢端电压调为 220 V，调节电动机磁场调节电阻 R_{f1}，使发电机转速达额定值。

（4）调节发电机励磁分压电阻 R_{f2}，使发电机空载电压达 $U_0 = 1.2U_N$ 为止。

（5）在保持 $n = n_N = 1\,600$ r/min 不变的条件下，从 $U_0 = 1.2U_N$ 开始，单方向调节分压器电阻 R_{f2} 使发电机励磁电流逐次减小，每次测取发电机的空载电压 U_0 和励磁电流 I_f，直至 $I_f = 0$（此时测得的电压即为电机的剩磁电压）。

（6）测取数据时 $U_0 = U_N$ 和 $I_f = 0$ 两点必测，并在 $U_0 = U_N$ 附近测点应较密。

（7）共测取 7 ~ 8 组数据，记录于表 6-50 中。

表 6-50　实验数据（$n = n_N = 1\,600$ r/min，$I_L = 0$）

U_0/V									
I_f/mA									

2. 测外特性

（1）把发电机负载电阻 R_2 调到最大值，合上负载开关 S。

（2）同时调节电动机的磁场调节电阻 R_{f1}，发电机的分压电阻 R_{f2} 和负载电阻 R_2 使发电机的 $I_L = I_N$，$U = U_N$，$n = n_N$，该点为发电机的额定运行点，此时的励磁电流称为额定励磁电流 I_{fN}，记录该组数据。

（3）在保持 $n = n_N$ 和 $I_f = I_{fN}$ 不变的条件下，逐次增加负载电阻 R_2，即减小发电机负载电流 I_L，从额定负载到空载运行点范围内，每次测取发电机的电压 U 和电流 I_L，直到空载（断开开关 S，此时 $I_L = 0$），共取 6 ~ 7 组数据，记录于表 6-51 中。

表 6-51　实验数据（$n = n_N = 1\,600$ r/min，$I_f = I_{fN} =$ ______ mA）

U/V							
I_L/A							

3. 测调整特性

（1）调节发电机的分压电阻 R_{f2}，保持 $n = n_N$，使发电机达到空载状态，并使输出电压为额定电压。

（2）在保持发电机 $n = n_N$ 条件下，合上负载开关 S，调节负载电阻 R_2，逐次增加发电机输出电流 I_L，同时相应调节发电机励磁电流 I_f，使发电机端电压保持额定值 $U = U_N$。

（3）从发电机的空载至额定负载范围内测取发电机的输出电流 I_L 和励磁电流 I_f，共取 5 ~ 6 组数据记录于表 6-52 中。

表 6-52　实验数据（$n = n_N = 1\,600$ r/min，$U = U_N =$ ______ V）

I_L/A							
I_f/mA							

(二) 并励直流发电机

1. 观察自励过程

（1）先切断电枢电源，然后断开励磁电源使电动机 M 停机，同时将启动电阻 R_1 调回最大值，磁场调节电阻 R_{f1} 调到最小值为下次启动做好准备。在断电的条件下将发电机 G 的励磁方式从他励改为并励，接线如图 6-22 所示。R_{f2} 选用 D42 的 900 Ω 电阻两只相串联共 1 800 Ω 阻值并调至最大，打开开关 S。

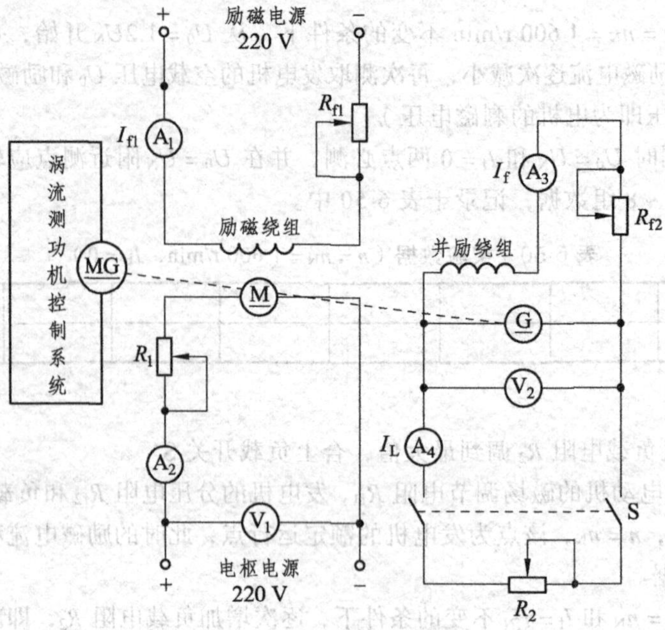

图 6-22 并励直流发电机接线图

（2）先接通励磁电源，然后启动电枢电源，使电动机启动。调节电动机的转速，使发电机的转速 $n = n_N$，用直流电压表测量发电机是否有剩磁电压，若无剩磁电压，可将并励绕组改接成他励方式进行充磁。

（3）合上开关 S 逐渐减小 R_{f2}，观察发电机电枢两端的电压，若电压逐渐上升，说明满足自励条件。如果不能自励建立电压，将励磁回路的两个插头对调即可。

（4）对应着一定的励磁电阻，逐步降低发电机转速，使发电机电压随之下降，直至电压不能建立，此时的转速即为临界转速。

2. 测外特性

（1）按图 6-37 所示接线。调节负载电阻 R_2 到最大，合上负载开关 S。

（2）调节电动机的磁场调节电阻 R_{f1}、发电机的磁场调节电阻 R_{f2} 和负载电阻 R_2，使发电机的转速、输出电压和电流三者均达额定值，即 $n = n_N$，$U = U_N$，$I_L = I_N$。记录此时的励磁电流 I_f 值，即为额定励磁电流 I_{fN}。

（3）保持额定值时 R_{f2} 的阻值不变，$n = n_N$ 不变，逐次减小负载，直至 $I_L = 0$，从额定到空载运行范围内每次测取发电机的电压 U 和电流 I_L。

（4）共取 6 ~ 7 组数据，记录于表 6-53 中。

表 6-53 实验数据（$n = n_N = 1\ 600$ r/min，R_{f2} = 常数）

U/V							
I_L/A							

（三）复励直流发电机

1. 积复励和差复励的判别

（1）接线如图 6-23 所示，R_{f2} 选用 D42 的 1 800 Ω 阻值。C_1、C_2 为串励绕组。

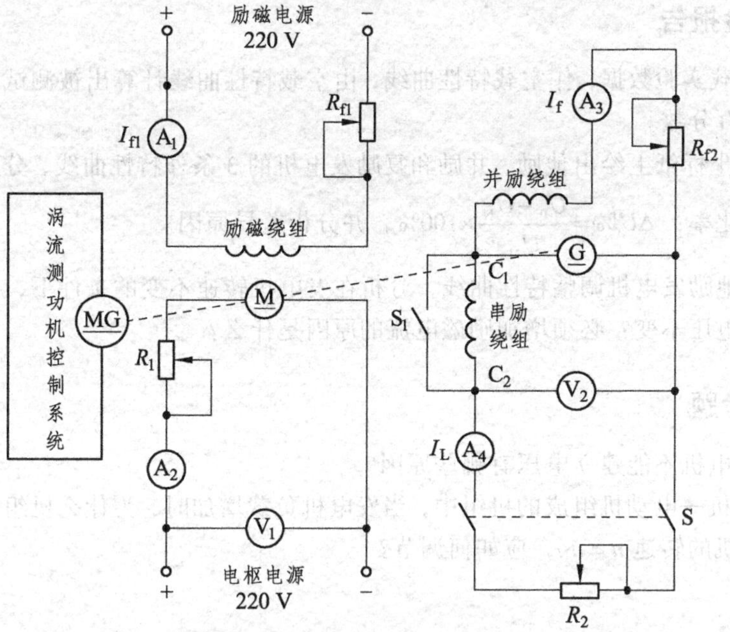

图 6-23　直流复励发电机接线图

（2）合上开关 S_1 将串励绕组短接，使发电机处于并励状态运行，按上述并励发电机外特性试验方法，调节发电机输出电流 $I_L = 0.5I_N$。

（3）打开短路开关 S_1，在保持发电机 n、R_{f2} 和 R_2 不变的条件下，观察发电机端电压的变化，若此时电压升高即为积复励，若电压降低则为差复励。

（4）如果想改变励磁方式（积复励、差复励）只要对调串励绕组接线插头 C_1、C_2 即可。

2. 测积复励直流发电机的外特性

（1）实验方法与测取并励发电机的外特性相同。先将发电机调到额定运行点，$n = n_N$，$U = U_N$，$I_L = I_N$。记录此时的励磁电流 I_f 值，即为额定励磁电流 I_{fN}。

（2）保持额定值时 R_{f2} 的阻值不变，逐次减小发电机负载电流，直至 $I_L = 0$。

（3）从额定负载到空载范围内，每次测取发电机的电压 U 和电流 I_L，共取 6～7 组数据，记录于表 6-54 中。

表 6-54　实验数据（$n = n_N = 1\ 600$ r/min，R_{f2} = 常数）

U/V							
I_L/A							

六、注意事项

1. 直流电动机 M 启动时，要注意须将 R_1 调到最大，R_{f1} 调到最小，先接通励磁电源，观察到励磁电流 I_{f1} 为最大后，再接通电枢电源，使 M 启动运转。启动完毕，应将 R_1 调到最小。

2. 做外特性时，当电流超过 0.4 A 时，R_2 中串联的电阻调至零并用导线短接，以免电流过大引起变阻器损坏。

3. 做空载特性时涡流测功机不加载。

七、实验报告

1. 根据空载实验数据，作空载特性曲线，由空载特性曲线计算出被测试电机的饱和系数和剩磁电压的百分数。

2. 在同一坐标纸上绘出他励、并励和复励发电机的 3 条外特性曲线，分别算出 3 种励磁方式的电压变化率：$\Delta U\% = \frac{U_0 - U_N}{U_N} \times 100\%$，并分析差异原因。

（3）绘出他励发电机调整特性曲线，分析在发电机转速不变的条件下，为什么负载增加时，要保持端电压不变？必须增加励磁电流的原因是什么？

八、思考题

1. 并励发电机不能建立电压有哪些原因？

2. 在发电机—电动机组成的机组中，当发电机负载增加时，为什么机组的转速会变低？为了保持发电机的转速 $n = n_N$，应如何调节？

实验二　测试直流电动机的各种特性及调速方法

一、实验目的

1. 掌握用实验方法测取并励直流电动机的工作特性和机械特性。
2. 掌握并励直流电动机的调速方法。
3. 用实验方法测取串励直流电动机的工作特性和机械特性。
4. 了解串励直流电动机的启动、调速及改变转向的方法。

二、预习要点

1. 什么是直流电动机的工作特性和机械特性？
2. 直流电动机调速原理是什么？
3. 串励电动机与并励电动机的工作特性有何差别？串励电动机的转速变化率是怎样定义的？
4. 串励电动机的调速方法及其注意问题？

三、实验项目

1. 并励电动机的工作特性和机械特性。
2. 并励电动机的调速特性。

（1）改变电枢电压调速。

（2）改变励磁电流调速。

（3）观察能耗制动过程。

3. 串励电动机的工作特性和机械特性。
4. 串励电动机的人为机械特性。
5. 串励电动机的调速特性。
（1）电枢回路串电阻调速。
（2）磁场绕组并联电阻调速。

四、实验设备

实验设备如表 6-55 所示。

表 6-55　实验设备

序号	型号	名称	数量
1	DD03-4	涡流测功机导轨	1 台
2	D55-4	涡流测功机控制箱	1 件
3	DJ15	直流并励电动机	1 台
4	DJ14	直流串励电动机	1 台
5	D31	直流数字电压、毫安、安培表	1 件
6	D41	可调电阻器	1 件
7	D42	可调电阻器	1 件
8	D51	波形测试及开关板	1 件

五、实验内容、方法及步骤

(一) 并励直流电动机的工作特性和机械特性

（1）按图 6-24 所示接线。直流并励电动机与涡流测功机同轴连接，涡流测功机用于测量电动机的转速、转矩和输出功率。R_{f1} 选用 D42 的 900 Ω 阻值，按分压法接线。R_1 选用 D41 的 180 Ω 阻值。电表 A_1 选用 D31 的毫安表，A_2 选用 D31 的安培表，V_1 选用 D31 的直流电压表。

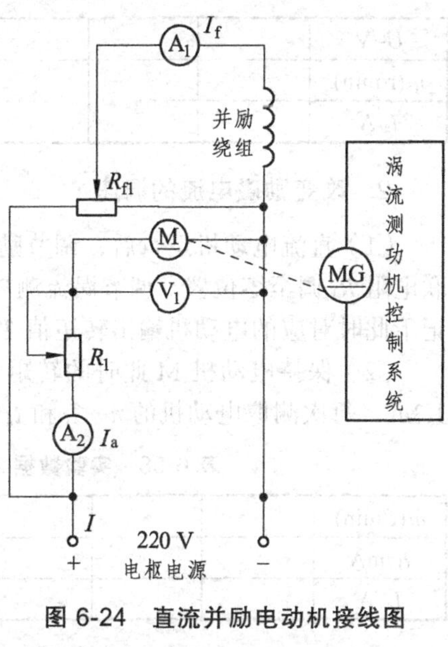

图 6-24　直流并励电动机接线图

（2）首先将涡流测功机给定调节旋钮逆时针旋转到底，然后将涡流测功机的“控制切换”开关拨至转矩控制位置，按下涡流测功机控制箱的调零按钮。将电枢串联电阻调至最大位置，调节电枢电源的调节旋钮使其输出电压最小，打开电枢电源开关接通电枢电源，调节励磁电阻 R_{f1} 使励磁电流 I_f 为最大的位置。电动机旋转方向应符合转速表正向旋转的要求。

（3）M 启动正常后，将其电枢串联电阻 R_1 调至零，调节电枢端电压为 220 V。调节涡流测功机给定调节旋钮和电动机的磁场调节电阻 R_{f1}，使电动机达到额定状态：$U = U_N$，$I = I_N(I_N = I_{aN}+I_{fN})$，$n = n_N$。此时电动机 M

的励磁电流 I_f 即为额定励磁电流 I_{fN}。

（4）保持 $U = U_N$，$I_f = I_{fN}$，逆时针缓慢调节涡流测功机的给定调节旋钮，逐次减小电动机负载，直至空载状态（即涡流测功机控制箱的给定调节旋钮逆时针旋转到底或将减载开关拨至上端位置）测取电动机的电枢电流 I_a、转速 n、输出转矩 T_2 以及输出功率 P_2。共取数据 9 ~ 10 组，记录于表 6-56 中。

表 6-56 实验数据和计算数据（$U = U_N = 220$ V，$I_f = I_{fN} =$ ________ mA）

实验数据	I_a/A										
	n/(r/min)										
	T_2/(N·m)										
	P_2/W										
计算数据	P_1/W										
	η(%)										
	Δn(%)										

(二) 并励直流电动机的调速特性

1. 电枢绕组串电阻调速

（1）直流电动机 M 运行后，将启动电阻 R_1 调至零。调节涡流测功机的给定调节旋钮、电动机的电枢电压及磁场电阻 R_{f1}，使 M 的 $U = U_N$，$I_a = 0.5I_N$，$I_f = I_{fN}$，记下此时 M 的转矩值 T_2 及 I_{fN} 保持不变。

（2）逐次增加 R_1 的阻值，降低电枢两端的电压 U_a，调节涡流测功机的给定调节旋钮及励磁回路电阻 R_{f1}，保持电动机的转矩和 $I_f = I_{fN}$ 不变。使 R_1 从零调至最大值，每次测取电动机的端电压 U_a，转速 n 和电枢电流 I_a。

（3）共取数据 8 ~ 9 组，记录于表 6-57 中。

表 6-57 实验数据（$I_f = I_{fN} =$ ________ mA，$T_2 =$ ________ N·m）

U_a/V									
n/(r/min)									
I_a/A									

2. 改变励磁电流的调速

（1）直流电动机运行后，调节励磁回路电阻 R_{f1} 使励磁电流 I_f 为最大值，将 M 的电枢串联电阻 R_1 调至零位置。调节涡流测功机的给定调节旋钮，使电动机 M 的 $U = U_N$，$I_a = 0.5I_N$，记下此时对应的电动机输出转矩值 T_2。

（2）保持电动机 M 此时的转矩 T_2 和电枢端电压不变，逐次减小励磁电流 I_f，直至 $n = 1.3n_N$，每次测取电动机的 n、I_f 和 I_a，共取 7 ~ 8 组记录于表 6-58 中。

表 6-58 实验数据（$U = U_N =$ ________ V，$T_2 =$ ________ N·m）

n/(r/min)									
I_f/mA									
I_a/A									

3. 能耗制动

（1）按图 6-25 所示接线，将涡流测功机的突减载开关拨至上端位置，涡流测功机不加载。图中 R_1 选用 D41 上的 90 Ω 串 90 Ω，共 180 Ω 阻值；R_{f1} 选用 D42 上的 900 Ω 串 900 Ω，共 1 800 Ω 阻值；R_L 选用 D42 上的 900 Ω 串 900 Ω 再加上 900 Ω 并 900 Ω，共 2 250 Ω 阻值。开关 S_1 选用 D51 挂件。

（2）把 M 的电枢串联启动电阻 R_1 调至最大，磁场调节电阻 R_f 调至最小位置。S_1 合向 1 端位置，然后合上控制屏下方右边的电枢电源开关，使电动机启动。

（3）运转正常后，将开关 S_1 合向中间位置，使电枢开路。由于电枢开路，电机处于自由停机，记录停机时间。

（4）将 R_1 调回最大位置，重复启动电动机，待运转正常后，把 S_1 快速合向 2 端位置，记录停机时间。

（5）选择 R_L 不同的阻值，观察对停机时间的影响（注意调节 R_1 及 R_L，不宜选择太小的阻值，以免产生太大的电流，损坏电机）。

(三) 串励直流电动机的工作特性和机械特性

实验线路如图 6-26 所示，图中直流串励电动机选用 DJ14，涡流测功机 MG 作为电动机的负载，用于测量电动机 M 的转矩，两者之间用联轴器同轴连接。R_{f1} 选用 D41 的 180 Ω 和 90 Ω 串联，共 270 Ω 阻值；R_1 用 D41 的 180 Ω 阻值。直流电压表 V_1 选用控制屏上的电压指示，V_2 用 D31 上的电压表，电流表 A_1 选用 D31 上的毫安表，A_2 选用 D31 上的安培表。开关 S_1 选用 D51 挂件上的开关。

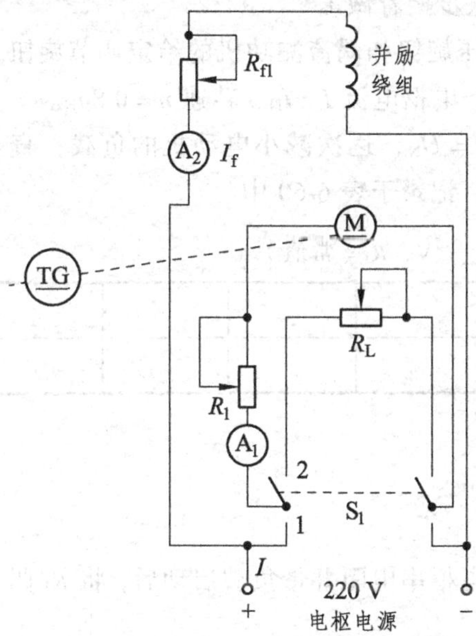

图 6-25　并励电动机能耗制动接线图

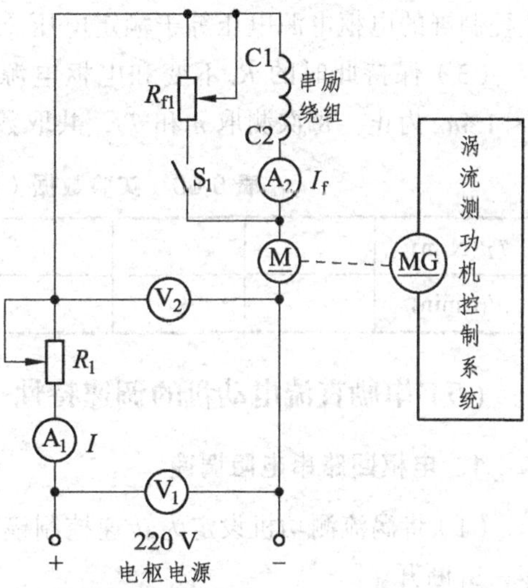

图 6-26　串励电动机接线图

（1）将涡流测功机的突减载开关拨至下端。由于串励电动机不允许空载启动，因此应调节涡流测功机控制箱上的给定调节旋钮，使电动机在启动过程中带上一定负载。

（2）将控制屏上的电枢电源的电压调节旋钮调至最小的位置，调节直流串励电动机 M 的电枢串联启动电阻 R_1 及磁场分路电阻 R_{f1} 到最大值，打开磁场分路开关 S_1，合上控制屏上的电枢电源开关，启动 M，并观察转向是否正确。

（3）M 运转后，调节 R_1 至零，同时调节涡流测功机的给定调节旋钮，控制屏上的电枢电压调压旋钮，使电动机 M 的电枢电压 $U_1 = U_N$、$I = 1.2I_N$。

（4）在保持 $U_1 = U_N$，调节涡流测功机的给定调节旋钮逐次减小电动机的负载直至 $n<1.4n_N$ 为止，每次测取 I、n、T、P_2，共取数据 6～7 组，记录于表 6-59 中。

表 6-59 实验数据和计算数据（$U_1 = U_N = 220$ V）

实验数据	I/A								
	n/(r/min)								
	T_2/(N·m)								
	P_2/W								
计算数据	η(%)								

（5）若要在实验中使串励电动机 M 停机，须将电枢串联启动电阻 R_1 调回到最大值，断开控制屏上电枢电源开关，使 M 失电而停止。

(四) 测取电枢串电阻后的人为机械特性

（1）断开直流串励电动机 M 的磁场分路开关 S_1，调节电枢串联启动电阻 R_1 到最大值，启动 M（若在上一步骤实验中未使 M 停机，可跳过这步接着做）。

（2）调节串入 M 电枢的电阻 R_1、电枢电源的调压旋钮和涡流测功机的给定调节旋钮，使控制屏的电枢电源电压等于额定电压（即 $U = U_N$）、电枢电流 $I = I_N$、转速 $n = 0.8n_N$。

（3）保持此时的 R_1 不变和电枢电源输出电压 $U = U_N$，逐次减小电动机的负载，直至 $n < 1.4n_N$ 为止。每次测取 n 和 T_2，共取数据 6～7 组，记录于表 6-60 中。

表 6-60 实验数据（$U = U_N =$ ________V，$R_1 =$ 常值）

T_2/(N·m)									
n/(r/min)									

(五) 串励直流电动机的调速特性

1. 电枢回路串电阻调速

（1）将涡流测功机设定为转速控制模式。电动机电枢串电阻并带负载启动后，将 R_1 调至零，S_1 断开。

（2）调节电枢电压和涡流测功机使 $U = U_N$，$I \approx I_N$，记录此时串励电动机的 n、I 和 T_2。

（3）在保持电枢电源输出电压 $U = U_N$ 以及 T_2 不变的条件下，逐次增加 R_1 的阻值，直至电阻 R_1 调至最大位置，测量 n、I、U_2。共取数据 6～8 组，记录于表 6-61 中。

表 6-61　实验数据（$U=U_N=$________V，$T_2=$________N·m）

n/(r/min)									
I/A									
U_2/V									

2. 磁场绕组并联电阻调速

（1）接通电源前，打开开关 S_1，将 R_1 和 R_{f1} 调至最大值。

（2）电动机电枢串电阻并带负载启动后，调节 R_1 至零，合上开关 S_1。

（3）调节电枢电压和负载，使 $U=U_N$，$T_2=0.8T_N$。记录此时电动机的 n、I、I_f 和电动机 M 的输出转矩 T_2。

（4）在保持 $U=U_N$ 及 T_2 不变的条件下，逐次减小 R_{f1} 的阻值（注意 R_{f1} 不能短接），直至 $n<1.4n_N$ 为止。每次测取 n、I、I_{f1}，共取数据 5～6 组，记录于表 6-62 中。

表 6-62　实验数据（$U=U_N=$________V，$T_2=$________N·m）

n/(r/min)								
I/A								
I_f/A								

六、实验报告

1. 由表 6-59 计算出 P_2 和 η，并绘出 n、T_2、$\eta=f(I_a)$ 及 $n=f(T_2)$ 的特性曲线。

电动机输出功率：

$$P_2=0.105nT_2$$

式中，输出转矩 T_2 的单位为 N·m［I_{f2} 及 I_f 值从校正曲线 $T_2=f(I_f)$ 查得］，转速 n 的单位为 r/min。

电动机输入功率：

$$P_1=UI$$

输入电流：

$$I=I_a+I_{fN}$$

电动机效率：

$$\eta=\frac{P_2}{P_1}\times100\%$$

由工作特性求出转速变化率：$\Delta n(\%)=\dfrac{n_0-n_N}{n_N}\times100\%$

2. 绘出并励电动机调速特性曲线 $n=f(U_a)$ 和 $n=f(I_f)$。分析在恒转矩负载时两种调速的电枢电流变化规律以及两种调速方法的优缺点。

3. 能耗制动时间与制动电阻 R_L 的阻值有什么关系？为什么？该制动方法有什么缺点？

*4. 绘出直流串励电动机的工作特性曲线 n、T_2、$\eta=f(I)$。

5. 在同一张坐标纸上绘出串励电动机的自然和人为机械特性。

6. 绘出串励电动机恒转矩两种调速的特性曲线。试分析在 $U=U_N$ 和 T_2 不变条件下调速时电枢电流变化规律。比较两种调速方法的优缺点。

七、思考题

1. 并励电动机的速率特性 $n=f(I_a)$ 为什么是略微下降？是否会出现上翘现象？为什

么？上翘的速率特性对电动机运行有何影响？

2. 当电动机的负载转矩和励磁电流不变时，减小电枢端电压，为什么会引起电动机转速降低？

3. 当电动机的负载转矩和电枢端电压不变时，减小励磁电流会引起转速的升高，为什么？

4. 并励电动机在负载运行中，当磁场回路断线时是否一定会出现“飞车”？为什么？

5. 串励电动机为什么不允许空载和轻载启动？

6. 磁场绕组并联电阻调速时，为什么不允许并联电阻调至零？

实验三 他励直流电动机在各种运转状态下的机械特性

一、实验目的

了解和测定他励直流电动机在各种运转状态下的机械特性。

二、预习要点

1. 改变他励直流电动机机械特性有哪些方法？

2. 他励直流电动机在什么情况下，从电动机运行状态进入回馈制动状态？他励直流电动机回馈制动时，能量传递关系、电动势平衡方程式及机械特性又是什么情况？

3. 他励直流电动机反接制动时，能量传递关系、电动势平衡方程式及机械特性。

三、实验项目

1. 他励直流电动机在电动运行回馈制动状态下的机械特性。
2. 他励直流电动机在电动运行反接制动状态下的机械特性。
3. 他励直流电动机在电动运行能耗制动状态下的机械特性。

四、实验设备

实验设备见表 6-63。

表 6-63 实验设备

序号	型号	名称	数量
1	DD03-4	涡流测功机导轨	1 件
2	D55-4	涡流测功机控制箱	1 件
3	DJ15	直流并励电动机	1 件
4	DJ23-1	直流电机动	1 件
5	D31	直流数字电压、毫安、安培表	2 件
6	D41	三相可调电阻器	1 件
7	D42	三相可调电阻器	1 件
8	D51	波形测试及开关板	1 件

五、实验内容、方法及步骤

按图 6-27 所示接线，图中 M 用编号为 DJ15 的直流并励电动机（接成他励方式），MG 用编号为 DJ23-1 的直流电动机，直流电压表 V_1、V_2 的量程为 1 000 V，直流电流表 A_1、A_3 的量程为 200 mA，A_2、A_4 的量程为 5 A。R_1 选用 D42 上的 1 800 Ω 阻值，R_2 选用 D41 上的 90 Ω 串联 90 Ω 共 180 Ω 阻值，R_3 选用 D42 上的 1 800 Ω 阻值，R_4 选用 D42 上的 1 800 Ω 电阻加上 D41 上的 4 个 90 Ω 电阻串联，共 2 160 Ω。开关 S_1、S_2 选用 D51 上的单刀双掷开关。

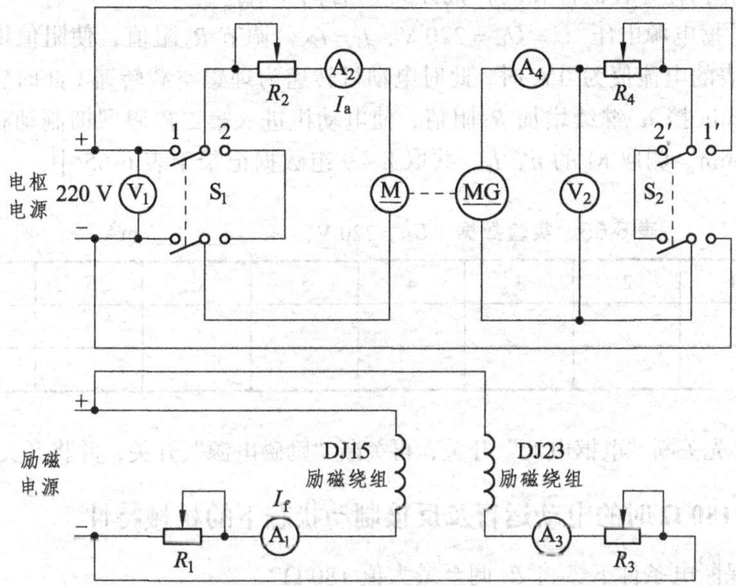

图 6-27　他励直流电动机机械特性测定的实验接线图

（一）$R_2 = 0$ 时的电动运行及回馈制动状态下的机械特性

（1）R_1 阻值调至最小位置，R_2、R_3 及 R_4 阻值调至最大位置，转速表置正向 1 800 r/min 量程。开关 S_1、S_2 选用 D51 挂箱上的对应开关，并将 S_1 合向 1 电源端，S_2 合向 2′ 短接端（见图 6-27）。

（2）开机时需检查控制屏下方左、右两边的“励磁电源”开关及“电枢电源”开关都须在断开的位置，然后按次序先开启控制屏上的“电源总开关”，再按下“启动”按钮，随后接通“励磁电源”开关，最后检查 R_2 阻值确在最大位置时接通“电枢电源”开关，使他励直流电动机 M 启动运转。调节“电枢电源”电压为 220 V；调节 R_2 阻值至零位置，调节 R_3 阻值，使电流表 A_3 为 100 mA。

（3）调节电动机 M 的磁场调节电阻 R_1 阻值和电机 MG 的负载电阻 R_4 阻值（先调节 D42 上 1 800 Ω 阻值，调至最小后应用导线短接）。使电动机 M 的 $n = n_N = 1\ 600$ r/min，$I_N = I_f + I_a = 1.1$ A。此时他励直流电动机的励磁电流 I_f 为额定励磁电流 I_{fN}。保持 $U = U_N = 220$ V，$I_f = I_{fN}$，直流电动机的励磁电流为 100 mA。增大 R_4 阻值，直至空载（将开关 S_2 拨至中间位置），测取电动机 M 在额定负载至空载范围的 n、I_a 数据，共取 8 ~ 9 组数据记录于表 6-64 中。

表 6-64 实验数据（U_N = 220 V，I_{fN} = ______ mA）

序号	1	2	3	4	5	6	7	8	9
I_a/A									
n/(r/min)									

（4）在确定 S_2 处于中间位置的情况下，把 R_4 调至零值位置（其中 D42 上的 1 800 Ω 阻值调至零值后用导线短接），再减小 R_3 阻值，使 MG 的空载电压与电枢电源电压值接近相等（在开关 S_2 两端测），并且极性相同，把开关 S_2 合向 1′ 端。

（5）保持电枢电源电压 $U = U_N$ = 220 V，$I_f = I_{fN}$，调节 R_3 阻值，使阻值增加，电动机转速升高，当 A_2 表的电流值为 0 A 时，此时电动机转速为理想空载转速（此时转速表量程应打向正向 3 600 r/min 挡），继续增加 R_3 阻值，使电动机进入第二象限回馈制动状态运行直至转速约为 1 900 r/min，测取 M 的 n、I_a。共取 8 ~ 9 组数据记录于表 6-65 中。

表 6-65 实验数据（U_N = 220 V，I_{fN} = ______ mA）

序号	1	2	3	4	5	6	7	8	9
I_a/A									
n/(r/min)									

（6）停机（先关断“电枢电源”开关，再关断“励磁电源”开关，并将开关 S_2 合到 2′ 端）。

（二）R_2 = 180 Ω 时的电动运行及反接制动状态下的机械特性

（1）在确保断电条件下，将 R_2 调至最大值 180 Ω。

（2）S_1 合向 1 端，S_2 合向中间位置，把电机 MG 电枢的两个插头对调，R_1 调至最小值，R_3 调至最大，R_4 调至最大值。

（3）先接通“励磁电源”，再接通“电枢电源”，使电动机 M 启动运转，在 S_2 两端测量测功机 MG 的空载电压是否和“电枢电源”的电压极性相反，若极性相反，检查 R_4 阻值确在最大位置时可把 S_2 合向 1′ 端。

（4）保持电动机的“电枢电源”电压 $U = U_N$ = 220 V，$I_f = I_{fN}$ 不变，逐渐减小 R_4 阻值（先减小 D44 上的 1 800 Ω 阻值，调至零值后用导线短接），使电机减速直至为零。把转速表的正、反开关打在反向位置，继续减小 R_4 阻值，使电动机进入“反向”旋转，转速在反方向上逐渐上升，此时电动机工作于电势反接制动状态运行，直至电动机 M 的 $I_a = I_{aN}$，测取电动机在一、四象限的 n、I_a，共取 12 组数据记录于表 6-66 中。

表 6-66 实验数据（U_N = 220 V，I_{fN} = ______ mA，R_2 = 180 Ω）

序号	1	2	3	4	5	6	7	8	9	10	11	12
I_a/A												
n/(r/min)												

（5）停机（必须记住先关断“电枢电源”而后关断“励磁电源”的次序，并随手将 S_2 合向到 2′ 端）。

(三) 在能耗制动状态下的机械特性

（1）图 6-27 中，S_1 合向 2 短接端，R_1 调至最大位置，R_3 调至最小值位置，R_2 调定 180 Ω 阻值，S_2 合向 1′ 端。

（2）先接通“励磁电源”，再接通“电枢电源”，使直流电动机 MG 启动运转，调节“电枢电源”电压为 220 V，调节 R_1 使电动机 M 的 $I_f = I_{fN}$，先减少 R_4 阻值使电机 M 的能耗制动电流 $I_a = 0.8I_{aN}$，然后逐次增加 R_4 阻值，其间测取 M 的 I_a、n，共取 8 ~ 9 组数据记录于表 6-67 中。

表 6-67　实验数据（$R_2 = 180\ \Omega$，$I_{fN} =$ ______ mA）

序号	1	2	3	4	5	6	7	8
I_a/A								
n/(r/min)								

（3）把 R_2 调定在 90 Ω 阻值，重复上述实验操作步骤（1）、（2），测取 M 的 I_a、n，共取 8 ~ 9 组数据记录于表 6-68 中。

表 6-68　实验数据（$R_2 = 90\ \Omega$，$I_{fN} =$ ______ mA）

序号	1	2	3	4	5	6	7	8
I_a/A								
n/(r/min)								

六、实验报告

根据实验数据，绘制他励直流电动机运行在第一、第二、第四象限的电动和制动状态及能耗制动状态下的机械特性 $n = f(I_a)$（用同一坐标纸绘出）。

七、思考题

1. 回馈制动实验中，如何判别电动机运行在理想空载点？

2. 直流电动机从第一象限运行到第二象限转子旋转方向不变，试问电磁转矩的方向是否也不变？为什么？

3. 直流电动机从第一象限运行到第四象限，其转向反了，而电磁转矩方向不变，为什么？作为负载的 MG，从第一象限到第四象限其电磁转矩方向是否改变？为什么？

参考文献

[1] 赵承荻. 电机与拖动[M]. 北京：高等教育出版社，2006.
[2] 李益民，刘小春. 电机与电气控制技术[M]. 北京：高等教育出版社，2006.
[3] 胡幸鸣. 电机及拖动基础[M]. 北京：机械工业出版社，2002.
[4] 杨渝钦. 控制电机[M]. 北京：机械工业出版社，2001.
[5] 周绍英，牛秀岩. 电机与拖动[M]. 北京：中央广播电视大学出版社，2007.
[6] 刘光源. 简明维修电工手册[M]. 北京：中国电力出版社，2005.
[7] 刘玫. 电机与拖动[M]. 北京：机械工业出版社，2009.
[8] 羌予践. 电机与电力拖动基础教程[M]. 北京：电子工业出版社，2008.
[9] 孙建忠. 电机与拖动[M]. 2 版. 北京：机械工业出版社，2013.
[10] 顾绳谷，等. 电机及拖动基础（上册）[M]. 北京：机械工业出版社，2011 年.
[11] 顾绳谷，等. 电机及拖动基础（下册）[M]. 北京：机械工业出版社，2011 年.
[12] 章玮，等. 电机学、电机与拖动实验教程[M]. 浙江：浙江大学出版社，2006 年.
[13] 黄永龙，等. 电机与电力拖动实验教程[M]. 厦门：厦门大学出版社，2008 年.
[14] 阚凤龙，等. 电工技术实验教程[M]. 北京：人民邮电出版社，2012 年.
[15] 陈令平，等. 电机与变压器[M]. 北京：电子工业出版社，2013 年.
[16] 刘丽红. 电机原理与拖动技术[M]. 北京：电子工业出版社，2012 年.
[17] 代礼前. 电机与电气控制[M]. 北京：中国铁道出版社，2017 年.
[18] 李丹，等. 电机与变压器[M]. 北京：清华大学出版社，2017 年.
[19] 李明. 电机与电力拖动[M]. 3 版. 北京：电子工业出版社，2010 年.
[20] 刘小春，等. 电机与拖动[M]. 2 版. 北京：人民邮电出版社，2015 年.
[21] 毛永明. 电机与拖动实验教程[M]. 北京：人民邮电出版社，2013 年.